新视野电子电气科技丛书

# MATLAB 数学分析

杜树春 编著



清華大學出版社
北京

## 内 容 简 介

本书侧重介绍 MATLAB 软件在数学分析或高等数学上的应用，每章都提供了大量使用 MATLAB 计算高等数学问题的实例。

本书共分 7 章，第 1 章介绍 MATLAB 基础知识，第 2 章介绍数组和矩阵的运算，第 3 章介绍一元函数微积分，第 4 章介绍多元函数微积分，第 5 章介绍无穷级数，第 6 章介绍解常微分方程，第 7 章介绍积分变换。

本书既适合初学者，也适合有一定 MATLAB 基础的爱好者及专业技术人员。



**图书在版编目(CIP)数据**

MATLAB 数学分析/杜树春编著. —北京：清华大学出版社，2022.7
(新视野电子电气科技丛书)
ISBN 978-7-302-60283-5

Ⅰ. ①M… Ⅱ. ①杜… Ⅲ. ①Matlab 软件—应用—高等数学 Ⅳ. ①O13-39

中国版本图书馆 CIP 数据核字(2022)第 038379 号

**责任编辑**：文 怡
**封面设计**：王昭红
**责任校对**：李建庄
**责任印制**：丛怀宇

**出版发行**：清华大学出版社
**网 址**：http://www.tup.com.cn，http://www.wqbook.com
**地 址**：北京清华大学学研大厦 A 座 **邮 编**：100084
**社 总 机**：010-83470000 **邮 购**：010-62786544
**投稿与读者服务**：010-62776969，c-service@tup.tsinghua.edu.cn
**质量反馈**：010-62772015，zhiliang@tup.tsinghua.edu.cn
**课件下载**：http://www.tup.com.cn，010-83470236
**印 装 者**：天津安泰印刷有限公司
**经 销**：全国新华书店
**开 本**：185mm×260mm **印 张**：19.75 **字 数**：482 千字
**版 次**：2022 年 8 月第 1 版 **印 次**：2022 年 8 月第1 次印刷
**印 数**：1～2500
**定 价**：75.00 元

---

产品编号：095317-01

# FOREWORD

MATLAB软件代表科学计算软件的先进水平，应用领域非常广泛。很多人将MATLAB强大的数值计算和分析功能应用于项目和实践中，从而直观、便捷地进行分析、计算和设计工作。

数学分析或高等数学是理工科院校的一门重要的基础课程。几乎所有的自然科学专业都把数学作为必修课，甚至社会科学和人文科学各专业也在逐渐引入数学。可以说，人类社会的进步与数学的广泛应用是分不开的。

数学分析中有大量的计算题，用传统手工计算烦琐而费时，若用MATLAB计算则可以大大提高工作效率。

本书侧重于介绍MATLAB软件在数学分析或高等数学上的应用，每章都提供了大量使用MATLAB软件计算高等数学问题的实例。

本书主要内容包括MATLAB基础知识、数组和矩阵的运算、一元函数微积分、多元函数微积分、无穷级数、解常微分方程、积分变换等。

为便于读者学习，本书配套提供了丰富的学习资源(全书400多个案例的程序代码，均已通过验证调试)，读者可以扫描前言下方二维码下载。电子资料包的内容，以书中章节为单位。在每章(第1章没有)下，都有一个章文件夹，每章下面有(例N.1)、(例N.2)、……例文件夹，例文件夹内就是扩展名是“m”的M文件。在计算机中已安装MATLAB软件的前提下，把M文件复制到MATLAB命令窗口，可直接执行。使用M文件的另一种方法是通过“cd x:\存放M文件的文件夹”命令，把存放M文件的文件夹置于MATLAB的可搜索路径中。这样，在命令窗口就可以重新编辑或直接执行这些M文件了。

本书所用MATLAB的版本是R2015b，这不是最新版本。其实每个新版本与旧版本相比，只有细节处的一些改进。如果只是进行一般的计算，用近几年的任意版本都可以。

本书适合三部分人阅读或参考：一是学习MATLAB或数学分析(高等数学)课程的理工科大、中专及高等职业学校、中等职业学校的在校学生；二是广大工程技术人员、科研工作者；三是数学爱好者。

本书的另一特点是通俗易懂，案例丰富，实用性强。本书既适合初学者，也适合有一定MATLAB基础的爱好者及专业技术人员。

在编写过程中，参考了国内的许多优秀教材，已列在书末的参考文献中，本书也得到了清华大学出版社的帮助。在此，向以上单位和优秀教材的编写者表示衷心感谢。

由于编者水平有限，书中难免存在错误和不足，恳请读者批评指正。

编　者

2022 年 3 月

电子资料包

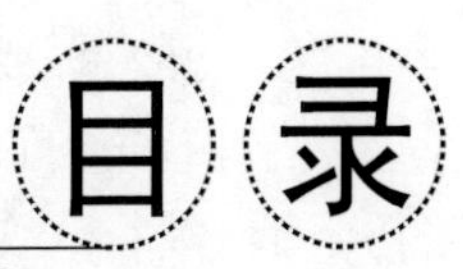


CONTENTS

# 第1章

# MATLAB基础知识

MATLAB是一种高效的工程计算语言，它将计算、可视化和编程等功能集于一身。MATLAB一词代表“矩阵实验室”(matrix laboratory)，是美国MathWorks公司发布的商业数学软件，是用于算法开发、数据可视化、数据分析以及数值计算的高级技术计算语言和交互式环境，主要包括MATLAB和Simulink两大部分。

## 1.1 MATLAB的发展历程

20世纪80年代初，Cleve Moler博士在美国新墨西哥州大学讲授线性代数时发现采用高级语言编写程序很不方便，为了减轻学生编程的负担，他构思并开发了MATLAB软件。

经过几年试用，该软件的公开版本于1984年正式推出。同年，Cleve Moler和John Little成立了MathWorks公司，发布了MATLAB的DOS版本1.0。

MathWorks公司于1992年推出了具有划时代意义的MATLAB 1.0版本，1999年推出MATLAB 5.3版本，2000年推出MATLAB 6.0版本，2004年推出MATLAB 7.0版本。此后，MathWorks公司几乎形成了一个发布MATLAB版本的规律，每年的3月和9月推出当年的a和b版本。例如，2012年推出了MATLAB 2012a和2012b。本书的MATLAB软件解题实例大都是基于R2015a版本完成的。

## 1.2 MATLAB的特点

MATLAB语言具有不同于其他高级语言的特点，被称为第四代计算机语言，其最大的特点就是简单和直接。正如第三代计算机语言(如C语言和FORTRAN语言)使人们摆脱对计算机硬件的操作一样，MATLAB语言将人从烦琐的程序代码中解放出来，它丰富的函数使开发者无须重复编程，只要简单的调用或使用即可。MATLAB语言的主要特点如下：

(1) 编程效率高。MATLAB是一种面向科学与工程计算的高级语言，允许以数字形式的语言编写程序，与 BASIC、FORTRAN 和 C 等语言相比，更加接近速写计算公式的思维方式，用 MATLAB 编写程序犹如在演算纸上排列公式与求解问题。因此，也称 MATLAB 语言为演算纸式科学算法语言，其编程简单、高效，易学易用。

(2) 使用方便。MATLAB 语言是一种解释执行的语言，灵活、方便，调试程序手段丰富，调试速度快。

(3) 扩充能力强，交互性好。高版本的 MATLAB 语言具有丰富的库函数，进行复杂数学运算时可以直接调用，而且 MATLAB 的库函数与用户文件在形式上一样，所有用户文件也可作为 MATLAB 的库函数调用。因而，用户可以根据自己的需要方便地建立和扩充新的库函数，提高 MATLAB 的使用效率并扩充其功能。

(4) 语句简单，函数丰富。MATLAB 语言中最基本、最重要的成分是函数，其一般形式为

```
[a,b,c, … ] = fun(d,e,f, … )
```

即一个函数由函数名、输入变量和输出变量组成。同一函数名 fun，不同数目的输入变量及不同数目的输出变量，代表着不同的含义。

(5) 高效、方便的矩阵和数组运算。因为 MATLAB 软件最早是用于处理矩阵的，因此矩阵运算的功能特别强大。

(6) 便捷强大的绘图功能。MATLAB 的绘图功能十分强大，它有一系列的绘图函数(命令)，仅绘图的坐标就有线性坐标、对数坐标、半对数坐标和极坐标等，只需调用不同的绘图函数(命令)，即可在图上标出图题、*XY* 轴标注、格(栅)绘制需要调用的相应命令，简单易用。另外，在调用绘图函数时调整自变量可以绘出不同颜色的点、线、复线或多重线。

(7) 功能强大、简捷的工具箱。MATLAB 提供了许多面向应用问题求解的工具箱函数，从而大大方便了各个领域的应用。目前，提供的工具箱有信号处理、最优化、神经网络、图像处理、控制系统、系统识别、模糊系统和小波等。

(8) 移植性好、开放性好。MATLAB 是用 C 语言编写的，而 C 语言具有良好的可移植性，因此 MATLAB 可以很方便地移植到能运行 C 语言的操作平台上。适合 MATLAB 的工作平台有 Windows、UNIX、Linux、VMS 6.1、PowerMac 等。

## 1.3 MATLAB 的桌面操作环境

启动 MATLAB 后，就进入 MATLAB 的默认界面，图 1-1 所示是 MATLAB R2015a 版的界面。

由图 1-1 可见，MATLAB 的默认界面由 Current Folder(当前目录)、Command History(命令历史)、Workspace(工作空间)和 Command Window(命令)4 个窗口组成。

(1) 命令窗口。这是一个重要窗口，一切 MATLAB 命令都是在这个窗口输入，运行结果也是在这个窗口显示。单击命令窗口右上角的上箭头符号，命令窗口可以单独显示出来，如图 1-2 所示。这个窗口有计算器功能，如输入 3+2，再按 Enter 键，“ans=”后就是其结果“5”。

MATLAB R2015a
Current Folder
Command Window
Workspace
Command History
New to MATLAB? See resources for Getting Started.
Select a file to view details
Ready

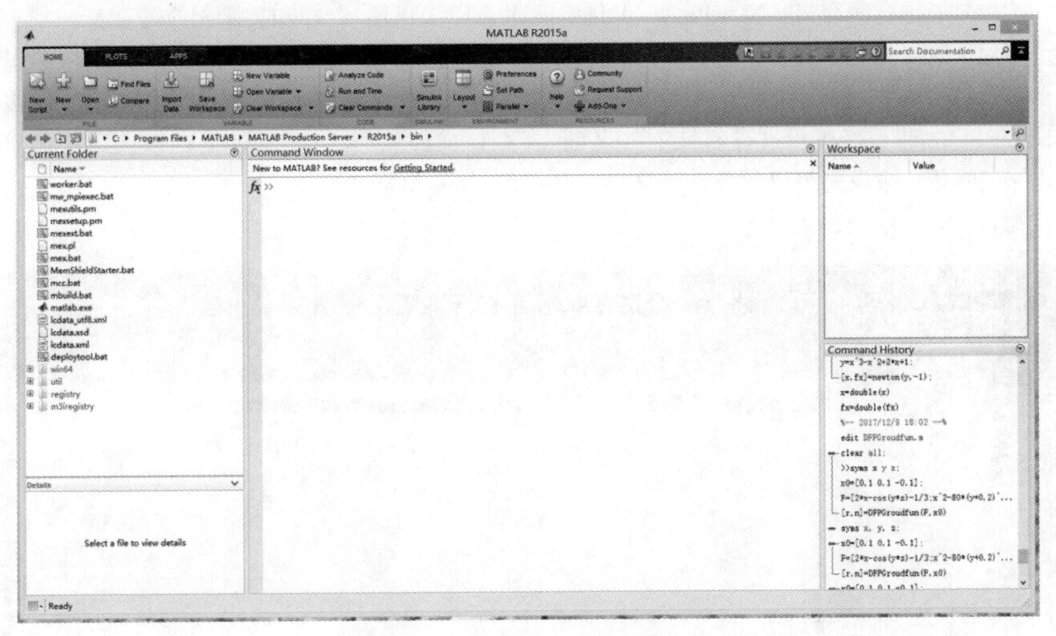

图 1-1　MATLAB 的默认界面

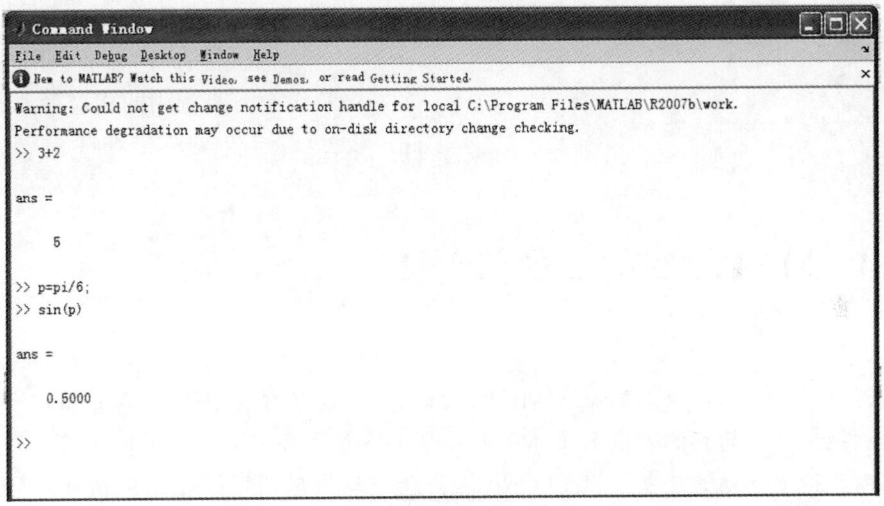

Command Window
File Edit Debug Desktop Window Help
New to MATLAB? Watch this Video, see Demos, or read Getting Started.
Warning: Could not get change notification handle for local C:\Program Files\MATLAB\R2007b\work.
Performance degradation may occur due to on-disk directory change checking.
>> 3+2
ans =
5
>> p=pi/6;
>> sin(p)
ans =
0.5000
>>

图 1-2　MATLAB 的命令窗口

我们再算一个稍微复杂一些的式子，如输入 p＝pi/6; sin(p)，再按 Enter 键，就会显示 ans＝0.5000。这里 pi 代表圆周率 π，sin(π/6)＝0.5。

**注意**：当命令后面有分号时，再按 Enter 键，命令窗口中不显示运算结果；如果无分号，则在命令窗口中显示运算结果。

(2) 命令历史窗口。此窗口是执行过命令的历史记录窗口，显示执行命令的日期和时间。想再次执行时，可把它们复制到命令窗口。

(3) 当前目录窗口。在当前目录窗口中可显示或改变当前目录，可以显示当前目录下的文件，还有搜索功能，该窗口也可以成为一个独立的窗口。

(4) 工作空间窗口。MATLAB 工作空间主要用于存储、管理和删除相应的变量。

除了这 4 个窗口外,还有一个 M 文件编辑调试窗口(MATLAB Editor)。M 文件编辑调试窗口平时不可见,当用户要编辑 M 文件时,在命令窗口输入“edit 文件名.m”,再按 Enter 键,如果曾经编辑过具有该文件名的文件,该文件就会在 M 文件编辑调试窗口显示出来;要是从来没有编辑过具有该文件名的文件,屏幕就会出现一个空白的 M 文件编辑调试窗口,如图 1-3 所示。

图 1-3　M 文件编辑窗口

## 1.4　MATLAB 的常量和变量

1. 变量

与其他计算机语言一样,MATLAB 也有自己的一套基本数据类型,包括常量、变量、数值、字符和结构体。与其他语言不同,MATLAB 语言并不要求事先对所使用的变量进行声明,也不需要指定变量的类型。MATLAB 语言会自动根据所赋予变量的值或对变量所进行的操作来识别变量的数据类型。如果在赋值中赋值变量已经存在,则 MATLAB 会用新值代替旧值,并以新值的数据类型代替旧值的数据类型。MATLAB 变量名必须是一个单一的词,不能包含空格,变量名是分大小写的,变量名必须从一个字母开始,变量名的字符串长度可以任意长,但只有前面 31 个字符起作用。

此外,MATLAB 有一些关键保留字,不能作为变量名,如 for、end、if、while、function、return、elseif、case、otherwise、switch、continue、else、try、catch、global、persistent、break 等。若用户不小心使用了这些保留字作为变量名,MATLAB 会发出一条错误信息。

2. 常量

MATLAB 也提供了一些特殊意义的常量,见表 1-1。

表 1-1　MATLAB 常量表

| 常　量 | 描　述 |
| --- | --- |
| ans | 结果的默认变量名 |
| beep | 使计算机发出“嘟嘟”声 |
| pi | 圆周率 |
| eps | 浮点数相对误差限 |
| inf | 无穷大,如 0/0 |
| NaN 或 nan | 不定数,即结果不能确定,如 0/0 |
| i 或 j | 表示 $\sqrt{-1}$ |
| nargin | 函数输入参数个数 |
| nargout | 函数输出参数个数 |
| realmin | 最小正浮点数值 |
| realmax | 最大正浮点数值 |
| bitmax | 最大正整数 |
| varargin | 可变的函数输入参数个数 |
| vararout | 可变的函数输出参数个数 |

在使用 MATLAB 编程时,定义变量应尽量避免与以上常量名重复,以免改变这些常数的值。如果不小心定义变量和常数同名,改变了某个常量的值时,它原来特定的值就丢掉了。为了恢复它原来特定的值,有两种途径:一是重启 MATLAB 系统;二是只须对被覆盖的值执行 clear 命令,如图 1-4 所示。图中,pi 代表圆周率 π,其数值为 3.1416。

```
>> pi
ans =
    3.1416
>> pi = 2
pi =
    2
>> clear pi
>> pi
ans =
    3.1416
```

图 1-4　常量值的修改和恢复

## 1.5　MATLAB 命令窗口应用例子

MATLAB 的命令窗口是用户和 MATLAB 软件进行交互的主要窗口,窗口内可以执行两种类型的命令,一类是 MATLAB 的通用命令,另一类是程序命令。

1. MATLAB 的通用命令

1)常用通用命令

通用命令是 MATLAB 中经常使用的一组命令,可以用来管理目录、命令、函数、变量、工作空间、文件和窗口。常用的通用命令有：

cd——显示或改变当前的工作目录

dir——显示当前目录或指定目录下的文件

clc——清除工作窗中的所有显示信息

home——将光标移至命令窗口的最左上角

clf——清除图形窗口

clear——清理内存变量

exit——退出 MATLAB

quit——退出 MATLAB

path——显示搜索目录

version——显示当前所用 MATLAB 软件版本号

↑——显示上一行

↓——显示下一行

help——获取在线帮助

2）通用命令使用实例

（1）查当前所用 MATLAB 软件版本号。

```
>> version
ans =
8.5.0.197613 (R2015a)
```

这表明，当前所用 MATLAB 软件版本号为“8.5.0.197613 (R2015a)”。

（2）显示当前的工作目录。

```
>> cd
C:\Program Files\MATLAB\MATLAB Production Server\R2015a\bin
```

（3）显示当前的工作目录的文件。

```
>> dir
.                   lcdata.xsd          mcc.bat          mexutils.pm       worker.bat
..                  lcdata_utf8.xml     mex.bat          mw_mpiexec.bat
MemShieldStarter.bat  m3iregistry       mex.pl           registry
deploytool.bat      matlab.exe          mexext.bat       util
lcdata.xml          mbuild.bat          mexsetup.pm      win64
…
```

（4）获取在线帮助。

```
help
HELP topics:

matlab/general              - General purpose commands.
matlab/ops                  - Operators and special characters.
matlab/lang                 - Programming language constructs.
…
```

(5) 获取符号 sqrt 的帮助。

```
help sqrt
sqrt   Square root.
    sqrt(X) is the square root of the elements of X. Complex
    results are produced if X is not positive.

    See also sqrtm, realsqrt, hypot.

    Other functions named sqrt

    Reference page in Help browser
       doc sqrt
```

2. MATLAB 的程序命令

在 MATLAB 的命令窗口,大多数情况下是在执行用户程序,这里既包括仅仅一行的程序或命令,也包括多行的程序。以下是几个简单的编程例子。

(1) 显示现在的日期时间。

输入以下命令:

```
clock
ans =
  1.0e + 003 *
    2.0210    0.0070    0.0150    0.0100    0.0580    0.0289
```

这表明,现在的日期时间为 2021-7-15,10:58:28.9。

(2) 显示现在的日期。

输入以下命令:

```
date
ans =
    15 - Jul - 2021
```

这表明,现在的日期为 2021-7-15。

(3) 计算当 $x=0.5$ 时,函数 $y=x^3+2x^2+3x-5$ 的值。

输入以下命令:

```
>> x = 0.5;
>> y = x^3 + 2 * x^2 + 3 * x - 5
y =
   - 2.8750
```

这表明,函数 $y=-2.8750$。

(4) 输入一个向量或数组。

输入以下命令:

```
>> x = [6 2 8 4 5]
x =
     6     2     8     4     5
```

这表明，数组 $x$ 包括 5 个数，即 6，2，8，4，5。

(5) 输入一个从 1 开始连续的 10 个自然数组成的向量或数组。

输入以下命令：

```
>> x = 1:1:10
x =
     1     2     3     4     5     6     7     8     9    10
```

这表明，数组 $x$ 包括 10 个数，即 1，2，3，4，5，6，7，8，9，10。

(6) 输入一个 3×3 矩阵。

输入以下命令：

```
>> A = [1 2 3;4 5 6;7 8 9]
A =
     1     2     3
     4     5     6
     7     8     9
```

这表明，矩阵

$$\boldsymbol{A}=\begin{pmatrix}1 & 2 & 3\\4 & 5 & 6\\7 & 8 & 9\end{pmatrix}$$

(7) 计算 $1+2+3+\cdots+100$。

输入以下命令：

```
sum = 0;
for i = 1:1:100
    sum = sum + i;
end
disp(sum)
```

执行后，显示值为

```
5050
```

这表明，$1+2+3+\cdots+100=5050$。

## 本章小结

本章介绍了 MATLAB 的发展历程、特点、桌面操作环境、常量、变量和命令窗口，并提供了多个实例。

# 第2章

# 数组和矩阵的运算

## 2.1 数组的生成及运算

数可扩充为数组，数组又分为一维数组和二维数组，一维数组相当于向量，二维数组相当于矩阵。下面介绍在 MATLAB 中如何创建数组以及数组的常用操作，包括数组的算术运算、关系运算和逻辑运算等。

### 2.1.1 创建行向量和列向量

在 MATLAB 中，一般使用方括号([])、逗号(,)、空格及分号(;)创建数组。数组中同一行的元素之间用逗号或空格分开，不同行之间用分号分开。这些符号都必须在英文输入状态下输入。

空数组是 MATLAB 中最特殊的数组，不含任何元素，可以用于数组的声明或清空等。创建空数组非常简单，只要把变量赋值为一对方括号即可。数组是有方向的，一维数组包括行向量和列向量，行向量是水平方向分布的，列向量是竖直方向分布的。创建一维行向量，即将所有用空格或逗号分隔的元素用方括号括起来；创建一维列向量，即将所有用分号分隔的元素用方括号括起来。

**【例 2.1】** 创建行向量和列向量。

代码如下：

```
clear all;
A = []
B = [1 2 3 4 5]
C = [1,2,3,4,5]
D = [1;2;3;4;5]
E = C'
```

运行后输出结果如下：

```
A =
     []
B =
     1     2     3     4     5
C =
     1     2     3     4     5
D =
     1
     2
     3
     4
     5
>> E = C'
E =
     1
     2
     3
     4
     5
```

在程序中创建空数组、行向量和列向量,也可以通过行向量的转置创建列向量。

### 2.1.2 一维数组元素的标识、访问和赋值

**【例 2.2】** 一维数组元素的标识、访问和赋值。

代码如下:

```
clear all;
A = [1 2 3 4 5]
b1 = A(3)                      % 数组的第 3 个元素
b2 = A(2:4)                    % 数组的第 2、3、4 个元素
b3 = A(3:end)                  % 数组的第 3 个到最后一个元素
b4 = A(3: - 1:1)               % 数组的第 3 个、第 2 个和第 1 个元素
b5 = A(end: - 1:1)             % 数组元素反序输出
b6 = A([2 4])                  % 数组的第 2 个、第 4 个元素
```

运行后输出结果如下:

```
A =
     1     2     3     4     5
b1 =
     3
b2 =
     2     3     4
b3 =
     3     4     5
b4 =
     3     2     1
b5 =
     5     4     3     2     1
b6 =
     2     4
```

在程序中，通过一维数组的下标访问数组中的元素。对于数组 $A$，其中第一个元素为 $A(1)$，最后一个元素为 $A(\mathrm{end})$。通过 $A(\mathrm{end}:-1:1)$ 进行数组的反向输出。

### 2.1.3　通过冒号创建一维数组

通过冒号创建一维数组，调用格式为：X=N1:step:N2，用于创建一维行向量 $\boldsymbol{X}$，第一个元素为 $N_1$，然后每次递增（step>0）和递减（step<0）step，直到最后一个元素与 $N_2$ 的差的绝对值小于或等于 step 的绝对值。当不指定 step 时，系统默认 step=1。

**【例 2.3】**　通过冒号创建一维数组。

代码如下：

```
clear all;
A = 2:6
B = 2.5:2:10.9                          % 通过冒号创建数组
C = 2.3:2:9.9                           % 通过冒号创建数组
D = 8: - 2:1
E = 2: - 2:6
```

运行后输出结果如下：

```
A =
     2         3         4         5         6
B =
     2.5000    4.5000    6.5000    8.5000    10.5000
C =
     2.3000    4.3000    6.3000    8.3000
D =
     8         6         4         2
E =
     Empty matrix: 1 - by - 0
```

在程序中，通过冒号创建一维数组，若不指定 step，则系统默认为 1。若 step>0，则每次递增 step；若 $N_1>N_2$，则返回空数组。若 step<0，则每次递减 step；若 $N_1<N_2$，则返回空数组。

### 2.1.4　通过函数 linspace()创建一维数组

在 MATLAB 中，可以通过函数 linspace()创建一维数组，与冒号的功能类似。该函数的调用格式如下：

X=linspace(X1,X2)：该函数创建行向量 $\boldsymbol{X}$，第一个元素为 $X_1$，最后一个元素为 $X_2$，形成总共默认为 100 个元素的等差数列。

X=linspace(X1,X2,N)：该函数创建行向量 $\boldsymbol{X}$，第一个元素为 $X_1$，最后一个元素为 $X_2$，形成总共 $N$ 个元素的等差数列，$N$ 默认为 100。如果 $N<2$，该函数返回值为 $X_2$。

**【例 2.4】**　通过函数 linspace()创建一维数组。

代码如下：

```
clear all;
A = linspace(1,10,20)                   % 创建数组
```

```
B= linspace(2,8,10)                    %创建数组
C= linspace(2,7,2)
D= linspace(2,7,1)
```

运行后输出结果如下：

```
A =
  Columns 1 through 11
    1.0000    1.4737    1.9474    2.4211    2.8947    3.3684    3.8421    4.3158
    4.7895    5.2632    5.7368
  Columns 12 through 20
    6.2105    6.6842    7.1579    7.6316    8.1053    8.5789    9.0526    9.5263
    10.0000
B =
    2.0000    2.6667    3.3333    4.0000    4.6667    5.3333    6.0000    6.6667
    7.3333    8.0000
C =
     2     7
D =
     7
```

在程序中，利用函数 linspace()创建由等差数列组成的一维数组。当 $N=2$ 时，函数的返回值为由 $X_1$ 和 $X_2$ 两个元素组成的数组。当 $N=1$ 时，函数返回值为 $X_2$。

### 2.1.5 通过函数 logspace()创建一维数组

在 MATLAB 中，可以通过函数 logspace()创建一维数组，与函数 linspace()的功能类似。该函数的调用格式如下：

X=logspace(X1,X2)：该函数创建行向量 $\boldsymbol{X}$，第一个元素为 $10^{X_1}$，最后一个元素为 $10^{X_2}$，形成总共默认为 50 个元素的等比数列。

X=logspace(X1,X2,N)：该函数创建行向量 $\boldsymbol{X}$，第一个元素为 $10^{X_1}$，最后一个元素为 $10^{X_2}$，形成总共 $N$ 个元素的等比数列，$N$ 默认为 50。如果 $N<2$，该函数返回值为 $10^{X_2}$。

**【例 2.5】** 通过函数 logspace()创建一维数组。

代码如下：

```
clear all;
format short;
A= logspace(1,2,10)                    %创建数组
B= logspace (0,2,10)
C= logspace (2,7,2)
D= logspace (2,7,1)
```

运行后输出结果如下：

```
A =
   10.0000   12.9155   16.6810   21.5443   27.8256   35.9381   46.4159   59.9484
   77.4264  100.0000
B =
    1.0000    1.6681    2.7826    4.6416    7.7426   12.9155   21.5443   35.9381
   59.9484  100.0000
```

```
C =
    100    10000000
D =
    10000000
```

在程序中，利用函数 logspace()创建由等比数列组成的一维数组。当 $N=2$ 时，函数的返回值为由 $10^{X_1}$ 和 $10^{X_2}$ 两个元素组成的数组。当 $N=1$ 时，函数返回值为 $10^{X_2}$。

### 2.1.6　创建二维数组

创建二维数组与创建一维数组的方法类似，即用方括号把所有的元素都括起来，不同行元素之间用分号分隔，同一行不同元素之间用逗号或空格分隔。需要注意的是，在创建二维数时，必须保证每一行的元素数相等，而且每一列的元素数也相等。

**【例 2.6】**　创建二维数组。

代码如下：

```
clear all;
A = [1 2 3;2 3 4;5 6 7]                       %创建二维数组
B = [1:3;4:6;7:1:9]                           %创建二维数组
C = [A B]
D = [A;B]
```

运行后输出结果如下：

```
A =
     1     2     3
     2     3     4
     5     6     7
B =
     1     2     3
     4     5     6
     7     8     9
C =
     1     2     3     1     2     3
     2     3     4     4     5     6
     5     6     7     7     8     9
D =
     1     2     3
     2     3     4
     5     6     7
     1     2     3
     4     5     6
     7     8     9
```

在程序中，创建 4 个二维数组。可以通过一维数组组成二维数组，也可以通过两个二维数组组成一个新的二维数组。注意，用方括号进行数组的连接时，空格进行数组的横向连接，分号进行数组的纵向连接。

### 2.1.7　数组的四则运算

数组运算是从数组的单个元素出发，针对每个元素进行运算。在 MATLAB 中，一维数组的基本算术运算有+(加)、-(减)、.*(乘)、./(左除)、.\(右除)和^(乘方)等。

1. 数组的加减运算

假如有两个数组 $A$ 和 $B$,则可以由 $A+B$ 和 $A-B$ 实现数组的加减运算。运算规则是若数组 $A$ 和 $B$ 维数相同,则可以执行加减运算;若 $A$ 和 $B$ 维数不相同,则 MATLAB 将给出错误信息,提示用户两个数组的维数不匹配。

**【例 2.7】** 数组的加法和减法。

代码如下:

```
clear all;
A = [1 2 3 4 5]
B = [1,2,3,4,5]
C = A - B
D = A + B
E = A + 100
X = [3 4 5 6]
A - X
```

运行后输出结果如下:

```
A =
     1     2     3     4     5
B =
     1     2     3     4     5
C =
     0     0     0     0     0
D =
     2     4     6     8    10
E =
   101   102   103   104   105
X =
     3     4     5     6
Error using  -
Matrix dimensions must agree.
```

在程序中,进行数组的加法和减法及数组和常数的加法。如果数组维数不相同,MATLAB 将给出错误信息。

2. 数组的乘除运算

在 MATLAB 中,数组的乘法和除法分别用.*(乘)、./(左除)、.\(右除)表示。若数组 $A$ 和 $B$ 维数相同,则数组的乘法表示数组 $A$ 和 $B$ 对应元素相乘,数组的除法表示数组 $A$ 和 $B$ 对应元素相除;如果 $A$ 和 $B$ 维数不相同,则 MATLAB 将给出出错信息,提示用户两个数组 $A$ 和 $B$ 的维数不匹配。数组 $A$ 和 $B$ 相乘的运算规则如下:

- 当参与相乘运算的两个数组 $A$ 和 $B$ 维数相同时,运算为数组的相应元素相乘,计算结果是与参与数组同维的数组。
- 当参与相乘运算的 $A$ 和 $B$ 有一个是标量时,运算是标量与数组的每一个元素相乘,计算结果是与参与数组同维的数组。

数组 $A$ 和 $B$ 相除的运算规则如下:

- 当参与相除运算的两个数组 $A$ 和 $B$ 维数相同时，运算为数组的相应元素相除，计算结果是与参与数组同维的数组。
- 当参与相除运算的 $A$ 和 $B$ 有一个是标量时，运算是标量和数组的每一个元素相除，计算结果是与参与数组同维的数组。
- 右除和左除的关系为 $A./B=B.\backslash A$，其中 $A$ 是被除数，$B$ 是除数。

**【例 2.8】** 数组的乘法。

代码如下：

```
clear all;
A = [1 2 3 4 5]
B = [0,1,3,5,2]
C = A. * B                                        %两个数组的对应元素相乘
D = A * 3                                         %数组和常数的乘法
```

运行后输出结果如下：

```
A =
     1     2     3     4     5
B =
     0     1     3     5     2
C =
     0     2     9    20    10
D =
     3     6     9    12    15
```

在程序中，两个数组相乘时，是对应元素相乘，得到和原数组同维的数组。当数组和一个数相乘时，该数乘以数组中每一个元素。

**【例 2.9】** 数组的除法。

代码如下：

```
clear all;
A = [1 2 3 4 5]
B = [0,1,3,5,2]
C = A./B                                          %数组和数组的左除
D = A./3                                          %数组和常数的除法
E = A.\B                                          %数组和数组的右除
F = B.\A
```

运行后输出结果如下：

```
A =
     1     2     3     4     5
B =
     0     1     3     5     2
C =
       Inf    2.0000    1.0000    0.8000    2.5000
D =
    0.3333    0.6667    1.0000    1.3333    1.6667
E =
         0    0.5000    1.0000    1.2500    0.4000
```

```
F =
        Inf     2.0000     1.000     1.000     0.8000     2.5000
```

在程序中，两个数组相除时，是数组的对应元素相除。右除和左除的关系为 $A./B=B.\backslash A$。如果除数为0，则结果为无穷大(Inf)。

### 2.1.8 数组的乘方

在MATLAB中，数组的乘方用符号“^”表示。数组的乘方运算有3种不同形式。

1. 两个数组之间的乘方

**【例2.10】** 数组的乘方。

代码如下：

```
clear all;
A = [1 2 3 4 5]
B = [0 1,3,5,2]
C = A.^B                                          % 数组的乘方
```

运行后输出结果如下：

```
A =
     1     2     3     4       5
B =
     0     1     3     5       2
C =
     1     2     27    1024    25
```

在程序中，计算两个数组 $A$ 和 $B$ 的乘方。数组 $A$ 和 $B$ 的维数必须相同，如不相同，则显示出错信息。

2. 数组的某个具体数值的乘方

**【例2.11】** 计算数组 $A$ 的3次方。

代码如下：

```
clear all;
A = [1 2 3 4 5]
B = 3
C = A.^B                                          % 数组的 3 次方
```

运行后输出结果如下：

```
A =
     1     2     3     4     5
B =
     3
C =
     1     8     27    64    125
```

在程序中，计算数组 $A$ 的3次方。对数组的每个元素作3次方，得到的数组和原来的数组具有相同的维数。

3. 常数的数组 $A$ 的乘方

**【例 2.12】** 计算 $3^A$,数组 $A=[1\ 2\ 3\ 4]$。

代码如下:

```
clear all;
A = [1 2 3 4]
B = 3.^A
```

运行后输出结果如下:

```
A =
     1     2     3     4
B =
     3     9    27    81
```

在程序中,计算 $3^A$,其中数组 $A=[1\ 2\ 3\ 4]$。得到的数组与原来的数组具有相同的维数。

### 2.1.9 数组的点积

在 MATLAB 中,可以采用函数 dot()计算点积。点积运算产生的是一个数,并且要求两个数组的维数相同。

**【例 2.13】** 计算数组 $A$ 和 $B$ 的点积。

代码如下:

```
clear all;
A = [1 2 3 4 5]
B = [0,1,3,5,2]
C = dot(A,B)                                    %数组的点积
D = sum(A. * B)                                 %数组元素的乘积之和
```

运行后输出结果如下:

```
A =
     1     2     3     4     5
B =
     0     1     3     5     2
C =
    41
D =
    41
```

在程序中,利用函数 dot()计算数组 $A$ 和 $B$ 的点积。此外,也可以采用 sum(A. * B)计算,可得到相同的结果。

### 2.1.10 数组的关系运算

MATLAB 提供了 6 种关系运算符,即<(小于关系)、<=(小于或等于关系)、>(大于关系)、>=(大于或等于关系)、==(等于关系)和~=(不等于关系)。它们的含义很容易理解,需要注意的是其书写方法与数学中的不等式符号不尽相同。关系运算符的运算法则如下:

- 当两个比较量是标量时，直接比较两个量的大小。若关系成立，关系表达式结果为1，否则为0。
- 当参与比较量是两个维数相同的数组时，比较是对两数组相同位置的元素按标量关系运算规则逐个进行，并给出比较结果。最终的关系运算结果是一个维数与原矩阵相同的数组，它的元素由0或1组成。
- 当参与比较的一个是标量，而另一个是数组时，则把标量与数组的每一个元素按标量关系运算规则逐个比较，并给出元素比较结果。最终的关系运算结果是一个维数与原数组相同的数组，它的元素由0或1组成。

**【例2.14】** 数组的比较。

代码如下：

```
clear all;
A = [11 10 13 4 5]
B = [3 15 21 6 5]
C = A <= 10                              % 数组和常数的比较,小于或等于
D = A > 10                               % 数组和常数的比较,大于
E = A > B                                % 数组和数组的比较,大于
F = A == B                               % 数组和数组的比较,等于
```

运行后输出结果如下：

```
A =
    11    10    13     4     5
B =
     3    15    21     6     5
C =
     0     1     0     1     1
D =
     1     0     1     0     0
E =
     1     0     0     0     0
F =
     0     0     0     0     1
```

在程序中，进行数组和常数的比较，以及数组和数组的比较，返回值是逻辑值(0或1)，与原数组有相同的维数。

**【例2.15】** 修改数组 $A$ 中大于10的元素为10。

代码如下：

```
clear all;
A = [11 10 13 4 5]
B = [3 15 21 6 5]
A(A > 10) = 10
B(B == 5) = 100
```

运行后输出结果如下：

```
A =
    11    10    13     4     5
```

```
B =
     3    15    21     6     5
A =
    10    10    10     4     5
B =
     3    15    21     6   100
```

在程序中,将数组 $A$ 中大于 10 的元素改为 10,将数组 $B$ 中等于 5 的元素改为 100。

### 2.1.11　数组的逻辑运算

数组的逻辑运算包括 &(逻辑与)、|(逻辑或)、~(逻辑非)3 种。逻辑运算的运算法则如下:

- 在逻辑运算中,如果为非零元素则为逻辑真,用 1 表示。零元素为逻辑假,用 0 表示。
- 若参与逻辑运算的是两个标量 $a$ 和 $b$,那么对于 $a\&b$,当 $a$、$b$ 全为非零时,运算结果为 1;否则为 0。对于 $a|b$,在 $a$、$b$ 中只要有一个非零,运算结果为 1。对于 $\sim a$,当 $a$ 是零时,运算结果为 1;当 $a$ 非零时,运算结果为 0。
- 若参与逻辑运算的是两个同维数组,那么运算将对数组相同位置上的元素按标量规则逐个进行。最终运算结果是一个与原数组同维的数组,其元素由 0 或 1 组成。
- 若参与逻辑运算的一个是标量,一个是数组,那么运算将在标量与数组中的每个元素之间按标量规则逐个进行。最终运算结果是一个与数组同维的数组,其元素由 0 或 1 组成。
- 逻辑非是单目运算符,也服从数组运算规则。
- 在算术、关系、逻辑运算中,算术运算优先级最高,逻辑运算优先级最低。

**【例 2.16】** 数组的逻辑运算。

代码如下:

```
clear all;
A = [11 0 0 1 5]
B = [3 15 0 0.5 5]
C = A&B
D = A|B
E = ~A
```

运行后输出结果如下:

```
A =
    11         0          0     1          5
B =
   3.0000   15.0000   0       0.5000     5.0000
C =
     1         0          0     1          1
D =
     1         1          0     1          1
E =
     0         1          1     0          0
```

在程序中，进行数组 $A$ 和 $B$ 的逻辑与、逻辑或和逻辑非运算。返回值为逻辑型数组，与数组有相同的维数。

**【例 2.17】** 数组的高级逻辑运算。

代码如下：

```
clear all;
A = [11 0 0 1 5]
B = [3 15 0 0.5 5]
C = A&1
D = A|0
A(A&1) = 10
```

运行后输出结果如下：

```
A =
    11      0       0    1       5
B =
    3.0000  15.0000  0   0.5000  5.0000
C =
    1       0       0    1       1
D =
    1       0       0    1       1
A =
    10      0       0    10      10
```

在程序中，对数组进行逻辑运算。此外，将数组 $A$ 中非零元素修改为 10。

### 2.1.12 数组信息的获取

下面介绍如何获取数组的信息，包括数组的大小、数组的维度、数组类型、内存占用，以及数组的元素查询和排序等。

1. 数组结构

MATLAB 提供很多函数对数组的结构进行测试：

- 函数 isempty(A)：该函数检测数组 $A$ 是否为空，如果为空，返回值为 1；否则，返回值为 0。
- 函数 isscalar(A)：该函数检测数组 $A$ 是否为单个元素的标量，如果 size(A)＝[1 1]，即 $A$ 为单个元素，该函数返回值为 1；否则，返回值为 0。
- 函数 isvector(A)：该函数检测数组 $A$ 是否为行向量或列向量，如果是行向量或列向量，返回值为 1；否则，返回值为 0。
- 函数 isrow(A)：该函数检测数组 $A$ 是否为列向量，如果是列向量，返回值为 1；否则，返回值为 0。
- 函数 iscolum(A)：该函数检测数组 $A$ 是否为行向量，如果是行向量，返回值为 1；否则，返回值为 0。
- 函数 issparse(A)：该函数检测数组 $A$ 是否为稀疏矩阵，如果 $A$ 是稀疏矩阵，返回值为 1；否则，返回值为 0。

【例 2.18】 对数组 $A$ 进行检测。

代码如下：

```
clear all;
A = [11 0 0 1 5]
f1 = isempty(A)                          % 数组 A 是否为空
f2 = isscalar(A)                         % 数组 A 是否为标量
f3 = isvector(A)                         % 数组 A 是否为向量
f4 = issparse(A)                         % 数组 A 是否为稀疏矩阵
```

运行后输出结果如下：

```
A =
    11     0     0     1     5
f1 =
     0
f2 =
     0
f3 =
     1
f4 =
     0
```

在程序中，对数组 $A$ 的结构进行测试，如果为真，返回值为 1；否则，返回值为 0。

2. 数组的大小

数组的大小是数组最常用的属性，表示数组在每一个方向上有多少元素。在 MATLAB 中，最常用的检测数组大小的函数是 size()和 length()，该函数的调用格式为：

- d=size(A)：该函数以向量的形式返回数组 $A$ 的行数 $m$ 和列数 $n$，即 d=[m,n]。
- [m,n]=size(A)：该函数返回数组 $A$ 的行数 $m$ 和列数 $n$。
- 函数 length(A)用于返回一维数组的长度，如果是二维数组，则返回行数和列数中的较大者，即 length(A)=max(size(A))。

【例 2.19】 获取数组 $A$ 的大小。

代码如下：

```
clear all;
A = [11 0 0 1 5]
d = size(A)
[m,n] = size(A)                          % 数组 A 的大小
length(A)                                % 数组 A 的长度
```

运行后输出结果如下：

```
A =
    11     0     0     1     5
d =
     1     5
m =
     1
n =
     5
```

```
ans =
     5
```

在程序中，通过函数 size()获取数组的行和列，通过函数 length()得到一维数组的长度。

3. 数组的维数

在 MATLAB 中，利用函数 ndims()计算数组的维度，该函数的调用格式为：

N=ndims(A)：该函数返回数组的维度 $N$。函数 ndims(A)的返回结果等于 length(size(A))。

**【例 2.20】** 获取数组 $A$ 的维度。

代码如下：

```
clear all;
A = [11 0 0 1 5]
n1 = ndims(A)                               % 数组 A 的维度
a = 5;
n2 = ndims(a)                               % 常数的维度
```

运行后输出结果如下：

```
A =
    11     0     0     1     5
n1 =
     2
n2 =
     2
```

在程序中，利用函数 ndims()计算数组的维度，一维数组的维度都为 2。需要注意，标量(或常量)在 MATLAB 中看作一行一列的数组，维度也是 2。

4. 数组的数据类型

在 MATLAB 中，数组的元素可以是不同的数据类型，采用下面的函数对数组的类型进行测试：

- 函数 isnumeric()：该函数检测数组的元素是否为数值型，如果是数值型，返回值为 1；否则，返回值为 0。数值型数据包括整数型和浮点型两类数据，后者又包括 float 和 double。
- 函数 isreal(A)：该函数检测数组的元素是否为实数型，如果是实数型，返回值为 1；否则，返回值为 0。
- 函数 isfloat(A)：该函数检测数组的元素是否为浮点型，如果是浮点型，返回值为 1；否则，返回值为 0。
- 函数 isinteger(A)：该函数检测数组的元素是否为整型，如果是整型，返回值为 1；否则，返回值为 0。
- 函数 islogical(A)：该函数检测数组的元素是否为逻辑型，如果是逻辑型，返回值为 1；否则，返回值为 0。
- 函数 ischar(A)：该函数检测数组的元素是否为字符型，如果是字符型，返回值为 1；否则，返回值为 0。

- 函数 isstruct(A)：该函数检测数组的元素是否为结构体型，如果是结构体型，返回值为1；否则，返回值为0。
- 函数 iscell(A)：该函数检测数组的元素是否为元胞型，如果是元胞型，返回值为1；否则，返回值为0。

**【例 2.21】** 判断数组 $A$ 和 $B$ 的数据类型。

代码如下：

```
clear all;
A = [11 0 0 1 5]
B = A > 5
f1 = isnumeric(A)                              %是否为数值型
f2 = isreal(A)                                 %是否为实数型
f3 = isinteger(A)                              %是否为整型
f4 = islogical(B)                              %是否为逻辑型
```

运行后输出结果如下：

```
A =
    11     0     0     1     5
B =
     1     0     0     0     0
f1 =
     1
f2 =
     1
f3 =
     0
f4 =
     1
```

在程序中，对数组 $A$ 和 $B$ 的类型进行判断，数组 $A$ 为数值型，也为实数型，但不为整型，数组 $B$ 为逻辑型(logical)。

**【例 2.22】** 判断数组 $A$ 和 $B$ 的数据类型。

代码如下：

```
A = [0.5 0 0 0.1 0.5]
B = A < 5
f1 = isnumeric(A)                              %是否为数值型
f2 = isreal(A)                                 %是否为实数型
f3 = isinteger(A)                              %是否为整型
f4 =  isfloat(A)                               %是否为浮点型
f5 = ischar(A)                                 %是否为字符型
f6 = isstruct(A)                               %是否为结构体型
f7 = iscell(A)                                 %是否为元胞型
f8 = islogical(B)                              %是否为逻辑型
```

运行后输出结果如下：

```
A =
    0.5000         0         0    0.1000    0.5000
```

```
B =
     1          1          1     1          1
f1 =
     1
f2 =
     1
f3 =
     0
f4 =
     1
f5 =
     0
f6 =
     0
f7 =
     0
f8 =
     1
```

由上可知，数组 $A$ 不是整型、字符型、结构体型、元胞型，是数值型、实型、浮点型；数组 $B$ 为逻辑型。

5. 数组的内存占用

在 MATLAB 中，可以通过函数 whos 获取数组的大小，以及占用多少内存。对于数组中不同的数据类型，占用的内存也不一样。

**【例 2.23】** 了解数组的内存占用情况。

代码如下：

```
clear all;
A = [11 0 0 1 5]
B = A > 0
C = ['a' 'b' 'c']
whos
```

运行后输出结果如下：

```
A =
    11     0     0     1     5
B =
     1     0     0     1     1
C =
abc
  Name      Size            Bytes  Class      Attributes
  A         1×5                40  double
  B         1×5                 5  logical
  C         1×3                 6  char
```

在 MATLAB 命令行中，使用函数 whos 可以查看所有变量的大小。在程序中，数组 $A$ 的数据类型为 double，包含 5 个元素，占用 40 字节(Byte)。数组 $B$ 的数据类型为 logical，包含 5 个元素，占用 5 字节。数组 $C$ 的类型为 char，包含 3 个元素，占用 6 字节。

6. 数组的查找

在 MATLAB 中，数组元素的查找采用函数 find()，返回关系表达式为真的元素的下标。可以利用该函数查找数组中特定的元素并进行修改，非常方便。

**【例 2.24】** 对数组 $A$ 中大于 5 的元素加 100，等于 5 的元素加 200。

代码如下：

```
clear all;
A = [10 9 6 1 5]
find(A > 5)
find(A == 5)
A(find(A > 5)) = A(find(A > 5)) + 100
A(A == 5) = 200
```

运行后输出结果如下：

```
A =
    10     9     6     1     5
ans =
     1     2     3
ans =
     5
A =
   110   109   106     1     5
A =
   110   109   106     1   200
```

在程序中，利用函数 find()查找数组的元素。函数 find()的返回值为使表达式为真的元素的下标。数组 $A$ 中大于 5 的元素加 100，等于 5 的元素加 200。

7. 数组的排序

在 MATLAB 中，数组的排序使用函数 sort()，该函数默认按照升序排列，返回值为排列后的数组，与原数组维数相同。

**【例 2.25】** 利用函数 sort()对数组排序。

代码如下：

```
clear all;
A = [10 9 6 1 5]
B = sort(A)
[C,I] = sort(A,'ascend')
D = sort(A,'descend')
```

运行后输出结果如下：

```
A =
    10     9     6     1     5
B =
     1     5     6     9    10
C =
     1     5     6     9    10
I =
     4     5     3     2     1
D =
    10     9     6     5     1
```

在程序中，利用函数 sort()对数组排序，默认为"ascend"，即按照升序排列。如果为"descend"，则按照降序排列。程序中的返回值 I，为排序后的元素在原数组中的位置。

### 2.1.13 小结

本节讨论数组的生成和数组的运算，包括创建行向量和列向量，一维数组元素的标识，访问和赋值，通过冒号创建一维数组，通过函数 linspace()创建一维数组，通过函数 logspace()创建一维数组，创建二维数组，数组的四则运算，数组的乘方，数组的点积，数组的关系运算，数组的逻辑运算和数组信息的获取等。

## 2.2 矩阵的运算

矩阵是单个数和数组的推广。单个数是 $1\times1$ 矩阵，数组是 $1\times n$ 矩阵。所以单个数和数组都是矩阵的一种特殊情形。

矩阵也是标量和向量的推广。标量是 $1\times1$ 矩阵，向量是 $1\times n$ 矩阵。所以标量和向量都是矩阵的一种特殊情形。

因此，掌握矩阵的运算也就掌握了数和数组以及标量和向量的运算。

### 2.2.1 方阵的行列式

1. 方阵的行列式简介

把一个方阵看作一个行列式，并对其按行列式的规则求值，这个值就称为矩阵所对应的行列式的值。以下是二阶和三阶行列式的求值公式。

二阶行列式：

$$\begin{vmatrix} a_{11} & a_{12} \\ a_{21} & a_{22} \end{vmatrix} = a_{11}a_{22} - a_{12}a_{21}$$

可见，一个二阶行列式的值是由对角的两个元素相乘之差形成的。

三阶行列式：

$$\begin{vmatrix} a_{11} & a_{12} & a_{13} \\ a_{21} & a_{22} & a_{23} \\ a_{31} & a_{32} & a_{33} \end{vmatrix} = a_{11}a_{22}a_{33} + a_{12}a_{23}a_{31} + a_{13}a_{21}a_{32} - a_{11}a_{23}a_{32} - a_{12}a_{21}a_{33} - a_{13}a_{22}a_{31}$$

可见，一个三阶行列式的值是由不同行不同列的 3 个数相乘而得到的 6 个项的代数和。

**【手工计算例 2.1】** $\begin{vmatrix} 1 & 1 \\ 1 & -2 \end{vmatrix} = -2\times1-1\times1=-3$。

**【手工计算例 2.2】** $\begin{vmatrix} 2 & 1 & 2 \\ -2 & 3 & 1 \\ 2 & 3 & 5 \end{vmatrix} = 2\times3\times5+1\times1\times2+2\times(-2)\times3-2\times3\times1-1\times(-2)\times5-2\times3\times2=30+2-12-6+10-12=12$。

2. 求方阵的行列式命令说明

在 MATLAB 中，求方阵 **A** 所对应的行列式的值的函数是 det(A)。

d=det(A)：计算方阵 $\boldsymbol{A}$ 的行列式的值 $d$。

3. 求方阵的行列式的值例子

【例 2.26】　求以下二阶方阵 $\boldsymbol{A}$ 的行列式的值：

$$\boldsymbol{A}=\begin{pmatrix}1 & 2\\ 3 & 4\end{pmatrix}$$

代码如下：

```
A = [1 2;3 4]
det(A)
```

运行后输出结果如下：

```
A =
     1     2
     3     4
ans =
    - 2
```

可见，方阵 $\boldsymbol{A}$ 的行列式的值为−2。

【例 2.27】　求以下三阶方阵 $\boldsymbol{A}$ 的行列式的值：

$$\boldsymbol{A}=\begin{pmatrix}1 & 2 & 3\\ 4 & 5 & 6\\ 7 & 8 & 9\end{pmatrix}$$

代码如下：

```
A = [1 2 3;4 5 6;7 8 9]
det(A)
```

运行后输出结果如下：

```
A =
     1     2     3
     4     5     6
     7     8     9
ans =
     0
```

可见，矩阵 $\boldsymbol{A}$ 的行列式的值为 0。

【例 2.28】　求以下四阶方阵 $\boldsymbol{A}$ 的行列式的值：

$$\boldsymbol{A}=\begin{pmatrix}1 & 2 & 3 & 4\\ 5 & 6 & 7 & 8\\ 9 & 10 & 11 & 12\\ 13 & 14 & 15 & 16\end{pmatrix}$$

代码如下：

```
A = [1 2 3 4;5 6 7 8;9 10 11 12;13 14 15 16]
det(A)
```

运行后输出结果如下：

```
A =
     1     2     3     4
     5     6     7     8
     9    10    11    12
    13    14    15    16
ans =
     4.7332e-30
```

可见，矩阵 **A** 的行列式的值为极接近零的一个数。

**【例 2.29】** 求以下方阵 **A** 的行列式的值：

$$\mathbf{A}=\begin{pmatrix}1&2&3\\4&5&6\\7&8&2\end{pmatrix}$$

代码如下：

```
A = [1 2 3;4 5 6;7 8 2]
det(A)
```

运行后输出结果如下：

```
A =
     1     2     3
     4     5     6
     7     8     2
ans =
    21
```

可见，矩阵 **A** 的行列式的值为 21。

**注意**：只有方阵才能求行列式的值，否则会显示出错信息。

### 2.2.2 矩阵的转置

1. 矩阵的转置简介

把一个矩阵 **A** 的行列互换，所得到的矩阵称为这个矩阵的转置。

设 **A** 是一个 $s\times n$ 矩阵：

$$\mathbf{A}=\begin{pmatrix}a_{11}&a_{12}&\cdots&a_{1n}\\a_{21}&a_{22}&\cdots&a_{2n}\\\vdots&\vdots&\ddots&\vdots\\a_{s1}&a_{s2}&\cdots&a_{sn}\end{pmatrix}$$

$$s\times n\ 矩阵\ \begin{pmatrix}a_{11}&a_{21}&\cdots&a_{s1}\\a_{12}&a_{22}&\cdots&a_{s2}\\\vdots&\vdots&\ddots&\vdots\\a_{1n}&a_{2n}&\cdots&a_{sn}\end{pmatrix}$$

称为 **A** 的转置矩阵，记作 $\mathbf{A}'$。

设

$$A=\begin{pmatrix}1 & 2 & 3\\ 2 & -1 & 1\\ 0 & 2 & 4\end{pmatrix}$$

则

$$A'=\begin{pmatrix}1 & 2 & 0\\ 2 & -1 & 2\\ 3 & 1 & 4\end{pmatrix}$$

如果矩阵 **A** 中含有复数，则 **A** 进行矩阵转置后，复数将转化为共轭复数。

若要复数单纯转置，不要变为共轭复数，则执行带点的"A.'"命令。此外，函数 transpose(A)也可以实现复数单纯转置，不变为共轭复数，即命令 A.'和 transpose(A)功能相同。

2. 矩阵的转置命令说明

对于矩阵 **A** 有以下转置命令：

(1) A'，将矩阵 **A** 转置。如果矩阵 **A** 中含有复数，则 A'进行矩阵转置后，复数将转化为共轭复数。

(2) A.'，将矩阵 **A** 转置。如果矩阵 **A** 中含有复数，则 A.'进行矩阵转置后，复数不变。

(3) transpose(A)，与命令 A.'功能相同。

3. 矩阵的转置例子

**【例 2.30】** 用 3 种矩阵转置命令，使以下实数矩阵 **A** 转置：

$$A=\begin{pmatrix}1 & 2 & 3\\ 4 & 5 & 6\\ 7 & 8 & 9\end{pmatrix}$$

代码如下：

```
A = [1 2 3;4 5 6;7 8 9]
A1 = A'
A2 = A.'
A3 = transpose(A)
```

运行后输出结果如下：

```
A =
     1     2     3
     4     5     6
     7     8     9
A1 =
     1     4     7
     2     5     8
     3     6     9
A2 =
     1     4     7
     2     5     8
     3     6     9
```

```
A3 =
     1     4     7
     2     5     8
     3     6     9
```

可见，若 **A** 是实数矩阵，则 3 种方法 A'、A.'和 transpose(A)执行结果相同。

**【例 2.31】** 用矩阵转置命令"'"，使以下复数矩阵 **A** 转置：

$$\boldsymbol{A}=\begin{pmatrix} 1 & 1+\mathrm{i} & 2\mathrm{i} \\ 1-\mathrm{i} & 4 & 2-3\mathrm{i} \\ -2\mathrm{i} & 2+3\mathrm{i} & 7 \end{pmatrix}$$

代码如下：

```
A = [1 1 + i 2i;1 - i 4 2 - 3i; - 2i 2 + 3i 7]
A1 = A'
```

运行后输出结果如下：

```
A =
   1.0000 + 0.0000i   1.0000 + 1.0000i   0.0000 + 2.0000i
   1.0000 - 1.0000i   4.0000 + 0.0000i   2.0000 - 3.0000i
   0.0000 - 2.0000i   2.0000 + 3.0000i   7.0000 + 0.0000i
A1 =
   1.0000 + 0.0000i   1.0000 + 1.0000i   0.0000 + 2.0000i
   1.0000 - 1.0000i   4.0000 + 0.0000i   2.0000 - 3.0000i
   0.0000 - 2.0000i   2.0000 + 3.0000i   7.0000 + 0.0000i
```

以上矩阵 A1 与矩阵 A 相同，这是因为执行命令后，矩阵不仅要转置，还要对转置后的矩阵取共轭。

**【例 2.32】** 用 3 种矩阵转置命令，使以下复数矩阵 **A** 转置：

$$\boldsymbol{A}=\begin{pmatrix} 1+\mathrm{i} & 1+2\mathrm{i} & 1-\mathrm{i} \\ 1+4\mathrm{i} & 3+\mathrm{i} & 2-3\mathrm{i} \end{pmatrix}$$

代码如下：

```
A = [1 + i 1 + 2i,1 - i;1 + 4i 3 + i 2 - 3i]
A1 = A'
```

运行后输出结果如下：

```
A =
   1.0000 + 1.0000i   1.0000 + 2.0000i   1.0000 - 1.0000i
   1.0000 + 4.0000i   3.0000 + 1.0000i   2.0000 - 3.0000i
A1 =
   1.0000 - 1.0000i   1.0000 - 4.0000i
   1.0000 - 2.0000i   3.0000 - 1.0000i
   1.0000 + 1.0000i   2.0000 + 3.0000i
```

可见，因为 **A** 矩阵是复数矩阵，矩阵转置后，复数也转化为共轭复数了。

```
A2 = A.'
A2 =
```

```
   1.0000 + 1.0000i   1.0000 + 4.0000i
   1.0000 + 2.0000i   3.0000 + 1.0000i
   1.0000 - 1.0000i   2.0000 - 3.0000i
```

可见,虽然 **A** 矩阵是复数矩阵,因为执行 A.'命令,矩阵转置后,复数没有变为共轭复数。

```
A3 = transpose(A)
A3 =
   1.0000 + 1.0000i   1.0000 + 4.0000i
   1.0000 + 2.0000i   3.0000 + 1.0000i
   1.0000 - 1.0000i   2.0000 - 3.0000i
```

可见,虽然 **A** 矩阵是复数矩阵,因为执行 transpose(A)命令,矩阵转置后,复数没有变为共轭复数。

总之,若矩阵中元素没有复数,则 3 种方法 A'、A.'和 transpose(A)执行结果相同;若矩阵中元素有复数,则执行 A'矩阵转置后,复数要转化为共轭复数。A.'和 transpose(A)执行后,矩阵转置但复数不变。

### 2.2.3 矩阵的旋转

1. 矩阵的旋转命令说明

矩阵的旋转可以采用转置的方法,也可采用函数 rot90()。该函数的调用方式如下:

B=rot90(A):该函数将矩阵 **A** 逆时针旋转 90°。

B=rot90(A,k):该函数将矩阵 **A** 逆时针旋转 90°的 $k$ 倍,$k$ 的默认值为 1。$k$ 还可取负值,$k$ 取负值时,顺时针旋转。

2. 矩阵的旋转例子

**【例 2.33】** 将以下矩阵 **A** 逆时针旋转 90°:

$$\mathbf{A}=\begin{pmatrix}1 & 2 & 3\\4 & 5 & 6\\7 & 8 & 9\end{pmatrix}$$

代码如下:

```
A = [1 2 3;4 5 6;7 8 9]
Y1 = rot90(A)
```

运行后输出结果如下:

```
A =
     1     2     3
     4     5     6
     7     8     9
Y1 =
     3     6     9
     2     5     8
     1     4     7
```

可见,矩阵 Y1 就是旋转后的矩阵。

**【例 2.34】** 将以下矩阵 **A** 顺时针旋转 180°：

$$\mathbf{A}=\begin{pmatrix}1 & 2 & 3\\4 & 5 & 6\\7 & 8 & 9\end{pmatrix}$$

代码如下：

```
A = [1 2 3;4 5 6;7 8 9]
Y1 = rot90(A, - 2)
```

运行后输出结果如下：

```
A =
     1     2     3
     4     5     6
     7     8     9
Y1 =
     9     8     7
     6     5     4
     3     2     1
```

可见，矩阵 Y1 就是旋转后的矩阵。

**【例 2.35】** 将以下矩阵 **A** 顺时针旋转 90°：

$$\mathbf{A}=\begin{pmatrix}1 & 2 & 3\\4 & 5 & 6\\7 & 8 & 9\end{pmatrix}$$

代码如下：

```
A = [1 2 3;4 5 6;7 8 9]
Y1 = rot90(A, - 1)
```

运行后输出结果如下：

```
A =
     1     2     3
     4     5     6
     7     8     9
Y1 =
     7     4     1
     8     5     2
     9     6     3
```

可见，矩阵 Y1 就是旋转后的矩阵。

### 2.2.4 矩阵的翻转

1. 矩阵的翻转命令说明

矩阵的翻转分为左右翻转和上下翻转。矩阵左右翻转是将原矩阵的第一列和最后一列调换，第二列和倒数第二列调换，以此类推。在 MATLAB 中，矩阵左右翻转函数是 fliplr(A)。

矩阵上下翻转是将原矩阵的第一行和最后一行调换，第二行和倒数第二行调换，以此类推。在 MATLAB 中,矩阵上下翻转函数是 flipud(A)。

此外,还可以采用函数 flipdim()进行矩阵的翻转,该函数的调用格式为 flipdim(A,k),该函数在指定的方向 $k$ 进行矩阵 $\boldsymbol{A}$ 的翻转。当 $k=1$ 时,相当于 flipud(A);当 $k=2$ 时,相当于 fliplr(A)。

2. 矩阵的翻转例子

**【例 2.36】** 将以下矩阵 $\boldsymbol{A}$ 左右翻转:

$$\boldsymbol{A}=\begin{pmatrix}1 & 2 & 3\\4 & 5 & 6\\7 & 8 & 9\end{pmatrix}$$

代码如下:

```
A = [1 2 3;4 5 6;7 8 9]
Y1 = fliplr(A)
Y2 = flipdim(A,2)
```

运行后输出结果如下:

```
A =
      1     2     3
      4     5     6
      7     8     9
Y1 =
      3     2     1
      6     5     4
      9     8     7
Y2 =
      3     2     1
      6     5     4
      9     8     7
```

可见,函数 fliplr(A)和 flipdim(A,2)的功能是一样的。

**【例 2.37】** 将以下矩阵 $\boldsymbol{A}$ 上下翻转:

$$\boldsymbol{A}=\begin{pmatrix}1 & 2 & 3\\4 & 5 & 6\\7 & 8 & 9\end{pmatrix}$$

代码如下:

```
A = [1 2 3;4 5 6;7 8 9]
Y1 = flipud(A)
Y2 = flipdim(A,1)
```

运行后输出结果如下:

```
A =
      1     2     3
      4     5     6
      7     8     9
Y1 =
```

```
       7     8     9
       4     5     6
       1     2     3
Y2 =
       7     8     9
       4     5     6
       1     2     3
```

可见，函数 flipud(A)和 flipdim(A,1)的功能是一样的。

### 2.2.5　矩阵尺寸的改变

1. 矩阵尺寸的改变简介

在矩阵总元素不变的前提下，可以用函数 reshape()改变矩阵的尺寸。该函数的调用格式为 Y＝reshape(X,m,n)，将矩阵 **X** 转换为 $m\times n$ 的二维矩阵 **Y**。矩阵的总元素数不变，即 sum(size(X))＝m＋n。

2. 矩阵尺寸的改变例子

**【例 2.38】** 利用函数 reshape()改变矩阵的尺寸。

代码如下：

```
clear all;
X = [1:4;5:8]
Y1 = reshape(X,1,8)                        %改变矩阵的尺寸
Y2 = reshape(Y1,[4,2])                     %改变矩阵的尺寸
Y3 = reshape(X,size(Y2))
```

运行后输出结果如下：

```
X =
       1     2     3     4
       5     6     7     8
Y1 =
       1     5     2     6     3     7     4     8
Y2 =
       1     3
       5     7
       2     4
       6     8
Y3 =
       1     3
       5     7
       2     4
       6     8
```

### 2.2.6　矩阵的加减运算

1. 矩阵的加减运算简介

假设有两个矩阵 **A** 和 **B**，则可以由 **A**＋**B** 和 **A**－**B** 实现矩阵的加减运算，要求矩阵 **A** 和 **B** 的维数必须相同。矩阵的加法和减法是矩阵中对应元素分别加减。如果 **A** 和 **B** 中有一

个为标量，则将矩阵中的每一个元素和该标量分别进行加减运算。

2. 矩阵的加减运算例子

**【例 2.39】** 求两矩阵的和差。

代码如下：

```
A = magic(3)
B = [7 -1 0;5 8 4;3 9 7]
C = A + B
```

运行后输出结果如下：

```
A =
     8     1     6
     3     5     7
     4     9     2
B =
     7    -1     0
     5     8     4
     3     9     7
C =
    15     0     6
     8    13    11
     7    18     9
>> D = A - B
D =
     1     2     6
    -2    -3     3
     1     0    -5
```

**【例 2.40】** 矩阵加减运算。

代码如下：

```
A = [1:4;5:8]
B = [2 3 5 4;6 7 4 5]
A - B
A + B
D = A + 100
```

运行后输出结果如下：

```
A =
     1     2     3     4
     5     6     7     8
B =
     2     3     5     4
     6     7     4     5
ans =
    -1    -1    -2     0
    -1    -1     3     3
ans =
     3     5     8     8
```

```
    11        13       11      13
D =
   101       102      103     104
   105       106      107     108
```

在矩阵加法和减法运算时，两个矩阵的维数必须相同，除非其中一个是标量。

### 2.2.7 矩阵的乘法运算

1. 矩阵的乘法运算简介

任意的两个数都可以相乘，但任意的两个矩阵却不一定能相乘。两个矩阵能相乘的条件是第 1 个矩阵(被乘矩阵)的列数必须等于第 2 个矩阵(乘矩阵)的行数。在此规定下，任意两个同阶数的方阵可以相乘。任意不同阶数的矩阵中只有那些满足第 1 个矩阵的列数等于第 2 个矩阵的行数的两个矩阵可以相乘。

在 MATLAB 中，“ * ”为矩阵的乘法运算符。矩阵 $\boldsymbol{A}$ 乘矩阵 $\boldsymbol{B}$ 表示为 $\boldsymbol{A} * \boldsymbol{B}$。

此外，矩阵 $\boldsymbol{A}$ 和 $\boldsymbol{B}$ 的点乘为 $\boldsymbol{A}.*\boldsymbol{B}$，表示矩阵 $\boldsymbol{A}$ 和 $\boldsymbol{B}$ 中的对应元素相乘。要求矩阵 $\boldsymbol{A}$ 和 $\boldsymbol{B}$ 具有相同的维数，返回结果与原矩阵有相同的维数。

用手工做三阶及三阶以上矩阵的乘法，比较烦琐，用 MATLAB 来做矩阵的乘法很方便。

2. 矩阵的乘法运算例子

**【例 2.41】** 求以下两个三阶实方阵相乘之积：

$$\boldsymbol{A}=\begin{pmatrix}1 & 3 & -2\\ -2 & -1 & 5\\ 3 & -3 & 2\end{pmatrix},\quad \boldsymbol{B}=\begin{pmatrix}4 & 5 & -1\\ 2 & -2 & 6\\ 0 & 3 & -5\end{pmatrix}$$

代码如下：

```
edit matmult33.m
```

将程序修改为

```
% matmult33.m
syms A B C
A = [1 3 - 2; - 2 - 1 5;3 - 3 2 ]
B = [4 5 - 1;2 - 2 6;0 3 - 5 ]
C = A * B
```

保存后执行命令：

```
matmult33
```

得

```
A =
      1      3     - 2
    - 2    - 1       5
      3    - 3       2
B =
      4      5     - 1
```

```
    2      -2      6
    0       3     -5
C =
   10      -7     27
  -10       7    -29
    6      27    -31
```

可见,两个三阶实方阵相乘的结果,仍是三阶实方阵,即

$$C=AB=\begin{pmatrix} 10 & -7 & 27 \\ -10 & 7 & -29 \\ 6 & 27 & -31 \end{pmatrix}$$

**【例 2.42】** 求以下 4×5 实矩阵与 5×3 实矩阵相乘之积:

$$A=\begin{pmatrix} 1 & 3 & -2 & 0 & 4 \\ -2 & -1 & 5 & -7 & 2 \\ 0 & 8 & 4 & 1 & -5 \\ 3 & -3 & 2 & -4 & 1 \end{pmatrix}, \quad B=\begin{pmatrix} 4 & 5 & -1 \\ 2 & -2 & 6 \\ 7 & 8 & 1 \\ 0 & 3 & -5 \\ 9 & 8 & -6 \end{pmatrix}$$

代码如下:

```
edit matmult45.m
```

将程序修改为

```
%matmult45.m
syms A B C
A=[1 3 -2 0 4;-2 -1 5 -7 2;0 8 4 1 -5;3 -3 2 -4 1]
B=[4 5 -1;2 -2 6 ;7 8 1;0 3 -5 ;9  8 -6]
C=A*B
```

保存后执行命令:

```
Matmult45
```

得

```
A =
     1     3    -2     0     4
    -2    -1     5    -7     2
     0     8     4     1    -5
     3    -3     2    -4     1
B =
     4     5    -1
     2    -2     6
     7     8     1
     0     3    -5
     9     8    -6
C =
    32    15    -9
    43    27    24
    -1   -21    77
    29    33    -5
```

可见，4×5 实矩阵与 5×3 实矩阵相乘的结果，是一个 4×3 实矩阵，即

$$C=AB=\begin{pmatrix} 32 & 15 & -9 \\ 43 & 27 & 24 \\ -1 & -21 & 77 \\ 29 & 33 & -5 \end{pmatrix}$$

这个 4×5 实矩阵与 5×3 实矩阵相乘就满足前述“第 1 个矩阵的列数必须等于第 2 个矩阵的行数”的规定。

**【例 2.43】** 矩阵的乘法运算。

代码如下：

```
A=[1:4;5:8]
B=[2 3;1 3;6 7; 4 5]
C=A*B
D=A.*B'
E=A*5
```

运行后输出结果如下：

```
A =
     1     2     3     4
     5     6     7     8
B =
     2     3
     1     3
     6     7
     4     5
C =
    38    50
    90   122
D =
     2     2    18    16
    15    18    49    40
E =
     5    10    15    20
    25    30    35    40
```

当矩阵 $\boldsymbol{A}$ 和 $\boldsymbol{B}$ 中有一个是常数时，该常数要和矩阵中的每一项相乘。

## 2.2.8 矩阵的除法

1. 矩阵的除法运算简介

矩阵的除法有两种，一种叫左除“\”，另一种叫右除“/”，通常矩阵的除法用来求解方程组的解。一般情况下，矩阵 $\boldsymbol{A}$ 和 $\boldsymbol{B}$ 的左除为 $\boldsymbol{X}=\boldsymbol{A}\backslash\boldsymbol{B}$，表示线性方程组 $\boldsymbol{A}\times\boldsymbol{X}=\boldsymbol{B}$ 的解，近似等于 $\mathrm{inv}(\boldsymbol{A})\times\boldsymbol{B}$ 或 $\mathrm{pinv}(\boldsymbol{A})\times\boldsymbol{B}$。矩阵 $\boldsymbol{A}$ 和 $\boldsymbol{B}$ 的右除为 $\boldsymbol{X}=\boldsymbol{B}/\boldsymbol{A}$，表示线性方程组 $\boldsymbol{X}\times\boldsymbol{A}=\boldsymbol{B}$ 的解，近似为 $\boldsymbol{B}\times\mathrm{inv}(\boldsymbol{A})$ 或 $\boldsymbol{B}\times\mathrm{pinv}(\boldsymbol{A})$。如果 $\boldsymbol{X}$ 不存在或不唯一，则系统显示警告信息。

此外，还有矩阵的点除，分为左点除和右点除，分别用“.\”和“./”表示，表示矩阵中对应

元素相除。

2. 矩阵的除法运算例子

【例 2.44】 矩阵的左除和右除。

代码如下：

```
clear all;
A = [21,2,3;7 3 1;9 4 2];
B = [3 5 7;2 12 4;2 7 4];
C1 = A\B                                    %矩阵的左除
C2 = inv(A) * B
D1 = B/A                                    %矩阵的右除
D2 = B * inv(A)
```

程序运行后，输出结果如下：

```
C1 =
    0.2286    1.6286    0.5143
    0.4286    4.4286    0.7143
   -0.8857  -12.6857   -1.7429
C2 =
    0.2286    1.6286    0.5143
    0.4286    4.4286    0.7143
   -0.8857  -12.6857   -1.7429
D1 =
   -0.3429  -10.3714    9.2000
   -1.4857   -1.9429    5.2000
   -0.7714   -4.0857    5.2000
D2 =
   -0.3429  -10.3714    9.2000
   -1.4857   -1.9429    5.2000
   -0.7714   -4.0857    5.2000
```

由上可见，矩阵的左除 $\boldsymbol{A}\backslash\boldsymbol{B}=\mathrm{inv}(\boldsymbol{A})\times\boldsymbol{B}$；矩阵的右除 $\boldsymbol{B}/\boldsymbol{A}=\boldsymbol{B}\times\mathrm{inv}(\boldsymbol{A})$。

【例 2.45】 两矩阵的左除和右除。

代码如下：

```
A = [1,2,3;4,5,6];
D = [1,4,7;8,5,2;3,6,0];
D\A                                 %矩阵的左除,一个 2×3 矩阵不能左除 3×3 矩阵
??? Error using ==> mldivide
Matrix dimensions must agree.
>> D\A'                             %矩阵的左除,一个 3×2 矩阵能左除 3×3 矩阵
ans =
   -0.0370         0
    0.5185    1.0000
   -0.1481         0
>> A/D                              %矩阵的右除,一个 2×3 矩阵能右除 3×3 矩阵
ans =
    0.4074    0.0741    0.0000
    0.7407    0.4074    0.0000
```

可见，一个 2×3 矩阵不能左除 3×3 矩阵，一个 2×3 矩阵能右除 3×3 矩阵。

**【例 2.46】** 两矩阵的右除。

代码如下：

```
A = rand(3)
B = rand(2,3)
X = B/A                                   % 矩阵的右除，一个 2×3 矩阵能右除 3×3 矩阵
```

运行后输出结果如下：

```
A =
    0.9649    0.9572    0.1419
    0.1576    0.4854    0.4218
    0.9706    0.8003    0.9157
B =
    0.7922    0.6557    0.8491
    0.9595    0.0357    0.9340
X =
   -0.1117    0.0580    0.9179
   -0.6824   -1.8152    1.9617
```

**【例 2.47】** 两矩阵的点除：左除和右除。

代码如下：

```
A = [1,2,3;7,3,1;9,4,2];
B = [3 5 7;2 12 4;2 7 4];
C1 = A./B                                 % 矩阵的点除，左除
C2 = A.\B                                 % 矩阵的点除，右除
C3 = A./2                                 % 用一个数点除一个矩阵
```

运行后输出结果如下：

```
C1 =
    0.3333    0.4000    0.4286
    3.5000    0.2500    0.2500
    4.5000    0.5714    0.5000
C2 =
    3.0000    2.5000    2.3333
    0.2857    4.0000    4.0000
    0.2222    1.7500    2.0000
C3 =
    0.5000    1.0000    1.5000
    3.5000    1.5000    0.5000
    4.5000    2.0000    1.0000
```

两个矩阵点除时，将矩阵中对应的元素相除，两个矩阵维数必须相同。用一个数点除一个矩阵是用该数去除矩阵中的每一个元素。

### 2.2.9 矩阵元素的求和

1. 矩阵元素的求和简介

在 MATLAB 中，矩阵在元素求和时，采用函数 sum()和 cumsum()，其调用格式如下。

Y=sum(X)：该函数对矩阵 ***X*** 的元素求和，返回矩阵 ***X*** 中各列元素的和组成的向量。

Y=sum(X,DIM)：该函数返回在给定维数 DIM 上的元素的和。当 DIM=1 时，计算矩阵各列元素的和；当 DIM=2 时，得到矩阵各行元素的和。

函数 cumsum()的调用格式与 sum()类似，不同之处是函数 cumsum()的返回值为矩阵。

2. 矩阵元素的求和例子

**【例 2.48】** 矩阵元素的求和。

代码如下：

```
clear all;
A = [1,2,3,4;5 6 7 8;1 1 1 1];
B1 = sum(A)                                %矩阵各列元素的和
B2 = sum(A,2)                              %矩阵各行元素的和
C1 = cumsum(A)                             %矩阵各列元素的和
C2 = cumsum(A,2)                           %矩阵各行元素的和
D = sum(sum(A))                            %矩阵所有元素的和
```

程序运行后，输出结果如下：

```
B1 =
     7     9    11    13
B2 =
    10
    26
     4
C1 =
     1     2     3     4
     6     8    10    12
     7     9    11    13
C2 =
     1     3     6    10
     5    11    18    26
     1     2     3     4
D =
    40
```

可以看出，函数 sum()的返回值为向量，函数 cumsum()的返回值为矩阵。而通过 sum(sum(A))可以得到矩阵中所有元素之和。

**【例 2.49】** 矩阵元素的求和。

代码如下：

```
clear all;
A = [1 2;3 4];
B1 = sum(A)                                %矩阵各列元素的和
B2 = sum(A,2)                              %矩阵各行元素的和
C1 = cumsum(A)                             %矩阵各列元素的和
C2 = cumsum(A,2)                           %矩阵各行元素的和
D = sum(sum(A))                            %矩阵所有元素的和
```

运行后输出结果如下：

```
A =
     1     2
     3     4
B1 =
     4     6
B2 =
     3
     7
C1 =
     1     2
     4     6
C2 =
     1     3
     3     7
D =
    10
```

## 2.2.10 矩阵元素的求积

1. 矩阵元素的求积简介

在MATLAB中，矩阵在元素求积时，采用函数prod()和cumprod()，其调用格式如下。

Y=prod(X)：该函数对矩阵 ***X*** 的元素求积，返回矩阵 ***X*** 中各列元素的积组成的向量。

Y=prod(X,DIM)：该函数返回在给定维数DIM上的元素的积。当DIM=1时，计算矩阵各列元素的积；当DIM=2时，得到矩阵各行元素的积。

函数cumprod()的调用格式与prod()类似，不同之处是函数cumprod()的返回值为矩阵。

2. 矩阵元素的求积例子

**【例2.50】** 矩阵元素的求积。

代码如下：

```
clear all;
A = [1,2,3,0;2 6 7 8;1 2 3 5];
B1 = prod(A)                        %矩阵各列元素的积
B2 =  prod(A,2)                     %矩阵各行元素的积
C1 = cumprod(A)                     %矩阵各列元素的积
C2 = cumprod(A,2)                   %矩阵各行元素的积
```

程序运行后，输出结果如下：

```
B1 =
     2    24    63     0
B2 =
     0
   672
    30
C1 =
```

```
        1     2     3     0
        2    12    21     0
        2    24    63     0
C2 =
        1     2     6     0
        2    12    84   672
        1     2     6    30
```

可见,B1是矩阵**A**各列元素的积；B2是矩阵**A**各行元素的积；矩阵C1的第一行是矩阵**A**的第一行,第二行是矩阵**A**中除第三行以外各列元素的积；第三行是矩阵**A**的各列元素的积；矩阵C2的第一列是矩阵**A**的第一列,第二列是矩阵**A**中头两列的积,第三列是矩阵**A**中头三列对应元素的积；第四列是矩阵**A**中四列对应元素的积。

### 2.2.11　矩阵元素的差分

1. 矩阵元素的差分简介

矩阵元素的差分,顾名思义,就是在矩阵中,一行(一列)的元素与上一行(上一列)对应元素的差值,依次排列在上一行(上一列)元素对应位置。矩阵元素的差分分为行差分和列差分,第一行和第一列不做差分计算。上述的定义是定义一阶差分计算,若进行多阶矩阵元素的差分计算,仅需要进行迭代计算即可。

在MATLAB中,利用函数diff()计算矩阵的差分,其调用格式如下。

Y=diff(X)：该函数计算矩阵各行的差分。

Y=diff(X,N)：该函数计算矩阵各行的$N$阶差分。

Y=diff(X,N,DIM)：该函数计算矩阵在DIM方向上的$N$阶差分。当DIM=1时,计算矩阵各行元素的差分；当DIM=2时,得到矩阵各列元素的差分。

2. 矩阵元素的差分例子

**【例2.51】**　矩阵元素的差分。

代码如下：

```
clear all;
A=[1,2,3,0;2 6 7 8;1 2 3 5]
B1= diff(A)                          %计算矩阵各行的差分
B2= diff(A,2)                        %计算矩阵各行的二阶差分
C1= diff(A,1,1)                      %计算矩阵各行的差分
C2= diff(A,1,2)                      %计算矩阵各列的差分
```

程序运行后,输出结果如下：

```
A =
        1     2     3     0
        2     6     7     8
        1     2     3     5
B1 =
        1     4     4     8
       -1    -4    -4    -3
B2 =
       -2    -8    -8   -11
```

```
C1 =
     1     4     4     8
    -1    -4    -4    -3
C2 =
     1     1    -3
     4     1     1
     1     1     2
```

在以上程序中，利用函数 diff()计算矩阵的差分，当 DIM=1 时，按照各行进行差分；当 DIM=2 时，按照各列差分。当 $N \geqslant$size(X,DIM)时，该函数的返回值为空矩阵。

### 2.2.12 矩阵元素的查找

1. 矩阵元素的查找简介

在 MATLAB 中，采用函数 find() 进行矩阵元素的查找。函数 find()通常与关系运算和逻辑运算相结合，能够对矩阵中元素进行查找。该函数的调用格式如下。

i=find(A)：该函数查找矩阵 **A** 中的非零元素，返回这些元素的单下标。

[i,j]=find(A)：该函数查找矩阵 **A** 中的非零元素，返回这些元素的双下标 $i$ 和 $j$。

2. 矩阵元素的查找例子

**【例 2.52】** 矩阵元素的查找。

代码如下：

```
clear all;
A = [1,0,3;0 3 1;9 4 2]
B =  find(A)                          %矩阵中非零元素的下标
C =  find(A > = 3)                    %矩阵中大于或等于 3 的元素下标
D =  A(find(A > = 3))                 %矩阵中大于或等于 3 的元素
A(find(A == 9)) = 100                 %将矩阵中等于 9 的元素修改为 100
```

程序运行后，输出结果如下：

```
A =
     1     0     3
     0     3     1
     9     4     2
B =
     1
     3
     5
     6
     7
     8
     9
C =
     3
     5
     6
     7
```

```
D =
     9
     3
     4
     3
A =
     1     0     3
     0     3     1
   100     4     2
```

### 2.2.13　矩阵元素的排序

1. 矩阵元素的排序简介

在 MATLAB 中,矩阵元素的排序使用函数 sort()。该函数默认按照升序排列,返回值为排序后的矩阵,与原矩阵维数相同。该函数的调用格式如下。

Y=sort(X):该函数对矩阵 ***X*** 按照升序排列。当 ***X*** 为向量时,返回由小到大排序后的向量;当 ***X*** 为矩阵时,返回 ***X*** 中各列按照由小到大排序后的矩阵。

Y=sort(X,DIM):该函数返回在给定的维数 DIM 上按照由小到大顺序排序后的结果。当 DIM=1 时,按照列进行排序;当 DIM=2 时,按照行进行排序。

Y=sort(X,DIM,'MODE'):该函数可以指定排序的方式。参数 MODE 默认值为"ascend",即按照升序进行排列;当 MODE 为"descend"时,对矩阵进行降序排列。

[Y,I]=sort(X):该函数的输出参数 Y 为排序后的结果,输出参数 $I$ 中元素表示 $Y$ 中对应元素在输入参数 $X$ 中的位置。

2. 矩阵元素的排列例子

**【例 2.53】** 矩阵元素的排列。

代码如下:

```
clear all;
A = [1,0,3;0 3 1;9 4 2]
B =  sort (A)                          % 矩阵元素的排序,按列进行
C =  sort (A,2)                        % 矩阵元素的排序,按行进行
D =  sort (A, 'descend')               % 矩阵元素按列降序排列
E =  sort (A,2,'descend')              % 矩阵元素按行降序排列
```

程序运行后,输出结果如下:

```
A =
     1     0     3
     0     3     1
     9     4     2
B =
     0     0     1
     1     3     2
     9     4     3
C =
     0     1     3
     0     1     3
```

```
     2     4     9
D =
     9     4     3
     1     3     2
     0     0     1
E =
     3     1     0
     3     1     0
     9     4     2
```

### 2.2.14 矩阵的乘方

1. 矩阵的乘方简介

“^”为矩阵的乘方的运算符。矩阵的乘方可分为以下4种情形：

(1) 当$\mathbf{A}$为方阵，$P$为大于0的整数时，$\mathbf{A}$^$P$表示$\mathbf{A}$的$P$次方，即$\mathbf{A}$自乘$P$次；$P$为小于0的整数时，$\mathbf{A}$^$P$表示$\mathbf{A}$的逆阵的$-P$次方。

(2) 当$\mathbf{A}$为方阵，$P$为非整数时，$\mathbf{A}\hat{}P=\mathbf{V}\begin{bmatrix} d_{11}^{p} & & \\ & \ddots & \\ & & d_{nn}^{p} \end{bmatrix}\mathbf{V}^{-1}$。其中，$\mathbf{V}$为$\mathbf{A}$的特征向量，$\begin{bmatrix} d_{11}^{p} & & \\ & \ddots & \\ & & d_{nn}^{p} \end{bmatrix}$为特征值对角矩阵。

(3) 标量的矩阵乘方$P^{\mathbf{A}}$，其定义为$P^{\mathbf{A}}=\mathbf{V}\begin{bmatrix} p^{d_{11}} & & \\ & \ddots & \\ & & p^{d_{nn}} \end{bmatrix}\mathbf{V}^{-1}$。其中，$\mathbf{V}$、$\mathbf{D}$取自特征值分解，$\mathbf{AV}=\mathbf{AD}$。

(4) 标量的数组乘方$P$.^$\mathbf{A}$，定义为$P.\hat{}\mathbf{A}=\begin{bmatrix} p^{a_{11}} & \cdots & p^{a_{1n}} \\ \vdots & & \vdots \\ p^{a_{m1}} & \cdots & p^{a_{mnn}} \end{bmatrix}$。

2. 计算矩阵的乘方的例子

**【例2.54】** $\mathbf{A}$为以下方阵，$P$为大于0的整数，求$\mathbf{A}$^2、$\mathbf{A}$^3和$\mathbf{A}$^4。

$$\mathbf{A}=\begin{pmatrix} 1 & 2 & 3 \\ 4 & 5 & 6 \\ 7 & 8 & 9 \end{pmatrix}$$

代码如下：

```
A = [1 2 3;4 5 6;7 8 9]
A^2
A^3
A^4
```

输出结果如下：

```
A =
     1     2     3
     4     5     6
     7     8     9
ans =
    30    36    42
    66    81    96
   102   126   150
ans =
         468          576          684
        1062         1305         1548
        1656         2034         2412
ans =
        7560         9288        11016
       17118        21033        24948
       26676        32778        38880
```

**【例 2.55】** $\boldsymbol{A}$ 为以下方阵，$P$ 为小于 0 的整数，求 $\boldsymbol{A}$^(−2)和 $\boldsymbol{A}$^(−3)。

$$\boldsymbol{A}=\begin{pmatrix}1 & 2 & 3\\ 4 & 9 & 6\\ 3 & 8 & 11\end{pmatrix}$$

代码如下：

```
A = [1 2 3;4 9 6;3 8 11]
A^(-2)
A^(-3)
```

输出结果如下：

```
A =
     1     2     3
     4     9     6
     3     8    11
ans =
    12.6224    0.6939   -3.9184
    -6.8776   -0.3061    2.0816
     1.5918    0.0204   -0.4388
ans =
    43.2937     2.4621   -13.5066
   -23.7420    -1.3236     7.3863
     5.6042     0.2930    -1.7281
```

**【例 2.56】** $\boldsymbol{A}$ 为以下方阵，$P$ 为小于 0 的整数，求 $\boldsymbol{A}$^(−2)。

$$\boldsymbol{A}=\begin{pmatrix}2 & 3\\ 1 & 2\end{pmatrix}$$

代码如下：

```
A = [2 3;1 2]
A^(-2)
```

输出结果如下：

```
A =
     2     3
     1     2
ans =
    7.0000   -12.0000
   -4.0000     7.0000
```

下面用“$\boldsymbol{A}$^$P$ 表示 $\boldsymbol{A}$ 的逆阵的$-P$ 次方”的方法求解。

代码如下：

```
B = inv(A)
B^2
```

输出结果如下：

```
B =
     2    -3
    -1     2
ans =
     7   -12
    -4     7
```

可见，两种方法所得结果相同。

**【例 2.57】** $\boldsymbol{A}$ 为以下方阵，$P$ 为大于 0 小于 1 的小数，求 $\boldsymbol{A}$^(0.1)和 $\boldsymbol{A}$^(0.5)。

$$\boldsymbol{A}=\begin{pmatrix}1 & 2 & 3\\4 & 5 & 6\\7 & 8 & 9\end{pmatrix}$$

代码如下：

```
A^0.1
A^0.5
```

输出结果如下：

```
ans =
    0.8467 + 0.2270i   0.3596 + 0.0578i  -0.0965 - 0.1014i
    0.4013 + 0.0215i   0.4530 + 0.0134i   0.4429 - 0.0147i
   -0.0132 - 0.1739i   0.4846 - 0.0510i   1.0133 + 0.0820i
ans =
    0.4498 + 0.7623i   0.5526 + 0.2068i   0.6555 - 0.3487i
    1.0185 + 0.0842i   1.2515 + 0.0228i   1.4844 - 0.0385i
    1.5873 - 0.5940i   1.9503 - 0.1611i   2.3134 + 0.2717i
```

下面采用另一种方法求解。

代码如下：

```
A = [1 2 3;4 5 6;7 8 9]
B = sqrtm(A)
```

输出结果如下：

```
A =
   1     2     3
   4     5     6
   7     8     9
B =
   0.4498 + 0.7623i   0.5526 + 0.2068i   0.6555 - 0.3487i
   1.0185 + 0.0842i   1.2515 + 0.0228i   1.4844 - 0.0385i
   1.5873 - 0.5940i   1.9503 - 0.1611i   2.3134 + 0.2717i
```

可见，A^0.5=sqrtm(A)。

**【例 2.58】** **A** 为以下方阵，$P$ 为非整数，求 **A**^(3.5)。

$$\boldsymbol{A}=\begin{pmatrix}2 & 3\\1 & 2\end{pmatrix}$$

代码如下：

```
A = [2 3;1 2]
A^3
A^4
A^(3.5)
```

输出结果如下：

```
A =
     2     3
     1     2
ans =
    26    45
    15    26
ans =
    97   168
    56    97
ans =
   50.2145   86.9569
   28.9856   50.2145
```

可见，**A**^(3.5)的大小在 **A**^3 和 **A**^4 之间。

再用求特征值的方法计算本题。

代码如下：

```
A = [2 3;1 2]
[V,D] = eig(A)
Q = D^(3.5)
V * Q * V^( - 1)
```

输出结果如下：

```
A =
     2     3
     1     2
```

```
V =
    0.8660   -0.8660
    0.5000    0.5000
D =
    3.7321    0
    0         0.2679
Q =
    100.4191  0
    0         0.0100
ans =
    50.2145   86.9569
    28.9856   50.2145
```

可见,此法与直接求 **A**^(3.5)的结果相同。

**【例 2.59】** **A** 为以下方阵,求标量的矩阵乘方 $P$^**A**,其中,$P=3$。

$$\mathbf{A}=\begin{pmatrix}1 & 1\\0 & 2\end{pmatrix}$$

代码如下:

```
A = [1 1;0 2]
B = expm(A)
C = 2^A
D = 3^A
```

输出结果如下:

```
A =
     1     1
     0     2
B =
    2.7183    4.6708
         0    7.3891
C =
     2     2
     0     4
D =
    3.0000    6.0000
         0    9.0000
```

可见,$\boldsymbol{D}=3\text{\^{}}\mathbf{A}=\begin{pmatrix}3 & 6\\0 & 9\end{pmatrix}$

再用求特征值的方法计算本题。

代码如下:

```
A = [1 1;0 2];
[V,D] = eig(A)
D1 = [3,0;0 9]
V * D1 * V^( - 1)
```

输出结果如下:

```
V =
     1.0000    0.7071
     0         0.7071
D =
     1         0
     0         2
D1 =
     3         0
     0         9
ans =
     3         6
     0         9
```

可见,此方法与直接求 $3^{\wedge}\boldsymbol{A}$ 的结果相同。

**【例 2.60】** $\boldsymbol{A}$ 为以下方阵,求标量的数组乘方 $P.^{\wedge}\boldsymbol{A}$,其中,$P=3$。

① $\boldsymbol{A}=\begin{pmatrix}1 & 1\\0 & 2\end{pmatrix}$;② $\boldsymbol{A}=\begin{pmatrix}1 & 2 & 3\\4 & 5 & 6\\7 & 8 & 9\end{pmatrix}$。

① 代码如下:

```
A = [1 1;0 2]
3.^A
```

输出结果如下:

```
A =
     1     1
     0     2
ans =
     3     3
     1     9
```

② 代码如下:

```
A = [1 2 3;4 5 6;7 8 9]
3.^A
```

输出结果如下:

```
A =
     1     2     3
     4     5     6
     7     8     9
ans =
           3           9          27
          81         243         729
        2187        6561       19683
```

**【例 2.61】** $\boldsymbol{A}$ 为以下数组,求标量的数组乘方 $P^{\wedge}\boldsymbol{A}$,其中,$P=2$。

$$\boldsymbol{A}=(1\ 2\ 3\ 4\ 5)$$

代码如下:

```
A=[1 2 3 4 5]
2^A
```

输出结果如下：

```
A =
     1     2     3     4     5
Error using  ^
Inputs must be a scalar and a square matrix.
To compute elementwise POWER, use POWER (.^) instead.
```

可见，求标量的乘方 $P$^$\boldsymbol{A}$ 中，$\boldsymbol{A}$ 只能是标量或方阵，不能为数组。

代码如下：

```
A=[1 2 3 4 5]
2.^A
```

输出结果如下：

```
A =
     1     2     3     4     5
ans =
     2     4     8    16    32
```

可见，求标量的乘方 $P$.^$\boldsymbol{A}$ 中，$\boldsymbol{A}$ 可以是标量、方阵或数组。

### 2.2.15 矩阵的函数——包括矩阵的乘方

1. 矩阵的函数简介

用含变量 $x$ 的式子表示的函数，称为 $x$ 的函数。用含矩阵 $\boldsymbol{A}$ 的式子表示的函数，称为矩阵 $\boldsymbol{A}$ 的函数。

哈密尔顿-凯莱定理(Hamilton-Cayley)：设 $\boldsymbol{A}$ 是一个 $n$ 级矩阵，$f(\lambda)=|\lambda\boldsymbol{E}-\boldsymbol{A}|$ 是 $\boldsymbol{A}$ 的特征多项式，那么 $f(\boldsymbol{A})=0$。

根据哈密尔顿-凯莱定理，可以计算矩阵的乘方。

**【手工计算例 2.3】** 设

$$\boldsymbol{A}=\begin{pmatrix}2 & 3\\1 & 2\end{pmatrix}$$

求 $\boldsymbol{A}^2$、$\boldsymbol{A}^3$ 和 $\boldsymbol{A}^4$。

**解**：$\boldsymbol{A}$ 的特征多项式为 $f(\lambda)=\lambda^2-4\lambda+1$，所以 $\boldsymbol{A}^2-4\boldsymbol{A}+\boldsymbol{I}=\boldsymbol{0}$，故知

$$\boldsymbol{A}^2=4\boldsymbol{A}-\boldsymbol{I},\quad \boldsymbol{A}^3=4\boldsymbol{A}^2-\boldsymbol{A}=15\boldsymbol{A}-4\boldsymbol{I},\quad \boldsymbol{A}^4=15\boldsymbol{A}^2-4\boldsymbol{A}=56\boldsymbol{A}-15\boldsymbol{I}$$

即 $\boldsymbol{A}^2=\begin{pmatrix}7 & 12\\4 & 7\end{pmatrix}$，$\boldsymbol{A}^3=\begin{pmatrix}26 & 45\\15 & 26\end{pmatrix}$，$\boldsymbol{A}^4=\begin{pmatrix}97 & 168\\56 & 97\end{pmatrix}$。

**【手工计算例 2.4】** 设

$$\boldsymbol{A}=\begin{pmatrix}1 & 2\\3 & -4\end{pmatrix}$$

求 $\boldsymbol{y}=\boldsymbol{A}^2+3\boldsymbol{A}-10$。

**解**：$\boldsymbol{y}=\boldsymbol{A}^2+3\boldsymbol{A}-10=\boldsymbol{A}\times\boldsymbol{A}+3\times\boldsymbol{A}-10=\begin{pmatrix}1&2\\3&-4\end{pmatrix}\begin{pmatrix}1&2\\3&-4\end{pmatrix}+3\begin{pmatrix}1&2\\3&-4\end{pmatrix}-10\begin{pmatrix}1&0\\0&1\end{pmatrix}=\begin{pmatrix}7&-6\\-9&-10\end{pmatrix}+\begin{pmatrix}3&6\\9&-12\end{pmatrix}-\begin{pmatrix}10&0\\0&10\end{pmatrix}=\begin{pmatrix}0&0\\0&-32\end{pmatrix}$

2. 矩阵的函数例子

**【例 2.62】** 设

$$\boldsymbol{A}=\begin{pmatrix}2&3\\1&2\end{pmatrix}$$

求 $\boldsymbol{A}^2$、$\boldsymbol{A}^3$、$\boldsymbol{A}^4$ 和 $\boldsymbol{A}^5$。

代码如下：

```
A=[2 3;1 2]
A^2
A^3
A^4
A^5
```

输出结果如下：

```
A =
      2     3
      1     2
ans =
      7    12
      4     7
ans =
     26    45
     15    26
ans =
     97   168
     56    97
ans =
    362   627
    209   362
```

**【例 2.63】** 设

$$\boldsymbol{A}=\begin{pmatrix}1&5&9\\3&2&7\end{pmatrix}$$

求 $\boldsymbol{y}=2\boldsymbol{A}+5-\boldsymbol{A}+\boldsymbol{A}/2$。

代码如下：

```
A=[1 5 9;3 2 7];
y=2*A+5-A+A./2
```

输出结果如下：

```
y =
    6.5000   12.5000   18.5000
    9.5000    8.0000   15.5000
```

【例 2.64】 设

$$\boldsymbol{A}=\begin{pmatrix}1 & 2\\ 4 & 3\end{pmatrix}$$

求 $\boldsymbol{y}=2\boldsymbol{A}+5-\boldsymbol{A}+\boldsymbol{A}/2$。

代码如下：

```
A = [1 2;4 3];
y = 2 * A + 5 - A + A./2
```

输出结果如下：

```
y =
    2.5000    8.0000
   11.0000    9.5000
```

【例 2.65】 设

$$\boldsymbol{A}=\begin{pmatrix}1 & 2\\ 4 & 3\end{pmatrix}$$

求 $\boldsymbol{y}=2\boldsymbol{A}+5-\boldsymbol{A}+\boldsymbol{A}/2$ 和 $\boldsymbol{y}=\boldsymbol{A}\times\boldsymbol{A}+3\times\boldsymbol{A}-10$。

代码如下：

```
A = [1 2;3 -4];
y = 2 * A * A - 3 * A + 5
y = A * A + 3 * A - 10
```

输出结果如下：

```
y =
     16    - 13
   - 22      61
y =
      0    - 10
   - 10       0
```

### 2.2.16 矩阵的点运算

1. 矩阵的点运算简介

矩阵的点运算就是对矩阵之间的对应元素直接计算。

C=A.*B：进行矩阵 **A** 和 **B** 对应元素之间的乘法运算，返回结果矩阵 **C**，即 $c_{ij}=a_{ij}b_{ij}$。

C=A./B：进行矩阵 **A** 和 **B** 对应元素之间的右除运算，返回结果矩阵 **C**，即 $c_{ij}=a_{ij}/b_{ij}$。

C=A.\B：进行矩阵 **A** 和 **B** 对应元素之间的左除运算，返回结果矩阵 **C**，即 $c_{ij}=a_{ij}\backslash b_{ij}$。

C=A.^B：进行矩阵 **A** 和 **B** 对应元素之间的幂运算，返回结果矩阵 **C**，即 $c_{ij}=a_{ij}^{\ b_{ij}}$。

注意，进行这些运算要求矩阵 **A** 和 **B** 的维数相同，或其中一个为标量。

C=A.'：对矩阵 **A** 进行转置，返回结果矩阵 **C**。

2. 矩阵的点运算例子

【例 2.66】 对以下矩阵 **A** 和 **B** 进行点运算：

$$A=\begin{pmatrix}1 & 2 & 3\\4 & 5 & 6\\7 & 8 & 9\end{pmatrix},\quad B=\begin{pmatrix}1 & 3 & 5\\2 & 4 & 6\\7 & 8 & 9\end{pmatrix}$$

代码如下：

```
A = [1 2 3;4 5 6;7 8 9]
B = [1 3 5;2 4 6;7 8 9]
C = A. * B
D = A./B
F = A.\B
E = A.^B
G = A.'
```

输出结果如下：

```
A =
     1     2     3
     4     5     6
     7     8     9
B =
     1     3     5
     2     4     6
     7     8     9
C =
     1     6    15
     8    20    36
    49    64    81
D =
    1.0000    0.6667    0.6000
    2.0000    1.2500    1.0000
    1.0000    1.0000    1.0000
F =
    1.0000    1.5000    1.6667
    0.5000    0.8000    1.0000
    1.0000    1.0000    1.0000
E =
           1           8         243
          16         625       46656
      823543    16777216   387420489
G =
     1     4     7
     2     5     8
     3     6     9
```

【例 2.67】 对以下矩阵 $A$ 和 $B$ 进行点运算：

$$A=\begin{pmatrix}1 & 1\\0 & 1\end{pmatrix},\quad B=\begin{pmatrix}1 & 1\\0 & 1\end{pmatrix}$$

代码如下：

```
A = [1 1;0 1]
```

```
B=[1 1;0 1]
C=A.*B
D=A./B
F=A.\B
E=A.^B
```

输出结果如下：

```
A =
     1     1
     0     1
B =
     1     1
     0     1
C =
     1     1
     0     1
D =
     1     1
   NaN     1
F =
     1     1
   NaN     1
E =
     1     1
     1     1
```

以上 D 和 F 矩阵中出现了"NaN"，是因为这两处 0 作除数了。

### 2.2.17 矩阵的逆

1. 矩阵的逆简介

对于一个方阵 $\boldsymbol{A}$，如果存在一个与其同阶的方阵 $\boldsymbol{B}$，使得 $\boldsymbol{AB}=\boldsymbol{BA}=\boldsymbol{I}$（$\boldsymbol{I}$ 为单位矩阵），则称 $\boldsymbol{B}$ 为 $\boldsymbol{A}$ 的逆矩阵，记作 $\boldsymbol{A}^{-1}$。当然，$\boldsymbol{A}$ 也是 $\boldsymbol{B}$ 的逆矩阵。

矩阵 $\boldsymbol{A}$ 可逆的充分必要条件是 $\boldsymbol{A}$ 是非退化的（指 $|\boldsymbol{A}|\neq 0$），而且当 $\boldsymbol{A}$ 可逆时，有

$$\boldsymbol{A}^{-1}=\frac{1}{|\boldsymbol{A}|}\boldsymbol{A}^{*}$$

其中，$|\boldsymbol{A}|$ 是矩阵 $\boldsymbol{A}$ 的行列式，$\boldsymbol{A}^{*}$ 是 $\boldsymbol{A}$ 的伴随矩阵。

伴随矩阵的定义：

设 $\boldsymbol{A}_{ij}$ 是矩阵

$$\boldsymbol{A}=\begin{pmatrix} a_{11} & a_{12} & \cdots & a_{1n} \\ a_{21} & a_{22} & \cdots & a_{2n} \\ \vdots & \vdots & \ddots & \vdots \\ a_{n1} & a_{n2} & \cdots & a_{nn} \end{pmatrix}$$

中元素 $a_{ij}$ 的代数余子式。矩阵

$$A^{*}=\begin{pmatrix}A_{11} & A_{12} & \cdots & A_{1n}\\ A_{21} & A_{22} & \cdots & A_{2n}\\ \vdots & \vdots & \ddots & \vdots\\ A_{n1} & A_{n2} & \cdots & A_{nn}\end{pmatrix}$$

称为 $\boldsymbol{A}$ 的伴随矩阵。

可逆矩阵具有的性质：

(1) 若 $\boldsymbol{A}$、$\boldsymbol{B}$ 为可逆矩阵，则 $\boldsymbol{AB}$ 仍为可逆矩阵，且

$$(\boldsymbol{AB})^{-1}=\boldsymbol{B}^{-1}\boldsymbol{A}^{-1}$$

(2) 矩阵 $\boldsymbol{A}$ 可逆的充分必要条件是 $|\boldsymbol{A}|\neq 0$。

(3) 若矩阵 $\boldsymbol{A}$ 可逆，则

$$|\boldsymbol{A}^{-1}|\neq 0 \text{ 且 } |\boldsymbol{A}^{-1}|=|\boldsymbol{A}|^{-1}$$

(4) 矩阵 $\boldsymbol{A}$ 可逆的充分必要条件是矩阵 $\boldsymbol{A}$ 的特征值全不为 0。

**【手工计算例 2.5】** 判断矩阵

$$\boldsymbol{A}=\begin{pmatrix}1 & 2\\ 3 & 4\end{pmatrix}$$

是否可逆。如果可逆，求 $\boldsymbol{A}^{-1}$。

**解**：因为

$$|\boldsymbol{A}|=\begin{vmatrix}1 & 2\\ 3 & 4\end{vmatrix}=-2\neq 0$$

所以，$\boldsymbol{A}$ 是可逆的。

又因

$$A_{11}=4,\quad A_{12}=-3,\quad A_{21}=-2,\quad A_{22}=1$$

所以，$\boldsymbol{A}^{-1}=-\dfrac{1}{2}\begin{pmatrix}4 & -2\\ -3 & 1\end{pmatrix}=\begin{pmatrix}-2 & 1\\ 3/2 & -1/2\end{pmatrix}$。

**【手工计算例 2.6】** 判断矩阵

$$\boldsymbol{A}=\begin{pmatrix}2 & 1 & 1\\ 3 & 1 & 2\\ 1 & -1 & 0\end{pmatrix}$$

是否可逆。如果可逆，求 $\boldsymbol{A}^{-1}$。

**解**：因为

$$|\boldsymbol{A}|=\begin{vmatrix}2 & 1 & 1\\ 3 & 1 & 2\\ 1 & -1 & 0\end{vmatrix}=2\neq 0$$

所以，$\boldsymbol{A}$ 是可逆的。

又因

$$\begin{aligned}&A_{11}=2,\quad A_{12}=2,\quad A_{13}=-4\\ &A_{21}=-2,\quad A_{22}=-1,\quad A_{23}=3\\ &A_{31}=1,\quad A_{32}=-1,\quad A_{33}=-1\end{aligned}$$

所以，$\boldsymbol{A}^{-1}=\frac{1}{2}\begin{pmatrix}2 & -1 & 1\\ 2 & -1 & -1\\ -4 & 3 & -1\end{pmatrix}=\begin{pmatrix}1 & -0.5 & 0.5\\ 1 & -0.5 & -0.5\\ -2 & 1.5 & -0.5\end{pmatrix}$。

2. 矩阵的逆的函数说明

求方阵 $\boldsymbol{A}$ 的逆矩阵 $\boldsymbol{B}$ 的可调用函数是 B=inv(A)。若 $\boldsymbol{A}$ 为奇异阵或近似奇异阵，系统将给出警告信息。

3. 求矩阵的逆的例子

**【例 2.68】** 已知

$$\boldsymbol{A}=\begin{pmatrix}2 & 1 & 1\\ 3 & 1 & 2\\ 1 & -1 & 0\end{pmatrix}$$

求 $\boldsymbol{A}^{-1}$。

代码如下：

```
syms A B C
A = [2 1 1;3 1 2;1 - 1 0 ]
B = inv(A)
```

输出结果如下：

```
A =
     2     1     1
     3     1     2
     1    -1     0
B =
     1.0000    - 0.5000     0.5000
     1.0000    - 0.5000   - 0.5000
   - 2.0000      1.5000   - 0.5000
>> C = A * B   % A * A = I
C =
    1.0000   - 0.0000   - 0.0000
         0     1.0000   - 0.0000
         0          0     1.0000
```

这表明，$\boldsymbol{A}^{-1}=\begin{pmatrix}1 & -0.5 & 0.5\\ 1 & -0.5 & -0.5\\ -2 & 1.5 & -0.5\end{pmatrix}$。

$\boldsymbol{C}$ 为单位矩阵，可见，$\boldsymbol{B}$ 为 $\boldsymbol{A}$ 的逆矩阵。$\boldsymbol{A}^{-1}$ 与前面手工计算结果一致。

**【例 2.69】** 已知

$$\boldsymbol{A}=\begin{pmatrix}1 & 5\\ 4 & 6\end{pmatrix}$$

求 $\boldsymbol{A}^{-1}$。

代码如下：

```
A = [1 5;4 6]
B = inv(A)
```

输出结果如下：

```
A =
     1     5
     4     6
B =
   - 0.4286     0.3571
     0.2857   - 0.0714
```

这表明，$\boldsymbol{A}^{-1}=\begin{pmatrix}-0.4286 & 0.3571\\ 0.2857 & -0.0714\end{pmatrix}$。

```
>> C = A * B
C =
    1.0000    0.0000
         0    1.0000
```

$\boldsymbol{C}$ 为单位矩阵。可见，$\boldsymbol{B}$ 为 $\boldsymbol{A}$ 的逆矩阵。

**【例 2.70】** 已知

$$\boldsymbol{A}=\begin{pmatrix}1 & 2\\ 3 & 4\end{pmatrix}$$

求 $\boldsymbol{A}^{-1}$。

代码如下：

```
A = [1 2;3 4]
B = inv(A)
```

输出结果如下：

```
A =
     1     2
     3     4
B =
   - 2.0000     1.0000
     1.5000   - 0.5000
```

所以，$\boldsymbol{A}^{-1}=\boldsymbol{B}=\begin{pmatrix}-2 & 1\\ 3/2 & -1/2\end{pmatrix}$，与前面手工计算结果一致。

实际上，用手工求矩阵的逆是很麻烦的，因为既要计算行列式的值，又要计算伴随矩阵中的每一项，所求矩阵阶数高时尤其如此。

### 2.2.18　两向量的数量积

1. 两向量的数量积简介

两向量的数量积，又叫点积、点乘或内积，它等于两向量的模和它们之间夹角的余弦的乘积。即 $\boldsymbol{A}\cdot\boldsymbol{B}=|\boldsymbol{A}||\boldsymbol{B}|\cos\phi$。或者说，两向量的数量积等于其中的一个向量的模和另一个向量在这向量的方向上投影的乘积。两向量的数量积运算产生的是一个数，要求两个向量维数相同。数量积基本性质：

(1) 当且仅当两向量之一为零向量或两向量垂直时，它们的数量积才等于0。

(2) 两向量间夹角的余弦等于它们的数量积与模的乘积之商。即

$$\cos\phi=\frac{\boldsymbol{A}\cdot\boldsymbol{B}}{|\boldsymbol{A}||\boldsymbol{B}|}$$

(3) 设 $\boldsymbol{A}=[X_1\quad Y_1\quad Z_1]$，$\boldsymbol{B}=[X_2\quad Y_2\quad Z_2]$，则

$$\boldsymbol{C}=\boldsymbol{A}\cdot\boldsymbol{B}=X_1X_2+Y_1Y_2+Z_1Z_2$$

**【手工计算例 2.7】** 已知两向量 $\boldsymbol{A}=[2,5,7]$，$\boldsymbol{B}=[1,2,4]$，求数量积 $\boldsymbol{A}\cdot\boldsymbol{B}$。

**解**：根据数量积基本性质，知

$$\boldsymbol{C}=\boldsymbol{A}\cdot\boldsymbol{B}=X_1X_2+Y_1Y_2+Z_1Z_2=2\times1+5\times2+7\times4=2+10+28=40$$

所以，$\boldsymbol{A}\cdot\boldsymbol{B}=40$。

2. 两向量的数量积命令说明

C=dot(A,B)：计算维数相同的两个向量或矩阵 $\boldsymbol{A}$、$\boldsymbol{B}$ 的数量积 $C$。若 $\boldsymbol{A}$、$\boldsymbol{B}$ 为向量，则返回向量 $\boldsymbol{A}$ 与 $\boldsymbol{B}$ 的数量积；若 $\boldsymbol{A}$、$\boldsymbol{B}$ 为矩阵，则返回 $\boldsymbol{A}$ 和 $\boldsymbol{B}$ 的第一列、第二列、……、第 $n$ 列相互点积的结果。

C=dot(A,B,dim)：计算向量或矩阵 $\boldsymbol{A}$、$\boldsymbol{B}$ 的在 dim 维数据的数量积 $C$。

3. 两向量的数量积例子

**【例 2.71】** 计算两个向量 $\boldsymbol{x}=[1\ 3\ 5]$ 和 $\boldsymbol{y}=[2\ 4\ 6]$ 的数量积。

代码如下：

```
x = [1 3 5]
y = [2 4 6]
c = dot(x,y)
```

输出结果如下：

```
x =
     1     3     5
y =
     2     4     6
c =
    44
```

可见，两向量点积的结果是一个数——44。

**【例 2.72】** 计算两个向量 $\boldsymbol{x}=[1\ 2]$ 和 $\boldsymbol{y}=[3\ 4]$ 的数量积。

代码如下：

```
x = [1 2]
y = [3 4]
c = dot(x,y)
```

输出结果如下：

```
x =
     1     2
y =
     3     4
c =
    11
```

可见，两向量点积的结果是一个数——11。

**【例 2.73】** 计算两个三阶矩阵 $\boldsymbol{A}=\begin{pmatrix}1 & 2 & 3\\2 & -1 & 1\\0 & 2 & 4\end{pmatrix}$和 $\boldsymbol{B}=\begin{pmatrix}1 & 0 & 3\\2 & 2 & 1\\0 & 2 & 3\end{pmatrix}$ 的数量积。

**解：**

(1) 用 dot(A,B)命令。

代码如下：

```
A=[1 2 3;2 -1 1;0 2 4]
B=[1 0 3;2 2 1;0 2 3]
C=dot(A,B)
```

输出结果如下：

```
A =
     1     2     3
     2    -1     1
     0     2     4
B =
     1     0     3
     2     2     1
     0     2     3
C =
     5     2    22
```

可见，两矩阵的点积结果是三个数，它们分别是矩阵 **A** 和 **B** 的第一列、第二列、第三列相互点积产生的。

(2) 用 dot(A,B,1)命令。

代码如下：

```
A=[1 2 3;2 -1 1;0 2 4]
B=[1 0 3;2 2 1;0 2 3]
C=dot(A,B,1)
```

输出结果如下：

```
A =
     1     2     3
     2    -1     1
     0     2     4
B =
     1     0     3
     2     2     1
     0     2     3
C =
     5     2    22
```

可见，当 dim 取 1 时，结果同(1)。

(3) 用 dot(A,B,2)命令。

代码如下：

```
A=[1 2 3;2 -1 1;0 2 4]
B=[1 0 3;2 2 1;0 2 3]
C=dot(A,B,2)
```

输出结果如下：

```
A =
     1     2     3
     2    -1     1
     0     2     4
B =
     1     0     3
     2     2     1
     0     2     3
C =
    10
     3
    16
```

可见，当 dim 取 2 时，两矩阵的点积结果也是三个数，它们分别是矩阵 **A** 和 **B** 的第一行、第二行、第三行相互点积产生的。

(4) 用 dot(A,B,3)命令。

代码如下：

```
A=[1 2 3;2 -1 1;0 2 4]
B=[1 0 3;2 2 1;0 2 3]
C=dot(A,B,3)
```

输出结果如下：

```
A =
     1     2     3
     2    -1     1
     0     2     4
B =
     1     0     3
     2     2     1
     0     2     3
C =
     1     0     9
     4    -2     1
     0     4    12
```

可见，当 dim 取 3 时，两个三阶矩阵的点积结果也是一个三阶矩阵，它们是矩阵 **A** 和 **B** 对应位置数相乘产生的。

### 2.2.19 两向量的向量积

1. 两向量的向量积简介

两向量的向量积，又叫叉乘，或叉积，或外积。与两向量数量积运算产生的是一个数不

同,两向量 **A** 和 **B** 的向量积是一个向量,假设为向量 **C**。向量 **C** 的模等于向量 **A**、**B** 模和它们之间夹角的正弦的乘积,即 $\boldsymbol{C}=\boldsymbol{A}\times\boldsymbol{B}=|\boldsymbol{A}||\boldsymbol{B}|\sin\phi$。或者说,向量 **C** 的模在数值上等于以两向量 **A** 和 **B** 为两边的平行四边形面积。向量 **C** 同时垂直于向量 **A** 和 **B**,因此向量 **C** 垂直于向量 **A** 和 **B** 所决定的平面;向量 **A** 的正向按照"右手法则"确定。

向量积基本性质:

(1) 当且仅当两向量之一为零向量或两向量平行时,它们的向量积才等于0。

(2) 设 $\boldsymbol{A}=[X_1 \quad Y_1 \quad Z_1]$,$\boldsymbol{B}=[X_2 \quad Y_2 \quad Z_2]$,则

$$\boldsymbol{C}=\boldsymbol{A}\times\boldsymbol{B}=\begin{vmatrix} i & j & k \\ X_1 & Y_1 & Z_1 \\ X_2 & Y_2 & Z_2 \end{vmatrix}$$

**【手工计算例 2.8】** 已知两向量 $\boldsymbol{A}=[2,5,7]$,$\boldsymbol{B}=[1,2,4]$,求向量积 $\boldsymbol{A}\times\boldsymbol{B}$。

**解**:根据向量积基本性质,知

$$\boldsymbol{A}\times\boldsymbol{B}=\begin{vmatrix} i & j & k \\ X_1 & Y_1 & Z_1 \\ X_2 & Y_2 & Z_2 \end{vmatrix}=\begin{vmatrix} i & j & k \\ 2 & 5 & 7 \\ 1 & 2 & 4 \end{vmatrix}=6i-j-k$$

所以,$\boldsymbol{A}\times\boldsymbol{B}=[6,-1,-1]$。

2. 两向量的向量积命令说明

C=cross(A,B):计算同维向量或矩阵 **A**、**B** 的向量积。若 **A**、**B** 为向量,则 **A**、**B** 必须为3个元素的向量;若 **A**、**B** 为矩阵,则 **A**、**B** 的行数必须为3。

C=cross(A,B,dim):计算向量或矩阵 **A**、**B** 在 dim 维数的向量积 **C**。其中,**A**、**B** 维数相同,且在第 dim 维的维数必须为3。

3. 两向量的向量积例子

**【例 2.74】** 计算两个向量 $\boldsymbol{x}=[1\ 3\ 5]$和 $\boldsymbol{y}=[2\ 4\ 6]$的向量积。

代码如下:

```
x = [1 3 5]
y = [2 4 6]
c = cross(x,y)
```

输出结果如下:

```
x =
    1      3      5
y =
    2      4      6
c =
   -2      4     -2
```

可见,两向量叉积的结果仍是一个向量[−2 4 −2]。

**【例 2.75】** 计算两个向量 $\boldsymbol{x}=[1\ 3\ 7]$和 $\boldsymbol{y}=[4\ 6\ 8]$的向量积。

代码如下:

```
x = [1 3 7]
y = [4 6 8]
```

```
c = cross(x,y)
```

输出结果如下：

```
x =
    1     3     7
y =
    4     6     8
c =
  - 18    20   - 6
```

可见，两向量叉积的结果仍是一个向量[−18 20 −6]。

**【例 2.76】** 计算两个三阶矩阵 $\boldsymbol{A}=\begin{pmatrix}1 & 2 & 3\\2 & -1 & 1\\0 & 2 & 4\end{pmatrix}$，$\boldsymbol{B}=\begin{pmatrix}1 & 0 & 3\\2 & 2 & 1\\0 & 2 & 3\end{pmatrix}$ 的向量积。

代码如下：

```
A = [1 2 3;2 -1 1;0 2 4]
B = [1 0 3;2 2 1;0 2 3]
C = cross(A,B)
```

输出结果如下：

```
A =
    1     2     3
    2   - 1     1
    0     2     4
B =
    1     0     3
    2     2     1
    0     2     3
C =
    0   - 6   - 1
    0   - 4     3
    0     4     0
```

可见，两个三阶矩阵 $\boldsymbol{A}$、$\boldsymbol{B}$ 的叉积结果是一个三阶矩阵 $\boldsymbol{C}$，$\boldsymbol{C}$ 中的第一列、第二列、第三列依次是矩阵 $\boldsymbol{A}$ 和 $\boldsymbol{B}$ 的第一列、第二列、第三列相互叉积产生的。

**【例 2.77】** 当 dim 取 1 时，计算例 2.76。

代码如下：

```
A = [1 2 3;2 -1 1;0 2 4]
B = [1 0 3;2 2 1;0 2 3]
C = cross(A,B,1)
```

输出结果如下：

```
A =
    1     2     3
    2   - 1     1
    0     2     4
```

```
B =
     1     0     3
     2     2     1
     0     2     3
C =
     0    -6    -1
     0    -4     3
     0     4     0
```

可见，当 dim 取 1 时，结果同例 2.76。

**【例 2.78】** 当 dim 取 2 时，计算例 2.76。

代码如下：

```
A=[1 2 3;2 -1 1;0 2 4]
B=[1 0 3;2 2 1;0 2 3]
C=cross(A,B,2)
```

输出结果如下：

```
A =
     1     2     3
     2    -1     1
     0     2     4
B =
     1     0     3
     2     2     1
     0     2     3
C =
     6     0    -2
    -3     0     6
    -2     0     0
```

可见，当 dim 取 2 时，两个三阶矩阵 **A**、**B** 的叉积结果是一个三阶矩阵 **C**，**C** 中的第一行、第二行、第三行依次是矩阵 **A** 和 **B** 的第一行、第二行、第三行相互叉积产生的。

**【例 2.79】** 当 dim 取 3 时，计算例 2.76。

代码如下：

```
A=[1 2 3;2 -1 1;0 2 4]
B=[1 0 3;2 2 1;0 2 3]
C=cross(A,B,3)
```

输出结果如下：

```
A =
     1     2     3
     2    -1     1
     0     2     4
B =
     1     0     3
     2     2     1
     0     2     3
```

```
Error using cross (line 49)
A and B must be of length 3 in the dimension in which the cross product is taken.
```

可见,当 dim 取 3 时,两个三阶矩阵 $\boldsymbol{A}$ 和 $\boldsymbol{B}$ 的叉积不能计算。

**【例 2.80】** 计算两个三阶矩阵 $\boldsymbol{A}=\begin{pmatrix}1 & 3 & 5\\ 1 & 3 & 7\\ 0 & 2 & 1\end{pmatrix}$,$\boldsymbol{B}=\begin{pmatrix}2 & 4 & 6\\ 4 & 6 & 8\\ 1 & 0 & 1\end{pmatrix}$ 的向量积。

(1) 方法 1。

代码如下:

```
A = [1 3 5;1 3 7;0 2 1]
B = [2 4 6;4 6 8;1 0 1]
C = cross(A,B)
```

输出结果如下:

```
A =
     1     3     5
     1     3     7
     0     2     1
B =
     2     4     6
     4     6     8
     1     0     1
C =
     1   - 12   - 1
   - 1     8     1
     2     6   - 2
```

可见,两个三阶矩阵 $\boldsymbol{A}$、$\boldsymbol{B}$ 的叉积结果是一个三阶矩阵 $\boldsymbol{C}$,$\boldsymbol{C}$ 中的第一列、第二列、第三列依次是矩阵 $\boldsymbol{A}$ 和 $\boldsymbol{B}$ 的第一列、第二列、第三列相互叉积产生的。

(2) 方法 2。

```
>> C = cross(A,B,1)
C =
     1   - 12   - 1
   - 1     8     1
     2     6   - 2
```

可见,当 dim 取 1 时,结果同方法 1。

(3) 方法 3。

```
>> C = cross(A,B,2)
C =
    - 2     4    - 2
   - 18    20    - 6
      2     1    - 2
```

可见,当 dim 取 2 时,两个三阶矩阵 $\boldsymbol{A}$、$\boldsymbol{B}$ 的叉积结果是一个三阶矩阵 $\boldsymbol{C}$,$\boldsymbol{C}$ 中的第一行、第二行、第三行依次是矩阵 $\boldsymbol{A}$ 和 $\boldsymbol{B}$ 的第一行、第二行、第三行相互叉积产生的。

（4）方法 4。

```
>> C = cross(A,B,3)
Error using cross (line 49)
A and B must be of length 3 in the dimension in which the cross product is taken.
```

可见，当 dim 取 3 时，两个三阶矩阵 **A**、**B** 的叉积不能计算。

### 2.2.20 三向量的混合积

1. 三向量的混合积简介

先作两向量 **A** 和 **B** 的向量积，再将此结果与向量 **C** 作数量积，即($\boldsymbol{A}\times\boldsymbol{B}$)·$\boldsymbol{C}$，称为三向量的混合积或三重数积。向量的混合积($\boldsymbol{A}\times\boldsymbol{B}$)·$\boldsymbol{C}$ 不是向量而是一个数，它的绝对值表示以 **A**、**B**、**C** 三向量为棱的平行六面体体积。如果向量 **A**、**B**、**C** 组成右手系，那么混合积的符号是正的；如果组成左手系，则是负的。

设 $\boldsymbol{A}=\{X_1\ Y_1\ Z_1\}$，$\boldsymbol{B}=\{X_2\ Y_2\ Z_2\}$，$\boldsymbol{C}=\{X_3\ Y_3\ Z_3\}$，则

$$\boldsymbol{A}\times\boldsymbol{B}\cdot\boldsymbol{C}=\begin{vmatrix} X_1 & Y_1 & Z_1 \\ X_2 & Y_2 & Z_2 \\ X_3 & Y_3 & Z_3 \end{vmatrix}$$

**【手工计算例 2.9】** 计算三个向量 $\boldsymbol{x}=[1\quad 3\quad 5]$、$\boldsymbol{y}=[2\quad 4\quad 6]$和 $\boldsymbol{z}=[1\quad -2\quad -3]$的混合积。

**解**：根据向量混合积基本性质，知

$$\boldsymbol{A}\times\boldsymbol{B}\cdot\boldsymbol{C}=\begin{vmatrix} X_1 & Y_1 & Z_1 \\ X_2 & Y_2 & Z_2 \\ X_3 & Y_3 & Z_3 \end{vmatrix}=\begin{vmatrix} 1 & 3 & 5 \\ 2 & 4 & 6 \\ 1 & -2 & -3 \end{vmatrix}=-4$$

所以，$\boldsymbol{A}\times\boldsymbol{B}\cdot\boldsymbol{C}=-4$。

2. 三向量的混合积命令说明

d=dot(x,cross(y,z))：先叉乘向量 $\boldsymbol{y}$ 和 $\boldsymbol{z}$，再将叉乘结果与向量 $\boldsymbol{x}$ 点乘。注意：先叉乘后点乘，顺序不可颠倒。

3. 三向量的混合积例子

**【例 2.81】** 计算三个向量 $\boldsymbol{x}=[1\quad 3\quad 5]$、$\boldsymbol{y}=[2\quad 4\quad 6]$和 $\boldsymbol{z}=[1\quad -2\quad -3]$的混合积。

代码如下：

```
x = [1 3 5]
y = [2 4 6]
z = [1 -2 -3]
d = dot(x,cross(y,z))
```

输出结果如下：

```
x =
     1     3     5
y =
     2     4     6
```

```
z =
     1    -2    -3
d =
    -4
```

可见,所得结果与前面手工计算的结果一样。

### 2.2.21 三重向量积

1. 三重向量积简介

三重向量积是三个向量中的一个与另两个向量的叉积相乘得到的叉积,其结果是一个向量,即$(\boldsymbol{A}\times\boldsymbol{B})\times\boldsymbol{C}$,称为三重向量积。

一般来说,$(\boldsymbol{A}\times\boldsymbol{B})\times\boldsymbol{C}\neq\boldsymbol{A}\times(\boldsymbol{B}\times\boldsymbol{C})$。

以下恒等式,称作三重积展开或拉格朗日公式,对于任意向量$\boldsymbol{A}$、$\boldsymbol{B}$、$\boldsymbol{C}$均成立:

$$\boldsymbol{A}\times(\boldsymbol{B}\times\boldsymbol{C})=\boldsymbol{B}(\boldsymbol{A}\cdot\boldsymbol{C})-\boldsymbol{C}(\boldsymbol{A}\cdot\boldsymbol{B})$$

$$\boldsymbol{A}\times(\boldsymbol{B}\times\boldsymbol{C})=-\boldsymbol{C}\times(\boldsymbol{A}\times\boldsymbol{B})=-\boldsymbol{A}(\boldsymbol{C}\cdot\boldsymbol{B})+\boldsymbol{B}(\boldsymbol{C}\cdot\boldsymbol{A})$$

2. 三重向量积命令说明

d=cross(x,cross(y,z)):先叉乘向量 $\boldsymbol{y}$ 和 $\boldsymbol{z}$,再将叉乘结果与向量 $\boldsymbol{x}$ 叉乘。

3. 三重向量积例子

**【例 2.82】** 计算三个向量 $\boldsymbol{x}=[1\quad 3\quad 5]$、$\boldsymbol{y}=[2\quad 4\quad 6]$和 $\boldsymbol{z}=[1\quad -2\quad -3]$的三重向量积。

代码如下:

```
x = [1 3 5]
y = [2 4 6]
z = [1 -2 -3]
d = cross(x,cross(y,z))
```

输出结果如下:

```
x =
     1     3     5
y =
     2     4     6
z =
     1    -2    -3
d =
   -84     8    12
```

可见,三重向量积结果仍是一个向量。

## 本章小结

本章关于矩阵运算共有 21 节,仅是矩阵运算的一小部分。

# 第3章

# 一元函数微积分

## 3.1 画函数图形

什么是函数？传统的函数概念是："若对于在某区间上的每一个确定的 $x$ 值，$y$ 都有一个确定的值，则 $y$ 称为 $x$ 的函数。"现代函数的定义是："若对集合 $M$ 的任意元素 $x$，总有集合 $N$ 的确定元素 $y$ 与之对应，则称在集合 $M$ 上定义一个函数，记为 $y=f(x)$。元素 $x$ 为自变元，元素 $y$ 为因变元。"

函数有几种特性：函数的有界性、单调性、奇偶性和周期性。

1. 奇函数和偶函数

设函数的定义域是一个关于原点对称的区间，比如 $(-a,a)$ 或 $(-\infty,\infty)$。（若定义域不关于原点对称，则为非奇非偶函数。）对于定义域内任意的数 $x$，如果 $f(-x)\equiv -f(x)$，称函数 $f(x)$ 在定义域上是奇函数；如果 $f(-x)\equiv f(x)$，称函数 $f(x)$ 在定义域上是偶函数。符号≡表示恒等于。

从图形上来说，奇函数的图形关于原点对称，偶函数的图形关于 $y$ 轴对称。一个函数或是奇函数，或是偶函数，或是非奇非偶函数。例如，函数 $y=\cos x$、$y=x^2$、$y=\cosh x$ 都是偶函数；函数 $y=\sin x$、$y=x^3$、$y=\sinh x$ 都是奇函数；函数 $y=\sin x+\cos x$ 既非奇函数也非偶函数。

**【例 3.1】** 绘制奇函数 $y=x^3, x\in[-2,2]$ 和偶函数 $y=x^2-1, x\in[-2,2]$ 的图形。

代码如下：

```
x = ( - 2):1/20:2;
y1 = x.^3;
y2 = x.^2 - 1;
subplot(1,2,1);
plot(x,y1, 'r:', 'linewidth',2)
hold on
plot([ - 1.8,1.8],[0,0]);
```

```
plot([0,0],[-6,6])
legend('x^3')
subplot(1,2,2);
plot(x,y2, 'r:', 'linewidth',2)
hold on
plot([-1.8,1.8],[0,0]);
plot([0,0],[-2,4])
axis([-2,2,-2,4])
legend('x^2-1');
```

运行后,所绘图形如图3-1所示。由图可见,奇函数关于原点对称,偶函数关于$y$轴对称。

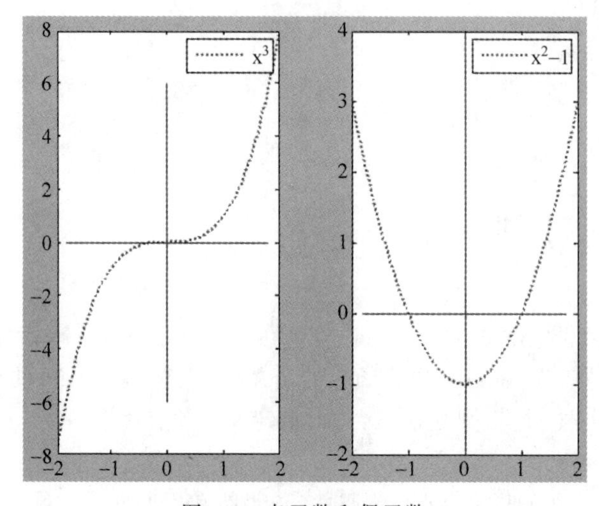


图3-1　奇函数和偶函数

2. 周期函数

对于函数$y=f(x)$,如果存在一个不为0的常数$T$,使得当$x$取定义域内的任一值时,$f(x+T)=f(x)$都成立,就把函数$y=f(x)$称为周期函数,不为0的常数$T$称为这个函数的周期。事实上,任何一个常数$kT(k\neq 0)$都是它的周期。

**【例3.2】** 绘制周期函数$y=2\sin(4x)\cos(8x)$,$x\in[-2\pi,2\pi]$和周期函数$y=\sin(2x)+\cos(4x)$,$x[-2\pi,2\pi]$的图像。

代码如下:

```
x = (-2) * pi:1/20:2 * pi;
subplot(2,1,1);
y1 = 2 * sin(4 * x). * cos(8 * x);
plot(x,y1)
hold on
plot([-6,6],[0,0], 'r',[0,0],[-2,2], 'r');
hold on
plot([pi/2,pi/2],[-2,2], 'r')
title('2sin4x * cos8x')
subplot(2,1,2);
y2 = sin(2 * x) + cos(4 * x);
```

```
plot(x,y2)
hold on
plot([ - 6,6],[0,0], 'r',[0,0],[ - 2,2], 'r');
hold on
plot([pi,pi],[ - 2,2], 'r - ')
axis([ - 6,6, - 2,2])
title('sin2x + cos4x')
```

运行后,所绘图形如图 3-2 所示。最小周期为两竖线间的区域。

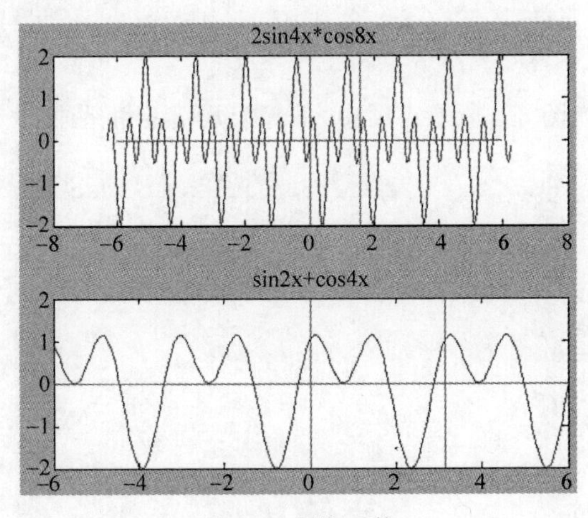


图 3-2 周期函数

3. 分段函数

对于自变量 $x$ 不同的取值范围,有着不同的对应法则,此种函数叫作分段函数。求分段函数的函数值的方法是,先确定要求值的自变量属于哪一段区间,然后按该段的表达式去求值。

**【例 3.3】** 绘制以下分段函数的图像:

$$f(x)=\begin{cases} x^2+x-6, & x<0, x\neq -4 \\ x^2-5x+6, & 0\leqslant x\leqslant 10, x\neq 2, x\neq 3 \\ x^2-x-1, & x>10 \end{cases}$$

代码如下:

```
x1 = ( - 5):0.01:0;
y1 = x1.^2 + x1 - 6;
plot(x1,y1,' - m');
hold on
x2 = 0:0.01:10;
y2 = x2.^2 - 5 * x2 + 6;
plot(x2,y2,'r:');
hold on
x3 = 10:0.01:15;
y3 = x3.^2 - x3 - 1;
plot(x3,y3);
x4 = - 4;
y4 = x4.^2 - x4 - 1;
```

```
plot(x4,y4,'p');
hold on
x5 = 2;
y5 = x5.^2 - x5 - 1;
plot(x5,y5,'b*');
hold on
x6 = 3;
y6 = x6.^2 - x6 - 1;
plot(x6,y6,'g*');
title('函数 f(x)的图形')
text( - 4, - 20,'曲线 f1(x) = x^2 + x - 6');
```

运行后,所绘图形如图 3-3 所示。图中,不等于几用五角星或“*”标出。

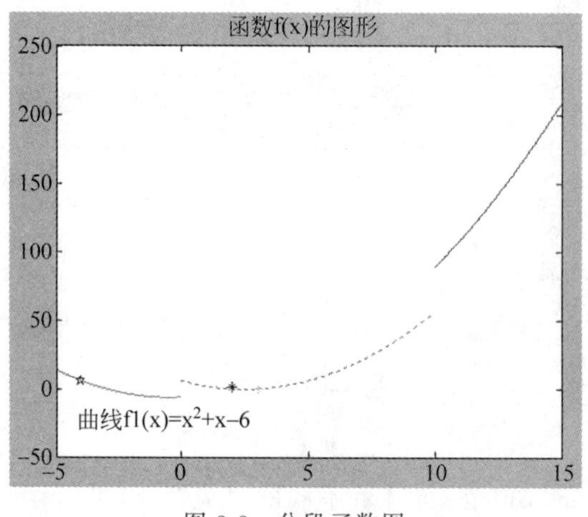


图 3-3　分段函数图

4. 幂函数

幂函数、指数函数、对数函数、三角函数和反三角函数这五类函数称为基本初等函数。

幂函数的形式如下:

$$y = x^{\mu}$$

其中,$\mu \neq 0$ 为任意常数。幂函数的定义域:当 $\mu$ 为正整数时,定义域为$(-\infty,+\infty)$;当 $\mu$ 为负整数时,定义域为$(-\infty,0)$和$(0,+\infty)$。不论 $\mu$ 为何值,函数图形皆经过点(1,1)。

**【例 3.4】** 绘制以下幂函数的图像:

$$y_1 = x^3,\quad y_2 = x^2,\quad y_3 = \sqrt{x}$$

代码如下:

```
x = - 10:0.1:10;
y1 =  x.^(3);
y2 =  x.^(2);
y3 =  x.^(1/2);
plot(x,y1,'r', x,y2,'g',x,y3,'b')
legend('y1', 'y2', 'y3')
grid on
```

运行后,所绘图形如图 3-4 所示,其中 $y_1 = x^3$,$y_2 = x^2$,$y_3 = \sqrt{x}$。

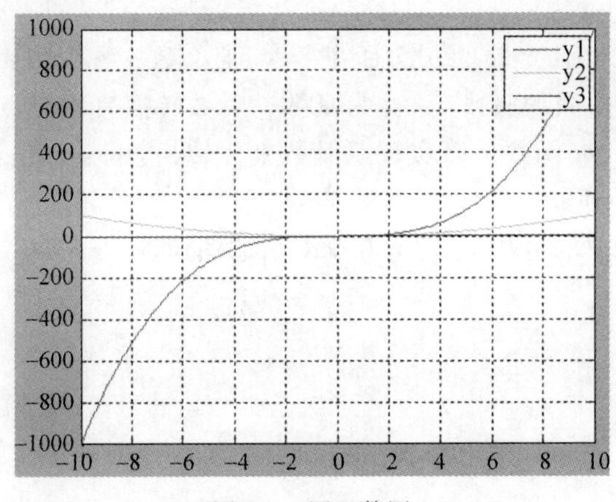


图 3-4　幂函数图

5. 三角函数

三角函数包括正弦函数 $y=\sin(x)$、余弦函数 $y=\cos(x)$、正切函数 $y=\tan(x)$和余切函数 $y=\cot(x)$等。

**【例 3.5】** 绘制 $y=\sin x$，$y=\cos x$，$y=\tan x$ 在$[-5\pi,5\pi]$的函数图像。

代码如下：

```
x = ( - 5) * pi:pi/27:5 * pi;
y1 = sin(x);
y2 = cos(x);
y3 = tan(x);
plot(x,y1, 'r - .',x,y2, 'k:',x,y3, 'b');
grid on
legend('sin(x)', 'cos(x)', 'tan(x)')
xlabel('x')
ylabel('y')
```

运行后，所绘图形如图 3-5 所示。

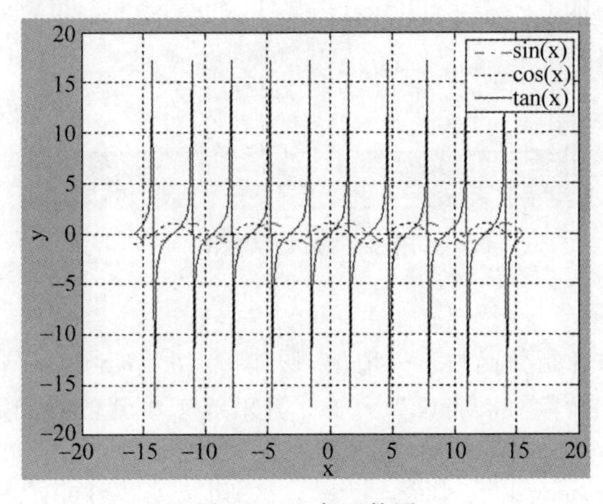


图 3-5　三角函数图

6. 对数函数

一般地,如果 $a(a>0,a\neq1)$的 $b$ 次幂等于 $N$,那么数 $b$ 称为以 $a$ 为底 $N$ 的对数,记为 $\log_a N=b$,其中 $a$ 称为对数的底数,$N$ 称为真数。对数转换有双对数坐标转换和单轴对数坐标转换两种。用 loglog 函数可以实现双对数坐标转换,用 semilogx 和 semilogy 函数可以实现单轴对数坐标转换。

**【例 3.6】** 绘制简单的对数、半对数和全对数的图像。

代码如下:

```
x = logspace(1,5,20);
y = log10(x);
subplot(2,2,1)
plot(x,y,'r')
title('y - x 图')
subplot(2,2,2)
semilogx(x,y,'g')
title('x 为对数坐标图')
subplot(2,2,3)
semilogy(x,y,'b')
title('y 为对数坐标图')
subplot(2,2,4)
loglog(x,y,'d')
title('x,y 都为对数坐标图')
```

运行后,所绘图形如图 3-6 所示。

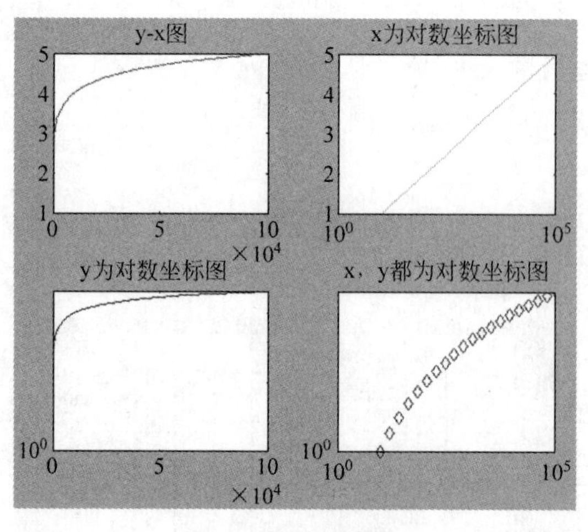


图 3-6 对数函数图

7. 指数函数

对数函数的反函数为指数函数。一般地,形如 $y=a^x(a>0,a\neq1)$的函数称为指数函数。也就是说,以指数为自变量,底数为大于 0 且不等于 1 常数的函数称为指数函数,它也是初等函数的一种。

**【例 3.7】** 绘制指数函数 $y_1=0.5^x$、$y_2=e^x$ 以及 $y_3=(-0.5)^x$ 在$[-10,10]$上的图像。

代码如下：

```
x = -10:0.1:10;
y1 = (0.5).^x;
y2 = exp(x);
y3 = (-0.5).^x;
plot(x,y1,'r', x,y2,'g',x,y3,'b')
legend('y1', 'y2', 'y3')
grid on
```

运行后，所绘图形如图 3-7 所示。

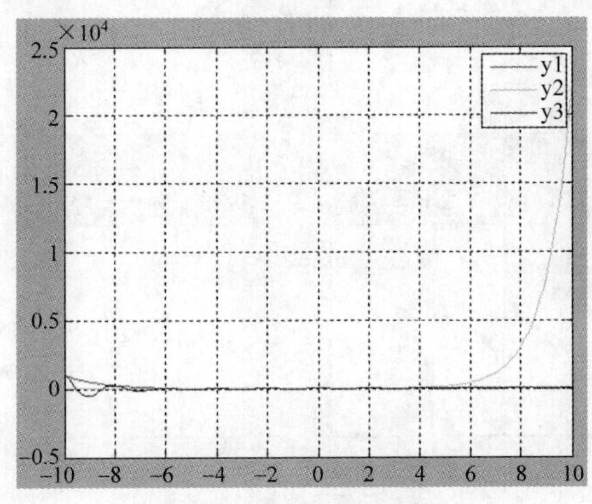


图 3-7　指数函数图

8. 双曲函数

在数学中，双曲函数类似于常见的三角函数：

$$\mathrm{sh}x=\frac{\mathrm{e}^x-\mathrm{e}^{-x}}{2},\quad \mathrm{ch}x=\frac{\mathrm{e}^x+\mathrm{e}^{-x}}{2},\quad \mathrm{th}x=\frac{\mathrm{sh}x}{\mathrm{ch}x}=\frac{\mathrm{e}^x-\mathrm{e}^{-x}}{\mathrm{e}^x+\mathrm{e}^{-x}},\quad \mathrm{cth}x=\frac{\mathrm{ch}x}{\mathrm{sh}x}=\frac{\mathrm{e}^x+\mathrm{e}^{-x}}{\mathrm{e}^x-\mathrm{e}^{-x}}$$

依次称为双曲正弦函数、双曲余弦函数、双曲正切函数和双曲余切函数。

**【例 3.8】**　绘制三角函数与双曲函数的关系图像。

代码如下：

```
xm = 6;
x = linspace(-xm,xm);
figure
subplot(2,2,1)
plot(x,sin(x),x,-i*sinh(i*x),'r.')
axis([-xm,xm,-1,1])
title('正弦和双曲正弦对比曲线(带点)')
subplot(2,2,2)
plot(x,cos(x),x,cosh(i*x),'r.')
axis([-xm,xm,-1,1])
title('余弦和双曲余弦对比曲线(带点)')
subplot(2,2,3)
plot(x,tan(x),x,-i*tanh(i*x),'r.')
axis([-xm,xm,-10,10])
```

```
title('正切和双曲正切对比曲线(带点)')
subplot(2,2,4)
plot(x,cot(x),x,i*coth(i*x),'r.')
axis([-xm,xm,-10,10])
title('余切和双曲余切对比曲线(带点)')
```

运行后，所绘图形如图3-8所示。

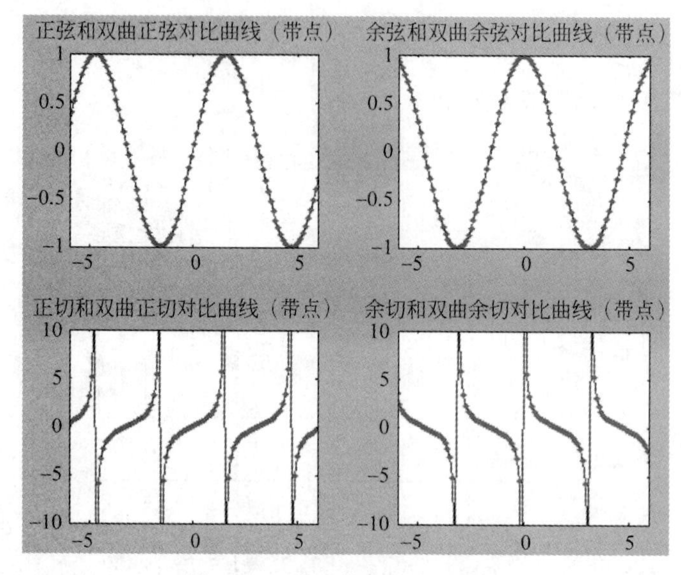


图3-8　三角函数与双曲函数图

9. 反三角函数和反双曲函数

反三角函数包括反正弦函数 $y=\arcsin(x)$、反余弦函数 $y=\arccos(x)$、反正切函数 $y=\arctan(x)$和反余切函数 $y=\text{arccot}(x)$等。

反双曲函数包括反双曲正弦函数 $y=\text{arsh}(x)$、反双曲余弦函数 $y=\text{arch}(x)$、反双曲正切函数 $y=\text{arth}(x)$和反双曲余切函数 $y=\text{arcth}(x)$等。

**【例3.9】** 绘制反三角函数与反双曲函数的关系图像。

代码如下：

```
xm = 6;
x = linspace(-1,1,30);
figure
subplot(2,2,1)
plot(x,asin(x),x,-i*asinh(i*x),'r.')
title('反正弦和反双曲正弦对比曲线')
subplot(2,2,2)
plot(x,acos(x),x,-i*acosh(x),'r.')
title('反余弦和反双曲余弦对比曲线')
x = linspace(-10,10,30);
subplot(2,2,3)
plot(x,atan(x),x,-i*atanh(i*x),'r.')
title('反正切和反双曲正切对比曲线')
subplot(2,2,4)
```

```
plot(x,acot(x),x,i*acoth(i*x),'r.')
title('反余切和反双曲余切对比曲线')
```

运行后,所绘图形如图 3-9 所示。

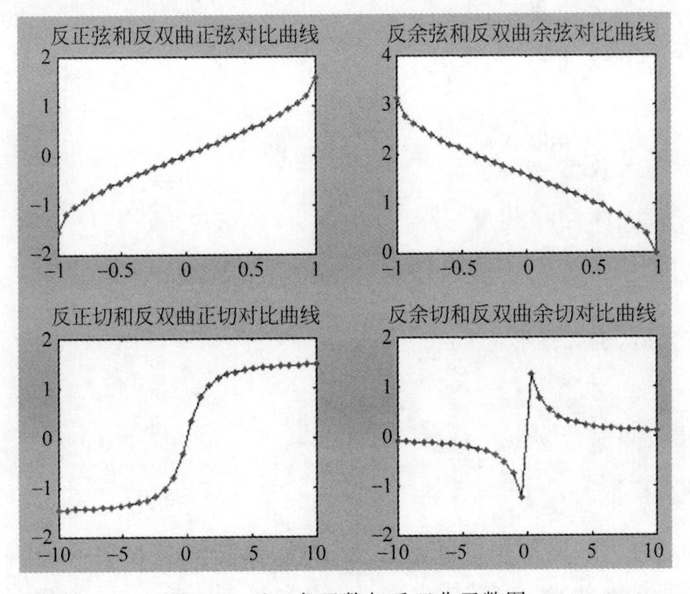


图 3-9　反三角函数与反双曲函数图

## 3.2　求函数的单调区间

若函数 $y=f(x)$在某个区间是增函数或减函数,就说函数 $y=f(x)$在这一区间具有单调性,这一区间称为函数 $y=f(x)$的单调区间。此时,也说函数是这一区间上的单调函数。由此可知,单调区间分为单调增区间和单调减区间。

例如,图 3-10 所示的 $f(x)=x^3$ 函数图,在$(-\infty,+\infty)$都是严格单调上升的。图 3-11 中,$f(x)=x^2$ 在$(0,+\infty)$是严格单调上升的,在$(-\infty,0)$是严格单调下降的。

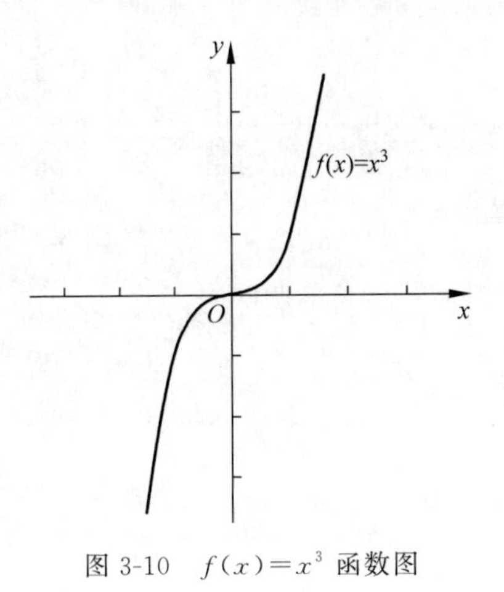


图 3-10　$f(x)=x^3$ 函数图

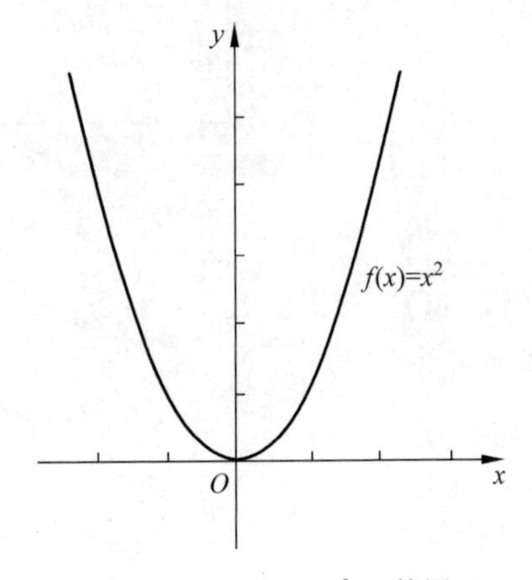


图 3-11　$f(x)=x^2$ 函数图

**【例 3.10】** 求函数 $y=x^3-2x+1$ 的单调区间。

代码如下：

```
syms x
y1 = x^3 - 2 * x + 1;
y2 = diff(y1);
x = ( - 4):0.1:4;
y3 = subs(y1,x);
y4 = subs(y2,x);
plot(x,y3,'r + ', x,y4,'b -- ')
grid on
xlabel('X'); ylabel('Y');
legend('f(x)', 'f(x)的导数 g(x)',1);
c = roots([3,0, - 2])
```

输出结果有数值，也有图形：

数值是：

```
c =
    0.8165
  - 0.8165
```

图形如图 3-12 所示。从图形可以看出，导函数的两个零点位于−1 和 1 附近，再通过运算结果 c 可知导函数的两个零点分别为 0.8165 和 −0.8165。因此，函数在区间 $(-\infty,-0.8165]$ 和 $[0.8165,+\infty)$ 上单调增加，在区间 $(-0.8165,0.8165)$ 上单调减少。

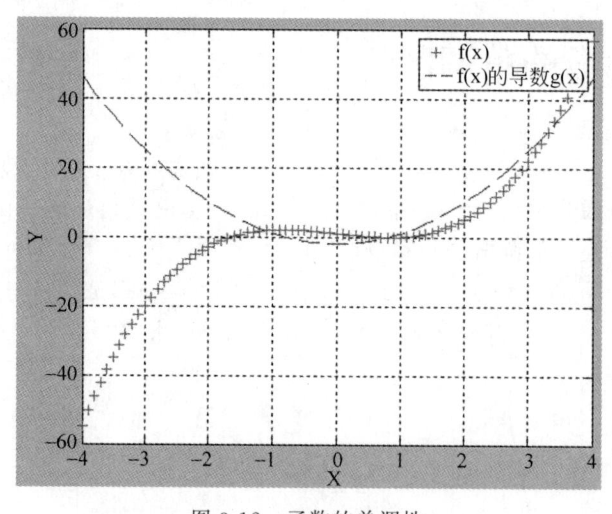


图 3-12　函数的单调性

**【例 3.11】** 绘出函数 $y=2x^3-9x^2+12x-6$ 图形并求其单调区间。

代码如下：

```
syms x
f = 2 * x^3 - 9 * x^2 + 12 * x - 6;
f1 = diff(f,x);
x = 0:0.1:3;
y3 = subs(f,x);
```

```
y4 = subs(f1,x);
plot(x,y3,'r + ', x,y4,'b -- ')
grid on
xlabel('x'); ylabel('y');
legend('f(x)', 'f(x)的导数 g(x)',1);
grid on
```

运行后，所绘函数图形如图 3-13 所示。其中，十字符号"+"画的是函数 $f(x)$，杠线符号"——"画的是函数 $f'(x)$。由图可见，当 $x<1$ 或 $x>2$ 时，$f'(x)>0$；当 $1<x<2$ 时，$f'(x)<0$。所以 $f(x)$的单调增加区间为$(-\infty,1)$和$(2,+\infty)$，单调减区间为$[1,2]$。

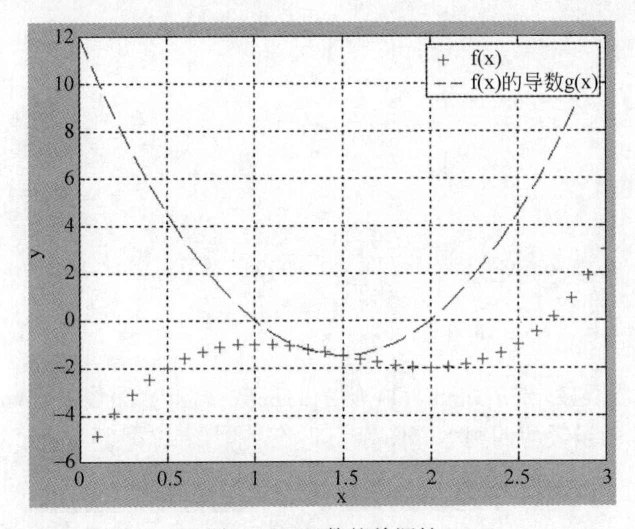


图 3-13 函数的单调性

## 3.3 函数的四则运算

设函数 $f(x)$和 $g(x)$的定义域依次为 $D_f$ 和 $D_g$，可以定义这两个函数的四则运算如下：

和(差)$f\pm g$：$(f\pm g)(x)=f(x)\pm g(x),x\in D$

积 $f\cdot g$：$(f\cdot g)(x)=f(x)\cdot g(x),x\in D$

商$\left(\frac{f}{g}\right)$：$\left(\frac{f}{g}\right)(x)=\frac{f(x)}{g(x)},x\in D$

**【例 3.12】** 已知函数 $f=\sin x$，$g=x$，且都在 $x=0$ 处连续。绘出这两个函数，并绘出 $f\pm g$，$f\cdot g$ 和$\left(\frac{f}{g}\right)$的图形。

代码如下：

```
x = ( - 6) * pi:6 * pi;
f = sin(x);
g = x;
subplot(2,2,1)
plot(x,f, 'r')
title('f')
```

```
subplot(2,2,2)
plot(x,g,'b')
title('g')

x = ( - 6) * pi:6 * pi;
f = sin(x);
g = x;
h = f + g;
q = f - g;
w = f. * g;
p = f./g;
subplot(2,2,1)
plot(x,h, 'r')
title('f + g')
subplot(2,2,2)
plot(x,q,'b')
title('f - g')
subplot(2,2,3)
plot(x,w,'g')
title('f * g')
subplot(2,2,4)
plot(x,p,'y')
title('f/g')
```

运行上述第一段程序，显示如图 3-14 所示的函数 $f$ 和 $g$ 图像；运行上述第二段程序，显示如图 3-15 所示的函数的四则运算图像。

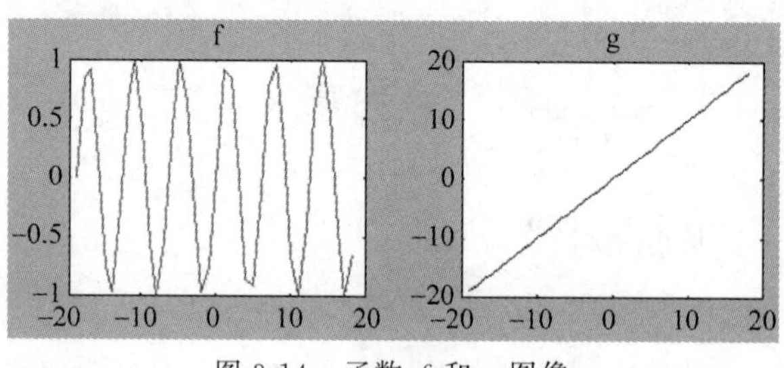


图 3-14　函数 $f$ 和 $g$ 图像

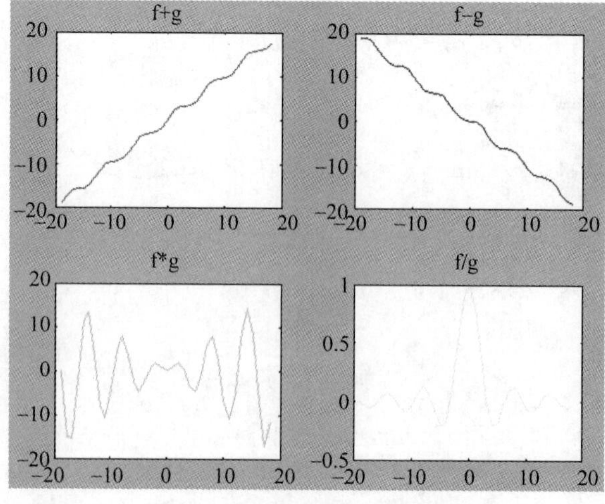


图 3-15　函数的四则运算图像

## 3.4　图示化符号函数计算器

在 MATLAB 中，有一个“图示化符号函数计算器”。输入命令“funtool”，图示化符号函数计算器就会显示出来。分别如图 3-16、图 3-17 和图 3-18 所示。其中，图 3-16 显示 $f=x$ 的图像，图 3-17 显示 $g=1$ 的图像。改变图 3-18 图示化符号函数计算器界面中函数 $f$ 和 $g$ 的内容，图 3-16 和图 3-17 就显示改变后的函数图像。在任何时候，两个图形窗口只有一个处于激活状态。

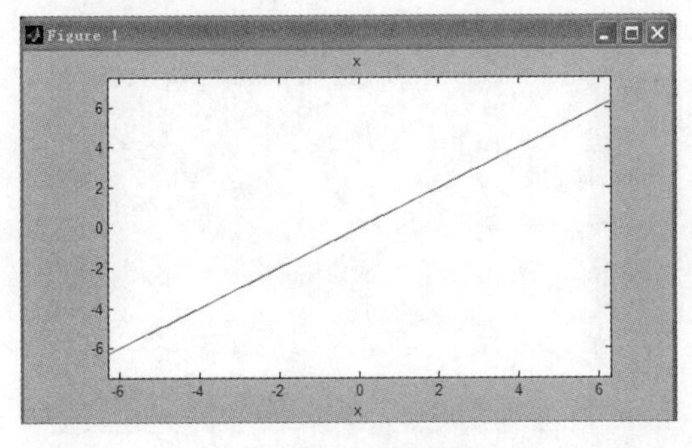


图 3-16　$f=x$ 的图像

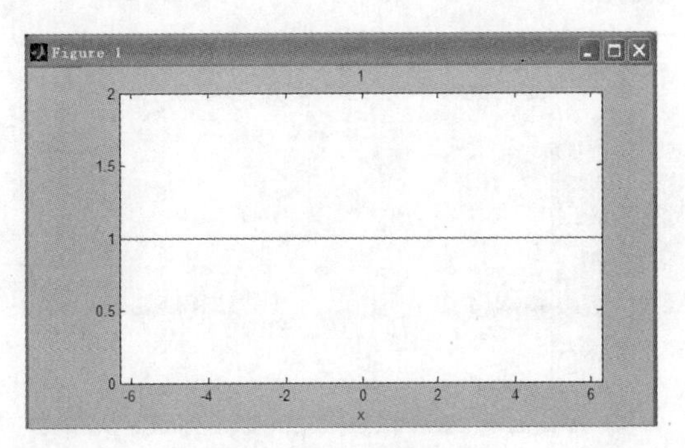


图 3-17　$g=1$ 的图像

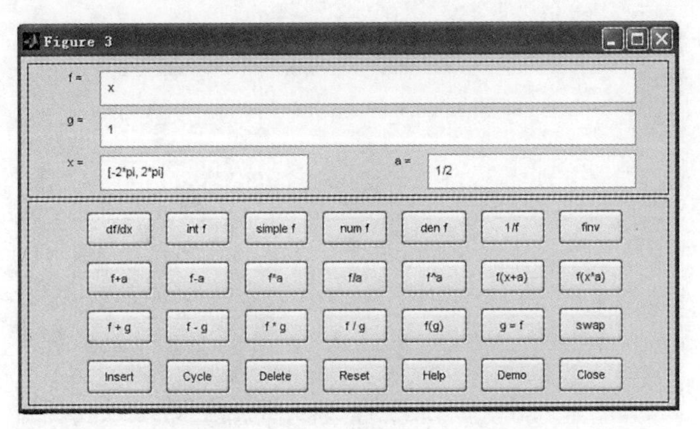


图 3-18　图示化符号函数计算器界面

借助这个图示化符号函数计算器，可以把任何一个函数表达式对应的图像显示出来。图 3-18 所示的图示化符号函数计算器界面中的按键说明如下。

第 1 排按键只对 $f$ 起作用，如求导、积分、简化、提取分子和分母、计算 $1/f$ 以及求反函数。

第 2 排按键处理函数 $f$ 和常数 $a$ 之间的加、减、乘、除等运算。

第 3 排的前 4 个按键对两个函数 $f$ 和 $g$ 之间进行算术运算。第 5 个按键求复合函数，第 6 个按键的功能是把 $f$ 函数传递给 $g$，最后一个按键 swap 是实现 $f$ 和 $g$ 的互换。

第 4 排按键用于对计算器自身进行操作。Funtool 计算器有一张函数列表 fxlist。这 7 个按键的功能依次是：

Insert：把当前激活窗的函数写入列表；

Cycle：依次循环显示 fxlist 中的函数；

Delete：从 fxlist 列表中删除激活窗的函数；

Reset：使计算器恢复到初始调用状态；

Help：获得关于界面的在线提示说明；

Demo：自动演示若干常用函数图像；

Close：退出图示化符号函数计算器。

如果在图 3-21 所示的图示化符号函数计算器界面中输入 $f=\cos(x\^{}3)/(1+x\^{}2)$ 和 $g=1/(5+4\times\cos(x))$，则对应的函数图像将分别显示在图 3-19 和图 3-20 中。

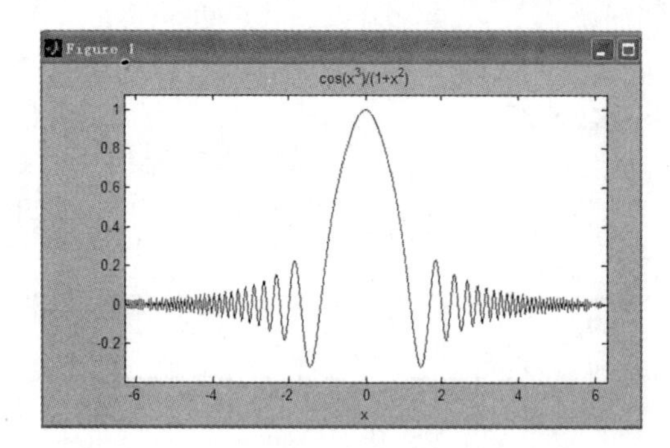


图 3-19　$f=\cos(x\^{}3)/(1+x\^{}2)$的图像

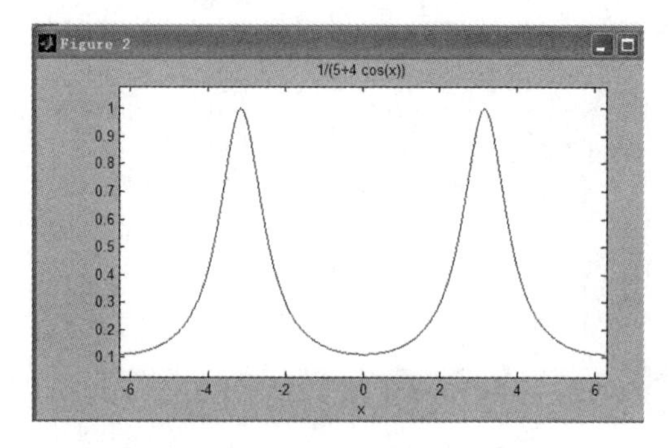


图 3-20　$g=1/(5+4\cos(x))$的图像

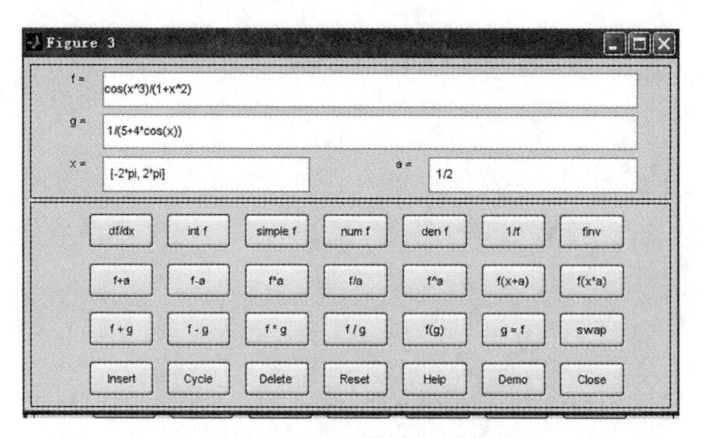


图 3-21　图示化符号函数计算器界面

# 3.5　求数列的极限

极限是高等数学中的一个基本运算和方法，很多重要概念都要用极限来定义。

极限分数列的极限和函数的极限。

数列是什么？一系列以某种规律排列的数称为数列。如：

$$x_1, x_2, x_3, \cdots, x_n, \cdots$$

$$2, 4, 8, \cdots, 2^n, \cdots$$

$$\frac{1}{2},\frac{1}{4},\frac{1}{8},\cdots,\frac{1}{2^n},\cdots$$

$$1,-1,1,-1,\cdots,(-1)^{n+1},\cdots$$

都是数列。数列中的每一个数称为数列的项，第 $n$ 项称为数列的一般项。上述四个数列的一般项分别为

$$x_n,2^n,\frac{1}{2^n},(-1)^{n+1}$$

数列的极限的定义：设$\{x_n\}$为一数列，$a$ 为常数。若对任意给的正数 $\varepsilon$，总存在正整数 $N$，使得当 $n>N$ 时，有 $|x_n-a|<\varepsilon$ 成立，则常数 $a$ 称为数列$\{x_n\}$当 $n\to\infty$时的极限，或者说，数列收敛于 $a$ 并记作

$$\lim_{n\to\infty}x_n=a$$

如果数列没有极限，则称数列是发散的。

在 MATLAB 中，使用函数 limit()来求极限。其调用格式为：

limit(F,x,a)，计算当 $x\to a$ 时函数 $F(x)$的极限值。参数 $F$ 表示符号表达式 $F=F(x)$，$x$ 代表 $F(x)$的自变量符号，$a$ 为常数或无穷大。

limit(F,a)，用函数 findsym(F)确定符号表达式 $F$ 中的自变量，假设为变量 $x$，再计算当 $x\to a$ 时 $F(x)$的极限值。

limit(F)，计算当 $x\to 0$ 时 $F(x)$的极限值。

limit(F,x,a,'right')或 limit(F,x,a,'left')，计算当 $x\to a$ 时函数 $F(x)$的右极限或左极限。

**【例 3.13】** 求极限 $L_1=\lim_{n\to\infty}\sqrt[n]{n}$。

代码如下：

```
syms n a
L1 = limit(n^(1/n),inf)
```

输出结果如下：

```
L1 =
    1
```

这表明，数列的极限 $L_1=\lim_{n\to\infty}\sqrt[n]{n}=1$。

**【例 3.14】** 求极限 $L_2=\lim_{n\to\infty}\left(\frac{\sqrt[n]{2}+\sqrt[n]{3}}{2}\right)^n$。

代码如下：

```
syms n a
L2 = limit(((2^(1/n) + 3^(1/n))/2)^n,inf)
```

输出结果如下：

```
L2 =
    2^(1/2) * 3^(1/2)
```

这表明，数列的极限 $L_2=\lim\limits_{n\to\infty}=\left(\frac{\sqrt[n]{2}+\sqrt[n]{3}}{2}\right)^n=\sqrt{2}\times\sqrt{3}$。

**【例 3.15】** 求极限 $L_1=\lim\limits_{n\to\infty}\frac{1}{n}\sin\left(\frac{\pi}{n}\right)$。

代码如下：

```
syms n a
L1 = limit((1/n) * sin(pi/n), inf)
```

输出结果如下：

```
L1 =
     0
```

这表明，数列的极限 $L_1=\lim\limits_{n\to\infty}\frac{1}{n}\sin\left(\frac{\pi}{n}\right)=0$。

**【例 3.16】** 求极限 $L_1=\lim\limits_{n\to\infty}\frac{2n^2-1}{n^4+n+3}$。

代码如下：

```
syms n a
L1 = limit((2 * n^2 - 1)/(n^4 + n + 3), inf)
```

输出结果如下：

```
L1 =
     0
```

这表明，数列的极限 $L_1=\lim\limits_{n\to\infty}\frac{2n^2-1}{n^4+n+3}=0$。

**【例 3.17】** 求极限 $L_1=\lim\limits_{n\to\infty}\sqrt{1-\frac{1}{n}}$。

代码如下：

```
syms n a
L1 = limit(sqrt(1 - 1/n), inf)
```

输出结果如下：

```
L1 =
     1
```

这表明，数列的极限 $L_1=\lim\limits_{n\to\infty}\sqrt{1-\frac{1}{n}}=1$。

**【例 3.18】** 求极限 $L_1=\lim\limits_{n\to\infty}\sqrt[n]{n\ln n}$。

代码如下：

```
syms n a
L1 = limit((n * log(n))^(1/n), inf)
```

输出结果如下：

```
L1 =
    1
```

这表明，数列的极限 $L_1=\lim\limits_{n\to\infty}\sqrt[n]{n\ln n}=1$。

【例 3.19】　求极限 $L_1=\lim\limits_{n\to\infty}\frac{1}{2}\left(1-\frac{1}{2n+1}\right)$。

代码如下：

```
syms n a
L1 = limit(1/2 * (1 - 1/(2 * n + 1)), inf)
```

输出结果如下：

```
L1 =
    1/2
```

这表明，数列的极限 $\lim\limits_{n\to\infty}\frac{1}{2}\left(1-\frac{1}{2n+1}\right)=\frac{1}{2}$。

【例 3.20】　求极限 $L_1=\lim\limits_{n\to\infty}\left(1+\frac{2}{n}+\frac{2}{n^2}\right)^n$。

代码如下：

```
syms n a
L1 = limit((1 + 2/n + 2/n^2)^n, inf)
```

输出结果如下：

```
L1 =
    exp(2)
```

这表明，数列的极限 $L_1=\lim\limits_{n\to\infty}\left(1+\frac{2}{n}+\frac{2}{n^2}\right)^n=\mathrm{e}^2$。

【例 3.21】　求极限 $L_1=\lim\limits_{n\to\infty}\frac{1}{2n^2-1}$。

代码如下：

```
syms n a
L1 = limit(1/(4 * n^2 - 1), inf)
```

输出结果如下：

```
L1 =
    0
```

这表明，数列的极限 $L_1=\lim\limits_{n\to\infty}\frac{1}{2n^2-1}=0$。

## 3.6 求函数的极限

函数极限的定义：设 $y=f(x)$ 为一函数，$A$ 为常数，如果对于每一个预先给定的任意小的正数 $\varepsilon$，总存在着一个正整数 $\delta$，使得对于适合不等式 $0<|x-x_0|<\delta$ 的一切 $x$，所对应的函数值 $f(x)$ 都满足不等式

$$|f(x)-A|<\varepsilon$$

则常数 $A$ 就称为函数 $y=f(x)$ 当 $x\to x_0$ 时的极限，记作

$$\lim_{x\to x_0} f(x)=A$$

求函数的极限有多种方法，但主要是用罗必塔法则求。在 MATLAB 中，求数列的极限和函数的极限所用命令相同，都是函数 limit()。

**【例 3.22】** 求$\lim\limits_{x\to 0}\left(\frac{\sin x}{x}\right)$。

代码如下：

```
syms x
f1 = limit(sin(x)/x)
```

输出结果如下：

```
f1 =
    1
```

所以，$\lim\limits_{x\to 0}\left(\frac{\sin x}{x}\right)=1$。

**【例 3.23】** 求$\lim\limits_{x\to 0}\left(\frac{1-\cos x}{x^2}\right)$。

代码如下：

```
f1 = limit((1 - cos(x))/x^2)
```

输出结果如下：

```
f1 =
    1/2
```

所以，$\lim\limits_{x\to 0}\left(\frac{1-\cos x}{x^2}\right)=\frac{1}{2}$。

**【例 3.24】** 求$\lim\limits_{x\to 0}(1+x)^{\frac{1}{x}}$。

代码如下：

```
f1 = limit((1 + x)^(1/x))
```

输出结果如下：

```
f1 =
    exp(1)
```

所以，$\lim\limits_{x\to 0}(1+x)^{\frac{1}{x}}=\mathrm{e}$。

**【例 3.25】**　求$\lim\limits_{x\to 0}\left(\frac{\sin x}{x}\right)^{\frac{1}{x^2}}$。

代码如下：

```
syms x
f1 = limit((sin(x)/x)^(1/x^2))
```

输出结果如下：

```
f1 =
     exp( - 1/6)
```

所以，$\lim\limits_{x\to 0}\left(\frac{\sin x}{x}\right)^{\frac{1}{x^2}}=\mathrm{e}^{-\frac{1}{6}}$。

**【例 3.26】**　求$\lim\limits_{x\to 0}\left(\frac{\tan x}{x}\right)$。

代码如下：

```
syms x
f1 = limit(tan(x)/x)
```

输出结果如下：

```
f1 =
     1
```

所以，$\lim\limits_{x\to 0}\left(\frac{\tan x}{x}\right)=1$。

**【例 3.27】**　求$\lim\limits_{x\to 1}\left(\frac{x^3-3x+2}{x^3-x^2-x+1}\right)$。

代码如下：

```
syms x
f1 = limit((x^3 - 3 * x + 2)/( x^3 - x^2 - x + 1),x,1)
```

输出结果如下：

```
f1 =
     3/2
```

所以，$\lim\limits_{x\to 1}\left(\frac{x^3-3x+2}{x^3-x^2-x+1}\right)=\frac{3}{2}$。

**【例 3.28】**　求$\lim\limits_{x\to +\infty}\left(\frac{\frac{\pi}{2}-\arctan x}{\frac{1}{x}}\right)$。

代码如下：

```
syms x
f1 = limit((pi/2 - atan(x))/(1/x),x,inf)
```

输出结果如下：

```
f1 =
    1
```

所以，$\lim\limits_{x\to+\infty}\left(\dfrac{\dfrac{\pi}{2}-\arctan x}{\dfrac{1}{x}}\right)=1$。

【例 3.29】 求 $\lim\limits_{x\to+\infty}\left(\dfrac{\ln x}{x^n}\right)(n>0)$。

代码如下：

```
syms x n
n = 2;
f1 = limit((log(x)/x^n),x, + inf)
```

输出结果如下：

```
f1 =
    0
```

所以，$\lim\limits_{x\to+\infty}\left(\dfrac{\ln x}{x^n}\right)=0$。

【例 3.30】 求 $\lim\limits_{x\to+\infty}\sqrt[x]{x}$。

代码如下：

```
syms x
f1 = limit(x^(1/x),x, + inf)
```

输出结果如下：

```
f1 =
    1
```

所以，$\lim\limits_{x\to+\infty}\sqrt[x]{x}=1$。

【例 3.31】 求极限 $\lim\limits_{n\to+\infty}\left[\left(1+\dfrac{1}{2}+\dfrac{1}{3}+\cdots+\dfrac{1}{n}\right)-\ln n\right]$。

代码如下：

```
syms m n
f1 = limit(symsum(1/m,m,1,n) - log(n),n,inf)
S = vpa(f1,10);
```

输出结果如下：

```
f1 =
    eulergamma
```

```
S =
    0.5772156649
```

所以，$\lim\limits_{n\to+\infty}\left[\left(1+\frac{1}{2}+\frac{1}{3}+\cdots+\frac{1}{n}\right)-\ln n\right]=0.5772156649$。

**注**：eulergamma 为欧拉数，其值为 0.5772156649…。

我们知道，调和级数 $S=1+\frac{1}{2}+\frac{1}{3}+\cdots$是发散的，一个发散的级数和一个大整数自然对数之差居然是收敛的！

**【例 3.32】** 求 $\lim\limits_{x\to+0}\left(\frac{1-e^{\frac{1}{x}}}{x+e^{\frac{1}{x}}}\right)$。

代码如下：

```
syms x y
y = (1 - exp(1/x))/(x + exp(1/x));
f1 = limit(y,x,0,'right')
```

输出结果如下：

```
f1 =
    - 1
```

所以，$\lim\limits_{x\to+0}\left(\frac{1-e^{\frac{1}{x}}}{x+e^{\frac{1}{x}}}\right)=-1$。

**【例 3.33】** 求 $\lim\limits_{x\to+0}\left(\frac{1}{x^2}-\frac{1}{x\tan(x)}\right)$。

代码如下：

```
syms x y
y = (1/x^2) - 1/(x * tan(x));
f1 = limit(y,x,0,'right')
```

输出结果如下：

```
f1 =
    1/3
```

所以，$\lim\limits_{x\to+0}\left(\frac{1}{x^2}-\frac{1}{x\tan(x)}\right)=\frac{1}{3}$。

## 3.7 求导数

导数的定义：

$$f'(x_0)=\lim_{\Delta x\to 0}\frac{\Delta y}{\Delta x}=\lim_{\Delta x\to 0}\frac{f(x_0+\Delta x)-f(x_0)}{\Delta x}=\lim_{x\to x_0}\frac{f(x)-f(x_0)}{x-x_0}$$

导数的几何意义：函数导数是该函数曲线上一点切线的斜率。

在 MATLAB 中，使用函数 diff()来求导数。其调用格式为：

diff(fun,'x')、diff(fun,sym('x'))对符号表达式 fun 中指定的符号变量 $x$ 计算 fun 的一阶导数。

diff(fun)对符号表达式 fun 中的符号变量 $x$ 计算 fun 的一阶导数。

**【例 3.34】** 求 $\sin(x^2)$的导数。

代码如下：

```
syms x y
D1 = diff(sin(x^2))
```

输出结果如下：

```
D1 =
    2 * cos(x^2) * x
```

所以，$\sin(x^2)'=2x\cos x^2$。

**【例 3.35】** 求 $\sin(xy^2)$对 $y$ 的导数。

代码如下：

```
syms x y
D2 = diff(sin(x * y^2),y)
```

输出结果如下：

```
D2 =
    2 * cos(x * y^2) * x * y
```

所以，$(\sin(xy^2))'=2xy\cos(xy^2)$。

**【例 3.36】** 求 $x^2$ 的导数。

代码如下：

```
syms x y
D3 = diff(x^2)
```

输出结果如下：

```
D3 =
    2 * x
```

所以，$(x^2)'=2x$。

**【例 3.37】** 求 $e^{-x}\sin(x^2)$的导数。

代码如下：

```
syms x y
f = exp( - x) * sin(x^2);
df = diff(f)
```

输出结果如下：

```
df =
     - exp( - x) * sin(x^2) + 2 * exp( - x) * cos(x^2) * x
```

所以，$(e^{-x}\sin(x^2))'=-e^{-x}\sin(x^2)+2xe^{-x}\cos(x^2)$。

**【例 3.38】** 求 $e^x$ 的导数。

代码如下：

```
syms x y
D1 = diff(exp(x))
```

输出结果如下：

```
D1 =
   exp(x)
```

所以，$(e^x)'=e^x$。

**【例 3.39】** 求$(x^3-4)^3$ 的导数。

代码如下：

```
syms x y
f = (x^3 - 4)^3;
D1 = diff(f)
```

输出结果如下：

```
D1 =
   9 * (x^3 - 4)^2 * x^2
```

所以，$((x^3-4)^3)'=9x^2(x^3-4)^2$。

**【例 3.40】** 求 $s=\dfrac{1+\sin(t)}{1+\cos(t)}$的导数。

代码如下：

```
syms t s
s = (1 + sin(t))/(1 + cos(t));
D1 = diff(s,t)
```

输出结果如下：

```
D1 =
   cos(t)/(1 + cos(t)) + (1 + sin(t))/(1 + cos(t))^2 * sin(t)
>> simplify(D1)
ans =
   (cos(t) + sin(t) + 1)/(1 + 2 * cos(t) + cos(t)^2)
```

所以，$s'=\dfrac{1+\sin(t)+\cos(t)}{(1+\cos(t))^2}$。

**【例 3.41】** 求 $y=x\sqrt{\dfrac{1-x}{1+x}}$的导数。

代码如下：

```
syms x f
f = x * sqrt((1 - x)/(1 + x));
D1 = diff(f,x)
```

输出结果如下：

```
D1 =
    ((1 - x)/(1 + x))^(1/2) + 1/2 * x/((1 - x)/(1 + x))^(1/2) * ( - 1/(1 + x) - (1 - x)/(1 + x)^2)
>> simplify(D1)
ans =
    - (x^2 + x - 1)/( - (x - 1)/(1 + x))^(1/2)/(1 + x)^2
```

所以，$y'=\dfrac{1-x-x^2}{\sqrt{\dfrac{1-x}{1+x}}(1+x)^2}$。

**【例 3.42】** 求 $y=\dfrac{\sqrt{1+x}-\sqrt{1-x}}{\sqrt{1+x}+\sqrt{1-x}}$的导数。

代码如下：

```
syms x f
f = (sqrt(1 + x) - sqrt(1 - x))/(sqrt(1 + x) + sqrt(1 - x));
D1 = diff(f,x)
```

输出结果如下：

```
D1 =
    (1/2/(1 + x)^(1/2) + 1/2/(1 - x)^(1/2))/((1 + x)^(1/2) + (1 - x)^(1/2)) - ((1 + x)^(1/2) -
(1 - x)^(1/2))/((1 + x)^(1/2) + (1 - x)^(1/2))^2 * (1/2/(1 + x)^(1/2) - 1/2/(1 - x)^(1/2))
>> simplify(D1)
ans =
    2/((1 + x)^(1/2) + (1 - x)^(1/2))^2/(1 + x)^(1/2)/(1 - x)^(1/2)
```

所以，$y'=\dfrac{2}{(\sqrt{1+x}+\sqrt{1-x})^2\sqrt{1+x}\sqrt{1-x}}=\dfrac{1}{\sqrt{1-x^2}+1-x^2}$。

**【例 3.43】** 求 $y=x^x$ 的导数。

代码如下：

```
syms x f
f = x^x;
D1 = diff(f,x)
```

输出结果如下：

```
D1 =
    x^x * (log(x) + 1)
```

所以，$y'=x^x(\ln x+1)$。

**【例 3.44】** 求 $y=x\sec x-\tan x$ 的导数。

代码如下：

```
syms x f
f = x * sec(x) - tan(x);
D1 = diff(f,x)
```

输出结果如下：

```
D1 =
    sec(x) + x * sec(x) * tan(x) - 1 - tan(x)^2
```

所以，$y'=\sec x+x\sec x\tan x-(\sec x)^2$。

**【例 3.45】** 求 $y=x(\cos(\ln x)+\sin(\ln x))$的导数。

代码如下：

```
syms x y f
f = x * [cos(log(x)) + sin(log(x))];
D1 = diff(f,x)
```

输出结果如下：

```
D1 =
    cos(log(x)) + sin(log(x)) + x * ( - sin(log(x))/x + cos(log(x))/x)
>> simplify(D1)
ans =
    2 * cos(log(x))
```

所以，$y'=2\cos(\ln x)$。

**【例 3.46】** 求 $f=\dfrac{s\mathrm{e}^s}{s^2-1}$的导数。

代码如下：

```
syms s f t
f = (s * exp(s))/(s^2 - 1);
D1 = diff(f,s)
```

输出结果如下：

```
D1 =
    exp(s)/(s^2 - 1) + s * exp(s)/(s^2 - 1) - 2 * s^2 * exp(s)/(s^2 - 1)^2
```

所以，$f'=\dfrac{\mathrm{e}^s}{s^2-1}+\dfrac{s\mathrm{e}^s}{s^2-1}-\dfrac{2s^2\mathrm{e}^s}{(s^2-1)^2}=\left(1+s-\dfrac{2s^2}{s^2-1}\right)\dfrac{\mathrm{e}^s}{s^2-1}$。

## 3.8　求微分

通常，把自变量 $x$ 的增量 $\Delta x$ 称为自变量的微分，记作 $\mathrm{d}x=\Delta x$。函数 $f(x)$的微分记作

$$\mathrm{d}y=f'(x)\mathrm{d}x$$

**【例 3.47】** 已知，$f=\dfrac{1}{0.5x^2}$，求 $\mathrm{d}f$。

代码如下：

```
syms x
df = diff(1/(0.5 * x^2),x)
```

输出结果如下：

```
df =
    - 4/x^3
```

所以，$\mathrm{d}f=-\frac{4}{x^3}\mathrm{d}x$。

**【例 3.48】** 已知，$f=\sin(x)$，求 $\mathrm{d}f$。

代码如下：

```
syms x
df = diff(sin(x),x)
```

输出结果如下：

```
df =
    cos(x)
```

所以，$\mathrm{d}f=\cos(x)\mathrm{d}x$。

**【例 3.49】** 已知，$f=(1+x)^a$，求 $\mathrm{d}f$。

代码如下：

```
syms x a
df = diff((1 + x)^a,x)
```

输出结果如下：

```
df =
    (1 + x)^a * a/(1 + x)
```

所以，$\mathrm{d}f=a(1+x)^{a-1}\mathrm{d}x$。

**【例 3.50】** 已知，$f=\frac{\sin(\mathrm{e}^x)}{x^2}+2x$，求 $\mathrm{d}f$。

代码如下：

```
syms x a
f = sin(exp(x))/x^2 + 2 * x;
df = diff(f,x)
```

输出结果如下：

```
df =
    cos(exp(x)) * exp(x)/x^2 - 2 * sin(exp(x))/x^3 + 2
```

所以，$\mathrm{d}f=\left(\frac{x\mathrm{e}^x\cos\mathrm{e}^x-2\sin\mathrm{e}^x}{x^3}+2\right)\mathrm{d}x$。

## 3.9 求高阶导数

对函数求导一次叫一阶导数，对此一阶导数再求导一次就叫二阶导数，以此类推，一直到 $n$ 阶导数。二阶以上的导数都叫高阶导数。对于只含有幂级数的多项式，每求导一次，$x$

的阶数降低一次。这种多项式经有限次求导，就会把它变成常数。对函数 $e^x$，不管求导多少次，它都仍然是 $e^x$。

二阶导数在力学上的意义：二阶导数是一阶导数的导数，因此它就是一阶导数的变化率。在力学上，路程对时间的一阶导数是速度，而二阶导数就是速度的变化率，即加速度。

在 MATLAB 中，使用函数 diff()计算符号函数的导数。其调用格式为：

diff(fun,'x')、diff(fun,sym('x'))对符号表达式 fun 中指定的符号变量 $x$ 计算 fun 的 1 阶导数。

diff(fun)对符号表达式 fun 中的符号变量 $x$ 计算 fun 的 1 阶导数。

diff(fun,n)对符号表达式 fun 中的符号变量 $x$ 计算 fun 的 $n$ 阶导数。

diff(fun,'x',n) 对符号表达式 fun 中指定的符号变量 $x$ 计算 fun 的 $n$ 阶导数。

**【例 3.51】** 求函数 $f=e^{-x}\sin x^2$ 的一阶和二阶导数。

代码如下：

```
syms x
f = exp( - x) * sin(x^2);
df = diff(f)                    % 求一阶导数
```

输出结果如下：

```
df =
    - exp( - x) * sin(x^2) + 2 * exp( - x) * cos(x^2) * x
>> d2f = diff(f,2)              % 求二阶导数
d2f =
    exp( - x) * sin(x^2) - 4 * exp( - x) * cos(x^2) * x - 4 * exp( - x) * sin(x^2) * x^2 + 2 * exp( -
x) * cos(x^2)
```

可见，$f'=(e^{-x}\sin x^2)'=-e^{-x}\sin x^2+2xe^{-x}\cos x^2$，$f''=(e^{-x}\sin x^2)''=e^{-x}\sin x^2-4xe^{-x}\cos x^2-4x^2e^{-x}\sin x^2+2e^{-x}\cos x^2$。

**【例 3.52】** 求函数 $f=4x^3+5x^2+3x+9$ 的一阶、二阶和三阶导数。

代码如下：

```
syms x
f = 4 * x^3 + 5 * (x^2) + 3 * x + 9;
df = diff(f)
```

输出结果如下：

```
df =
    12 * x^2 + 10 * x + 3
>> d2f = diff(f,2)
d2f =
    24 * x + 10
>> d3f = diff(f,3)
d3f =
    24
```

可见，$f'=12x^2+10x+3$，$f''=24x+10$，$f'''=24$。

这说明，只含有幂级数的多项式，每求导一次，$x$ 的阶数降低一次。

【例 3.53】 求函数 $f=e^x$ 的一阶、二阶和三阶导数。

代码如下：

```
syms x
f = exp(x);
df = diff(f)
d2f = diff(f,2)
d3f = diff(f,3)
```

输出结果如下：

```
df =
    exp(x)
d2f =
    exp(x)
d3f =
    exp(x)
```

可见，$f'=e^x$，$f''=e^x$，$f'''=e^x$。

函数 $e^x$ 是唯一一种无论求导多少次，其形式都能保持不变的函数。

## 3.10 函数多项式求值

在 MATLAB 中，使用函数 polyval()计算多项式的值。其调用格式为：

Y=polyval(p,x)，$p$ 为行向量形式的多项式，$x$ 为代入多项式的值，它可以是标量(实数或复数)、向量或矩阵。如果 $x$ 是向量或者矩阵，那么该函数将对向量或者矩阵的每一元素计算多项式的值，并返回给 $y$。

计算矩阵多项式值的函数是 y=polyvalm()，其调用格式为：

Y=polyvalm(p,X)，把矩阵 $\boldsymbol{X}$ 代入多项式 $p$ 中进行计算，其中 $\boldsymbol{X}$ 必须是方阵。

【例 3.54】 当求多项式求值命令“Y=polyval(p,x)”中，$x$ 分别取实数、复数、向量、二阶矩阵、三阶矩阵时计算多项式的值。

1) $A$ 为实数

代码如下：

```
p1 = [1 2 3];
A = 5;
p1_A = polyval(p1,A)
p1_Am = polyvalm(p1,A)
```

输出结果如下：

```
p1_A =
    38
p1_Am =
    38
```

2）$A$ 为复数

代码如下：

```
p1 = [1 2 3];
A = 2 + 3i;
p1_A = polyval(p1,A)
p1_Am = polyvalm(p1,A)
```

输出结果如下：

```
p1_A =
    2.0000 + 18.0000i
p1_Am =
    2.0000 + 18.0000i
```

3）$\boldsymbol{A}$ 为向量

代码如下：

```
p1 = [1 2 3];
A = [2 3 4];
p1_A = polyval(p1,A)
```

输出结果如下：

```
p1_A =
   11    18    27
```

4）$\boldsymbol{A}$ 为二阶矩阵

代码如下：

```
p1 = [1 2 3];
A = [1 0;0 -1];
p1_A = polyval(p1,A)
p1_Am = polyvalm(p1,A)
```

输出结果如下：

```
p1_A =
     6     3
     3     2
p1_Am =
     6     0
     0     2
```

上面最后一项，p1_Am$=\boldsymbol{A}^2+2\boldsymbol{A}+3=\begin{bmatrix}1 & 0\\0 & -1\end{bmatrix}^2+2\times\begin{bmatrix}1 & 0\\0 & -1\end{bmatrix}+3\times\begin{bmatrix}1 & 0\\0 & 1\end{bmatrix}=\begin{bmatrix}6 & 0\\0 & 2\end{bmatrix}$。

5）$\boldsymbol{A}$ 为三阶矩阵

代码如下：

```
p1 = [1 2 3];
A = [1 0 0;0 1 0;0 0 1];
p1_A = polyval(p1,A)
```

```
p1_Am = polyvalm(p1,A)
```

输出结果如下：

```
p1_A =
     6     3     3
     3     6     3
     3     3     6
p1_Am =
     6     0     0
     0     6     0
     0     0     6
```

上面最后一项，

$$\text{p1\_Am}=\boldsymbol{A}^2+2\boldsymbol{A}+3=\begin{pmatrix}1&0&0\\0&1&0\\0&0&1\end{pmatrix}^2+2\times\begin{pmatrix}1&0&0\\0&1&0\\0&0&1\end{pmatrix}+3\times\begin{pmatrix}1&0&0\\0&1&0\\0&0&1\end{pmatrix}=\begin{pmatrix}6&0&0\\0&6&0\\0&0&6\end{pmatrix}$$

## 3.11 不定积分

不定积分是求导函数的原函数。不定积分的结果不是一个普通的函数，而是一个族函数，在几何上它是一族曲线。求不定积分是求导数的逆运算，正如一切逆运算往往比原来的运算困难一样，求不定积分也比求导数困难得多。

在 MATLAB 中，使用函数 int()求不定积分和定积分。其调用格式为：

int(f)，计算 $f$ 对预设独立变量的积分值。

int(f,'t')，计算 $f$ 对预设独立变量 $t$ 的积分值。

int(f,a,b)，计算 $f$ 对预设独立变量的积分值，积分区间为$[a,b]$，$a,b$ 为标量。

int(f,'t',a,b)，计算 $f$ 对预设独立变量 $t$ 的积分值，积分区间为$[a,b]$，$a,b$ 为标量。

int(f,'m','n')，计算 $f$ 对预设独立变量 $t$ 的积分值，积分区间为$[m,n]$，$a$ 和 $b$ 为符号表达式。

**【例 3.55】** 求不定积分 $\int\frac{x+\sin x}{1+\cos x}\mathrm{d}x$。

代码如下：

```
syms x
I = int((x + sin(x))/(1 + cos(x)))
```

输出结果如下：

```
I =
    x * tan(1/2 * x);
```

这表明，$\int\frac{x+\sin x}{1+\cos x}\mathrm{d}x=x\tan\left(\frac{x}{2}\right)+C$。

**【例 3.56】** 求以下四个函数的不定积分：$\cos x, x^2, 2^x, \ln(2+x)$。

代码如下：

```
f = [cos(x),x^2;2^x,log(2 + x)];
I2 = int(f,x)
```

输出结果如下：

```
I2 =
    [              sin(x),              1/3 * x^3]
    [       1/log(2) * 2^x, log(2 + x) * (2 + x) - 2 - x]
```

所以，以上四个函数的不定积分依次是

$$\sin x + C,\quad \frac{x^3}{3} + C,\quad \frac{2^x}{\ln 2} + C,\quad (2+x)\ln(2+x) - 2 - x + C$$

**【例 3.57】** 求不定积分 $\int \frac{1}{1+x^2}\mathrm{d}x$。

代码如下：

```
syms x
I = int(1/(1 + x^2))
```

输出结果如下：

```
I =
    atan(x)
```

所以，$\int \frac{1}{1+x^2}\mathrm{d}x = \arctan(x) + C$。

**【例 3.58】** 求不定积分 $\int \sqrt{a^2+x^2}\,\mathrm{d}x$。

代码如下：

```
syms a x
I = int(sqrt(a^2 + x^2))
```

输出结果如下：

```
I =
    1/2 * x * (a^2 + x^2)^(1/2) + 1/2 * a^2 * log(x + (a^2 + x^2)^(1/2))
```

所以，$\int \sqrt{a^2+x^2}\,\mathrm{d}x = \frac{1}{2}x\sqrt{a^2+x^2} + \frac{1}{2}a^2\ln(x+\sqrt{a^2+x^2}) + C$。

**【例 3.59】** 求不定积分 $\int \sqrt{a^2-x^2}\,\mathrm{d}x$。

代码如下：

```
syms a x
I = int(sqrt(a^2 - x^2))
```

输出结果如下：

```
I =
    1/2 * x * (a^2 - x^2)^(1/2) + 1/2 * a^2 * atan(1/(a^2 - x^2)^(1/2) * x)
```

所以，$\int \sqrt{a^2-x^2}\,\mathrm{d}x=\frac{1}{2}x\sqrt{a^2-x^2}+\frac{1}{2}a^2\arctan\left(x\frac{1}{\sqrt{a^2-x^2}}\right)+C$。

**【例 3.60】** 求不定积分$\int \frac{1}{\sqrt{x^2+a^2}}\mathrm{d}x$。

代码如下：

```
syms a x
I = int(1/sqrt(a^2 + x^2))
```

输出结果如下：

```
I =
    log(x + (a^2 + x^2)^(1/2))
```

所以，$\int \frac{1}{\sqrt{x^2+a^2}}\mathrm{d}x=\ln(x+\sqrt{a^2+x^2})+C$。

**【例 3.61】** 求不定积分$\int \frac{1}{\sqrt{x^2-a^2}}\mathrm{d}x$。

代码如下：

```
syms a x
I = int(1/sqrt(x^2 -  a^2))
```

输出结果如下：

```
I =
    log(x + (x^2 - a^2)^(1/2))
```

所以，$\int \frac{1}{\sqrt{x^2-a^2}}\mathrm{d}x=\ln(x+\sqrt{x^2-a^2})+C$。

**【例 3.62】** 求不定积分$\int \arctan x\,\mathrm{d}x$。

代码如下：

```
syms a x
I = int(atan(x))
```

输出结果如下：

```
I =
    x * atan(x) - 1/2 * log(1 + x^2)
```

所以，$\int \arctan x\,\mathrm{d}x=x\arctan x-\frac{1}{2}\ln(1+x^2)+C$。

**【例 3.63】** 求不定积分$\int \frac{1}{\sqrt{1+\mathrm{e}^x}+\sqrt{1-\mathrm{e}^x}}\mathrm{d}x$。

代码如下：

```
syms a x
I = int(1/(sqrt(1 + exp(x)) + sqrt(1 - exp(x))))
```

输出结果如下：

```
I =
    - 1/4/((1 - exp(x))^(1/2) - 1) - 1/4 * log((1 - exp(x))^(1/2) + 1) + 1/4 * log((1 - exp(x))^
(1/2) - 1) - 1/4/((1 - exp(x))^(1/2) + 1) - 1/4/((1 + exp(x))^(1/2) - 1) - 1/4 * log((1 + exp(x))
^(1/2) + 1) + 1/4 * log((1 + exp(x))^(1/2) - 1) - 1/4/((1 + exp(x))^(1/2) + 1)
>> simplify(I)
ans =
    - 1/4 * ( - 2 * (1 - exp(x))^(1/2) + 2 * (1 + exp(x))^(1/2) - log((1 + exp(x))^(1/2) - 1) *
exp(x) + log((1 + exp(x))^(1/2) + 1) * exp(x) + log((1 - exp(x))^(1/2) + 1) * exp(x) - log((1 -
exp(x))^(1/2) - 1) * exp(x)) * exp( - x)
```

所以，$\int \frac{1}{\sqrt{1+e^x}+\sqrt{1-e^x}}dx=\frac{1}{4e^x}(-2\sqrt{1+e^x}+2\sqrt{1-e^x}-\ln(\sqrt{1-e^x}+1)e^x+\ln(\sqrt{1-e^x}-1)e^x-\ln(\sqrt{1+e^x}+1)e^x+\ln(\sqrt{1+e^x}-1)e^x)+C$。

**【例 3.64】** 求不定积分$\int \frac{x-1}{x^2+3x+4}dx$。

代码如下：

```
syms a x
I = int((x-1)/(x^2 + 3 * x + 4))
```

输出结果如下：

```
I =
    1/2 * log(x^2 + 3 * x + 4) - 5/7 * 7^(1/2) * atan(1/7 * (2 * x + 3) * 7^(1/2))
```

所以，$\int \frac{x-1}{x^2+3x+4}dx=\frac{1}{2}\ln(x^2+3x+4)-\frac{5\sqrt{7}}{7}\arctan\left[\frac{\sqrt{7}}{7}(2x+3)\right]+C$。

**【例 3.65】** 求不定积分$\int \sqrt{1-x^2}\arcsin(x)dx$。

代码如下：

```
syms a x
I = int(sqrt(1 - x^2) * asin(x))
```

输出结果如下：

```
I =
    asin(x) * (1/2 * (1 - x^2)^(1/2) * x + 1/2 * asin(x)) + 1/4 - 1/4 * x^2 - 1/4 * asin(x)^2
```

所以，$\int \sqrt{1-x^2}\arcsin(x)dx= \arcsin(x)\left(\frac{1}{2}x\sqrt{1-x^2}+\frac{1}{2}\arcsin(x)\right)+\frac{1}{4}-\frac{1}{4}x^2-\frac{1}{4}\arcsin^2(x)$。

**【例 3.66】** 求不定积分$\int \frac{\sin x}{x}\mathrm{d}x$。

代码如下：

```
syms x a
I = int(sin(x)/x)
```

输出结果如下：

```
I =
    sinint(x)
```

所以，$\int \frac{\sin x}{x}\mathrm{d}x = \mathrm{sinint}(x)$①。

**【例 3.67】** 求不定积分$\int \sin(x^2)\mathrm{d}x$。

代码如下：

```
syms x a
I = int(sin(x^2))
```

输出结果如下：

```
I =
    1/2 * 2^(1/2) * pi^(1/2) * FresnelS(2^(1/2)/pi^(1/2) * x)
```

所以，$\int \sin(x^2)\mathrm{d}x = \frac{1}{2}\sqrt{2\pi}\,\mathrm{Fresnels}\left(\frac{x\sqrt{2}}{\sqrt{\pi}}\right)$②。

**【例 3.68】** 求不定积分$\int \mathrm{e}^{-x^2}\mathrm{d}x$。

代码如下：

```
syms x a
I = int(exp( - x^2))
```

输出结果如下：

```
I =
    1/2 * pi^(1/2) * erf(x)
```

所以，$\int \mathrm{e}^{-x^2}\mathrm{d}x = \frac{1}{2}\sqrt{\pi}\,\mathrm{erf}(x)$③。

**【例 3.69】** 求不定积分$\int \frac{1}{\ln x}\mathrm{d}x$。

代码如下：

```
syms x a
I = int(1/log(x))
```

输出结果如下：

```
I =
    - Ei(1, - log(x))
```

所以，$\int \frac{1}{\ln x}\mathrm{d}x = -\mathrm{Ei}(1, -\ln x)$④。

**注**①②③④：以上四个例子，它们的原函数都不是初等函数，或者说不能表示为有限形式。

## 3.12　定积分

定积分的基本原理：若 $f(x)$在$[a,b]$上连续，$F(x)$是 $f(x)$在$[a,b]$上的任意一个原函数，即 $F'(x)=f(x)$，则

$$\int_a^b f(x)\mathrm{d}x = F(b) - F(a)$$

上式通常称为微积分基本公式，或称牛顿-莱布尼茨公式。

定积分的几何意义：一个函数的定积分就是在一定区间的函数曲线下与横坐标轴包围的面积。定积分的结果是一个数，它仅取决于被积函数与积分上、下限，而与积分变量采用什么字母无关。

定积分的计算常用 3 种方法，即牛顿-莱布尼茨公式、换元积分法和分部积分法。

**【例 3.70】**　求积分 $\int_{-2}^{4}\left(x + 4 - \frac{x^2}{2}\right)\mathrm{d}x$。

代码如下：

```
syms x
I = int(x + 4 - x^2/2, x, - 2, 4)
```

输出结果如下：

```
I =
    18
```

这表明，$\int_{-2}^{4}\left(x + 4 - \frac{x^2}{2}\right)\mathrm{d}x = 18$。

**【例 3.71】**　求积分 $\int_0^5 (9000\pi x)\mathrm{d}x$。

代码如下：

```
syms x
I = int(9000 * 3.14 * x, x, 0, 5)
```

输出结果如下：

```
I =
    353250
```

这表明，$\int_0^5 (9000\pi x)\mathrm{d}x = 353250$。

**【例 3.72】** 求积分 $\int_0^2 \left(\frac{8}{x^2+4}-\frac{x^2}{4}\right)\mathrm{d}x$。

代码如下：

```
syms x
I = 2 * int((8/(x^2 + 4) - x^2/4),x,0,2)
```

输出结果如下：

```
I =
    2 * pi - 4/3
```

这表明，$\int_0^2 \left(\frac{8}{x^2+4}-\frac{x^2}{4}\right)\mathrm{d}x = 2\pi - \frac{4}{3}$。

**【例 3.73】** 求积分 $\int_0^{\pi/2} (\sin x)^2 \mathrm{d}x$。

代码如下：

```
syms x
I = 4 * int(sin(x) * sin(x),x,0,pi/2)
```

输出结果如下：

```
I =
    pi
```

这表明，$\int_0^{\pi/2} (\sin x)^2 \mathrm{d}x = \pi$。

**【例 3.74】** 求积分 $\int_0^{\pi} \sin x \, \mathrm{d}x$。

代码如下：

```
syms x
I = int(sin(x),x,0,pi)
```

输出结果如下：

```
I =
    2
```

这表明，$\int_0^{\pi} \sin x \, \mathrm{d}x = 2$。

**【例 3.75】** 求积分 $\int_{-1}^{1} \frac{1}{1+x^2}\mathrm{d}x$。

代码如下：

```
syms x
I = int(1/(1 + x^2),x, - 1,1)
```

输出结果如下：

```
I =
    1/2 * pi
```

这表明，$\int_{-1}^{1}\frac{1}{1+x^2}\mathrm{d}x=\frac{\pi}{2}$。

**【例 3.76】** 求积分$\int_{0}^{4}\frac{x+2}{\sqrt{2x+1}}\mathrm{d}x$。

代码如下：

```
syms x
I = int((x + 2)/sqrt(2 * x + 1),x,0,4)
```

输出结果如下：

```
I =
    22/3
```

这表明，$\int_{0}^{4}\frac{x+2}{\sqrt{2x+1}}\mathrm{d}x=\frac{22}{3}$。

**【例 3.77】** 求积分$4ab\int_{0}^{\pi/2}(\sin x)^2\mathrm{d}x$。

代码如下：

```
syms a b x positive
I = 4 * a * b * int(sin(x) * sin(x),x,0,pi/2)
```

输出结果如下：

```
I =
    a * b * pi
```

这表明，$4ab\int_{0}^{\pi/2}(\sin x)^2\mathrm{d}x=ab\pi$。

**【例 3.78】** 求积分$\int_{0}^{\pi}a^2(1+(\sin x)^2)\mathrm{d}x$。

代码如下：

```
syms x
I = int(a * a * (1 + sin(x) * sin(x)),x,0,pi)
```

输出结果如下：

```
I =
    3/2 * a^2 * pi
```

这表明，$\int_{0}^{\pi}a^2(1+(\sin x)^2)\mathrm{d}x=\frac{3}{2}a^2\pi$。

**【例 3.79】** 求积分$2\int_{0}^{2a}\frac{8a^3}{\left((x^2+4a^2)-\frac{x^2}{4a}\right)}\mathrm{d}x$。

代码如下：

```
syms x
I = 2 * int(((8 * a^3)/(x^2 + 4 * a^2) - x^2/(4 * a)),x,0,2 * a)
```

输出结果如下：

```
I =
    2 * a^2 * pi - 4/3 * a^2
```

这表明，$2\int_0^{2a} \frac{8a^3}{\left((x^2+4a^2)-\frac{x^2}{4a}\right)}\mathrm{d}x = 2a^2\pi - \frac{4a^2}{3}$。

【例 3.80】 求积分$\int_0^1 x^2\mathrm{d}x$。

代码如下：

```
syms a b positive
I = int(x^2,x,0,1)
```

输出结果如下：

```
I =
    1/3
```

这表明，$\int_0^1 x^2\mathrm{d}x = \frac{1}{3}$。

【例 3.81】 求积分$\int_{\pi/2}^{\pi} \sqrt{\cos x\cos x}\,\mathrm{d}x$。

代码如下：

```
syms x
I = int(sqrt(cos(x) * cos(x)),x,pi/2,pi)
```

输出结果如下：

```
I =
    1
```

这表明，$\int_{\pi/2}^{\pi} \sqrt{\cos x\cos x}\,\mathrm{d}x = 1$。

【例 3.82】 求积分$\int_1^{\sqrt{3}} \frac{1}{1+x^2}\mathrm{d}x$。

代码如下：

```
syms x
I = int(1/(1 + x^2),x, 1,sqrt(3))
```

输出结果如下：

```
I =
    1/12 * pi
```

这表明，$\int_1^{\sqrt{3}} \frac{1}{1+x^2}\mathrm{d}x = \frac{\pi}{12}$。

【例 3.83】 求积分$\int_0^4 \frac{x+2}{\sqrt{2x+1}}\mathrm{d}x$。

代码如下：

```
syms x
I = int((x + 2)/sqrt(2 * x + 1),x,0,4)
```

输出结果如下：

```
I =
    22/3
```

这表明，$\int_0^4 \frac{x+2}{\sqrt{2x+1}}\mathrm{d}x = \frac{22}{3}$。

【例 3.84】　求积分 $\int_0^a \sqrt{a^2 - x^2}\,\mathrm{d}x$。

代码如下：

```
syms x a
I = int(sqrt(a^2 - x^2),x,0,a)
```

输出结果如下：

```
I =
    1/4 * (a^2)^(1/2) * pi/(1/a^2)^(1/2)
    或
    1/4 * a^2 * pi
```

这表明，$\int_0^a \sqrt{a^2 - x^2}\,\mathrm{d}x = \frac{1}{4}\pi a^2$。

【例 3.85】　求积分 $\int_0^1 \mathrm{e}^{\sqrt{x}}\,\mathrm{d}x$。

代码如下：

```
syms x
I = int(exp(sqrt(x)),x,0,1)
```

输出结果如下：

```
I =
    2
```

这表明，$\int_0^1 \mathrm{e}^{\sqrt{x}}\,\mathrm{d}x = 2$。

【例 3.86】　求积分 $\int_0^1 \frac{\sqrt{x-1}}{\sqrt{x+1}}\mathrm{d}x$。

代码如下：

```
syms x
I = int(sqrt(x - 1)/sqrt(x + 1),x,0,1)
```

输出结果如下：

```
I =
    1/2 * i * ( - 2 + pi)
```

这表明，$\int_0^1 \frac{\sqrt{x-1}}{\sqrt{x+1}}\mathrm{d}x=\frac{1}{2}\mathrm{i}(\pi-2)$。

**【例 3.87】** 求积分$\int_0^1 \frac{1}{\sqrt{x}}\mathrm{d}x$。

代码如下：

```
syms x
I = int(1/sqrt(x),x,0,1)
```

输出结果如下：

```
I =
    2
```

这表明，$\int_0^1 \frac{1}{\sqrt{x}}\mathrm{d}x=2$。

**【例 3.88】** 求积分$\int_1^2 \left(x-\frac{1}{x}\right)\mathrm{d}x$。

代码如下：

```
syms x
I = int(x - 1/x,x,1,2)
```

输出结果如下：

```
I =
    3/2 - log(2)
```

这表明，$\int_1^2 \left(x-\frac{1}{x}\right)\mathrm{d}x=\frac{3}{2}-\ln 2$。

**【例 3.89】** 求积分$\int_1^{16} \frac{1}{\sqrt{\sqrt{x}-1}}\mathrm{d}x$。

代码如下：

```
syms x
I = int(1/(sqrt(sqrt(x) - 1)),x,1,16)
```

输出结果如下：

```
I =
    8 * 3^(1/2)
```

这表明，$\int_1^{16} \frac{1}{\sqrt{\sqrt{x}-1}}\mathrm{d}x=8\sqrt{3}$。

## 3.13 广义积分

广义积分，又叫反常积分，它是定积分的推广。广义积分有两种，一种是积分区间无限的广义积分，另一种是无界函数的广义积分。有时，后者又称瑕积分。这种瑕积分可以处理被积函数有无穷不连续点的情况。

【例 3.90】 求积分$\int_0^{+\infty} \frac{1}{1+x^2}\mathrm{d}x$。

代码如下：

```
syms x
I = int((1/(1 + x^2)),x,0,inf)
```

输出结果如下：

```
I =
    1/2 * pi
```

这表明，$\int_0^{+\infty} \frac{1}{1+x^2}\mathrm{d}x = \frac{\pi}{2}$。

【例 3.91】 求积分$\int_{-\infty}^{+\infty} \frac{1}{1+x^2}\mathrm{d}x$。

代码如下：

```
syms x
I = int((1/(1 + x^2)),x, - inf,inf)
```

输出结果如下：

```
I =
    pi
```

这表明，$\int_{-\infty}^{+\infty} \frac{1}{1+x^2}\mathrm{d}x = \pi$。

【例 3.92】 求积分$\int_0^{a} \frac{1}{\sqrt{a^2+x^2}}\mathrm{d}x$。

代码如下：

```
syms x a
I = int((1/sqrt(a^2 + x^2)),x,0,a)
```

输出结果如下：

```
I =
    - 1/2 * log(a^2) + log(a + 2^(1/2) * csgn(a) * a)
```

这表明，$\int_0^{a} \frac{1}{\sqrt{a^2+x^2}}\mathrm{d}x = \ln(a + a\sqrt{2}) - \ln a$。

【例 3.93】 求积分$\int_0^{+\infty} \mathrm{e}^{-x}\sin x\,\mathrm{d}x$。

代码如下：

```
syms x
I = int(exp( - x) * sin(x),x,0,inf)
```

输出结果如下：

```
I =
    1/2
```

这表明，$\int_0^{+\infty} e^{-x}\sin x\,dx = \frac{1}{2}$。

**【例 3.94】** 求积分 $\int_{-\infty}^{+\infty} \frac{1}{x^2+2x+2}dx$。

代码如下：

```
syms x
I = int(1/(x^2 + 2 * x + 2),x, - inf,inf)
```

输出结果如下：

```
I =
    pi
```

这表明，$\int_{-\infty}^{+\infty} \frac{1}{x^2+2x+2}dx = \pi$。

**【例 3.95】** 求积分 $\int_0^{+\infty} \frac{\sin x}{x}dx$。

代码如下：

```
syms x
I = int(sin(x)/x,x,0,inf)
```

输出结果如下：

```
I =
    1/2 * pi
```

这表明，$\int_0^{+\infty} \frac{\sin x}{x}dx = \frac{\pi}{2}$。

**【例 3.96】** 求积分 $\int_0^{+\infty} e^{-x^2}dx$。

代码如下：

```
syms x a
I = int(exp( - x^2),x,0,inf)
```

输出结果如下：

```
I =
    1/2 * pi^(1/2)
```

这表明，$\int_0^{+\infty} e^{-x^2}dx = \frac{\sqrt{\pi}}{2}$。

从以上两例可知，不定积分积不出来的函数，广义积分可以积出。

【例 3.97】 求积分$\int_{0}^{+\infty}\sin x^{2}\mathrm{d}x$。

代码如下：

```
syms x
I = int(sin(x^2),x,0,inf)
```

输出结果如下：

```
I =
    1/4 * 2^(1/2) * pi^(1/2)
```

这表明，$\int_{0}^{+\infty}\sin x^{2}\mathrm{d}x=\frac{\sqrt{2\pi}}{4}$。

【例 3.98】 求积分$\int_{1}^{+\infty}\frac{x\ln x}{(1+x^{2})^{2}}\mathrm{d}x$。

代码如下：

```
syms x
I = int(x * log(x)/((1 + x^2)^2),x,1,inf)
```

输出结果如下：

```
I =
    1/4 * log(2)
```

这表明，$\int_{1}^{+\infty}\frac{x\ln x}{(1+x^{2})^{2}}\mathrm{d}x=\frac{\ln 2}{4}$。

【例 3.99】 求积分$\int_{1}^{+\infty}\frac{1}{x\sqrt{x-1}}\mathrm{d}x$。

代码如下：

```
syms x
I = int(1/(x * sqrt(x - 1)),x,1,inf)
```

输出结果如下：

```
I =
    pi
```

这表明，$\int_{1}^{+\infty}\frac{1}{x\sqrt{x-1}}\mathrm{d}x=\pi$。

【例 3.100】 求积分$\int_{0}^{+\infty}\frac{x}{\mathrm{e}^{x}-1}\mathrm{d}x$。

代码如下：

```
syms x
I = int(x/(exp(x) - 1),x,0,inf)
```

输出结果如下：

```
I =
    1/6 * pi^2
```

这表明，$\int_0^{+\infty} \frac{x}{e^x - 1} dx = \frac{\pi^2}{6}$。

## 3.14 直观交互近似积分

对曲线下面积的积分就是把一定区间内的小竖条面积累加起来，当小竖条的个数无限增多，小竖条的宽度也无限变小时，所累加面积就是所求积分。

在 MATLAB 中，有一个“交互近似积分计算器”。调用方式如下：

rsums(f)通过图形交互式地计算函数表达式 $f$ 在区间[0,1]上的积分。rsums 能够显示函数 $f$ 在区间[0,1]上的图形，并可拖动图形下方滑块调整积分间隔及项数，有效项数为2～128 项。

rsums(f,a,b)通过图形交互式地计算函数 $f$ 在区间[$a$,$b$]上的积分。

**【例 3.101】** 用交互近似积分计算器求积分 $\int_0^1 x^2 dx$。

代码如下：

```
syms x
rsums(x^2)
```

当用户在 MATLAB 的命令窗口输入以上两行程序时，屏幕上就会出现如图 3-22 所示的图形。图中，函数 $x^2$ 下有长条数为 10，积分值为 0.332500；当用鼠标挪动图下方的滑块向右移动，长条数增加为 14，积分值变为 0.332908，如图 3-23 所示。当把图下方的滑块向右移动到最右侧时，长条数增加为 128，积分值变为 0.333328，如图 3-24 所示。

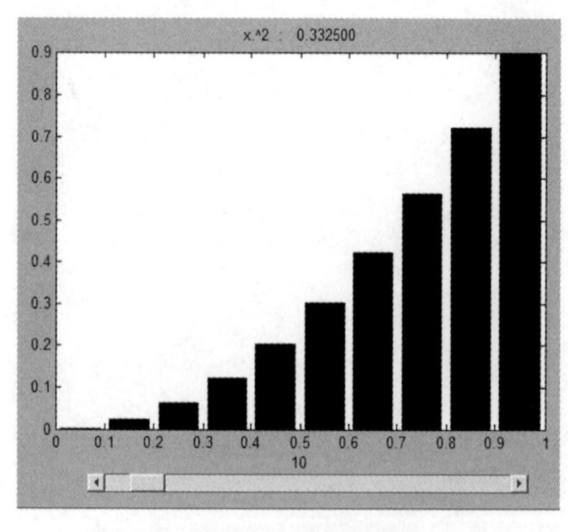


图 3-22 例 3.101 图 1(长条数为 10)

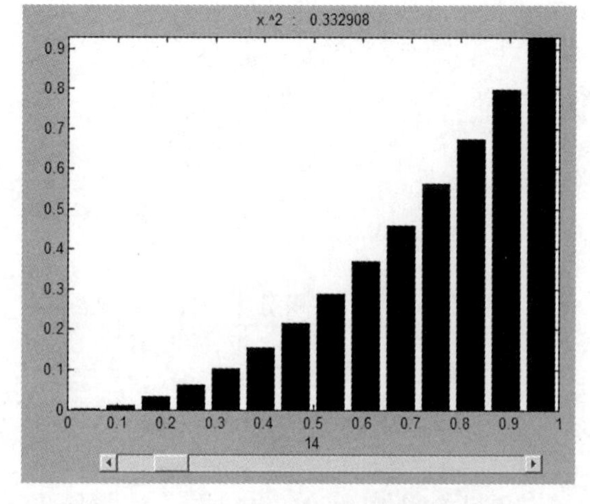


图 3-23 例 3.101 图 2(长条数为 14)

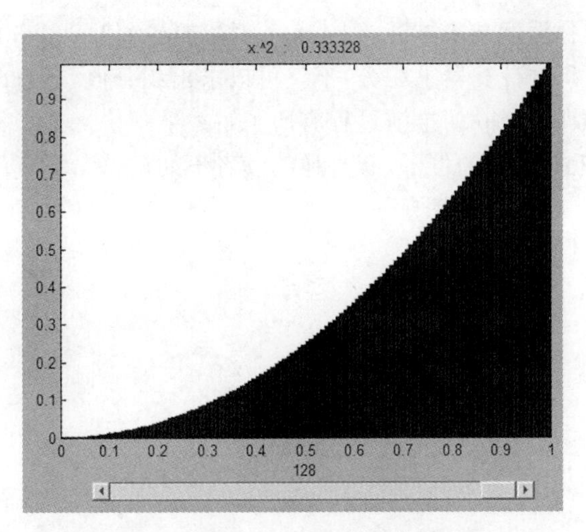


图 3-24　例 3.101 图 3(长条数为 128)

我们知道，$\int_0^1 x^2 \mathrm{d}x = \frac{1}{3}$，从以上操作可以看到，随着长条宽度的变窄或积分项数的增加，积分精度越来越高，到 128 项时，与精确值(0.333333)已相差无几了。

**【例 3.102】**　用交互近似积分计算器求积分 $\int_0^2 x^2 \mathrm{d}x$。

代码如下：

```
syms x
rsums(x^2,0,2)
```

当用户在 MATLAB 的命令窗口输入以上两行程序时，把屏幕上图下方的滑块向左移动，使长条数变为 2，此时积分值为 2.500000，如图 3-25 所示。当把图下方的滑块向右移动到最右侧时，长条数增加为 128，积分值变为 2.666626，如图 3-26 所示。

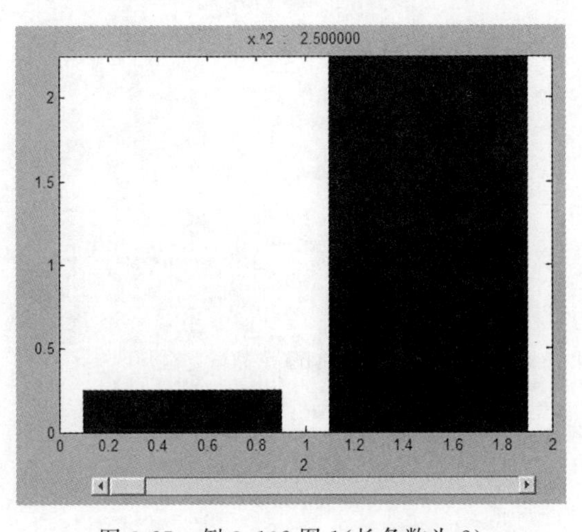


图 3-25　例 3.102 图 1(长条数为 2)

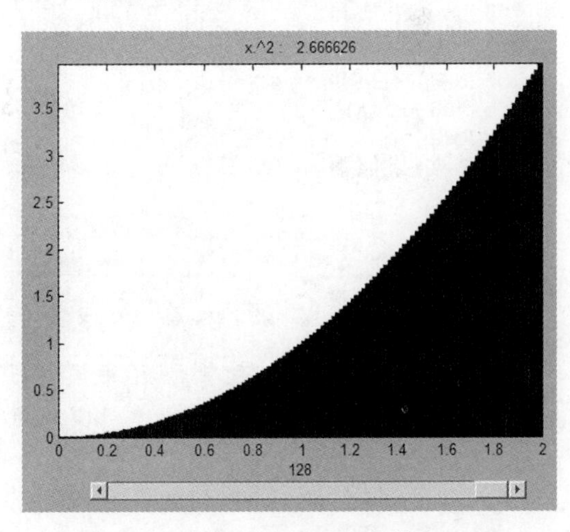


图 3-26　例 3.102 图 2(长条数为 128)

我们知道，$\int_0^2 x^2 \mathrm{d}x = \left.\frac{x^3}{3}\right|_0^2 = \frac{8}{3} = 2.66666667$。从以上操作看到，随着长条宽度的变窄

或积分项数的增加，积分精度越来越高，到128项时，与精确值(2.666666)已相差无几了。

总之，用交互近似积分计算器求积分，不仅可以求出积分值，还可以让我们对积分的“长条宽度变窄和积分项数的增加”的推演过程有所了解。

以下是几个交互近似积分的例子，有兴趣的读者不妨试试。

```
syms x
rsums( - exp(x)
rsums(log(1 + x))
rsums(2^x)
rsums(exp(x))
rsums(x)
rsums(sqrt(x))
rsums(1/(1 + x^2))
rsums(1/(1 + x^3))
```

## 3.15 计算函数多项式导数

求多项式的导数，就是求各项导数之和。因为“两个函数代数和的导数等于它们的导数代数和”。

在MATLAB中，使用函数polyder()计算多项式的导数。其调用格式为：

k=polyder(p)，返回多项式的导数；

k=polyder(a,b)，返回多项式 $a$ 与多项式 $b$ 乘积的导数；

[q,d]=polyder(b,a)，返回多项式 $a$ 除以 $b$ 的商的导数，并以 $q/d$ 格式表示。

**【例3.103】** 求多项式 $a=x^3-2x^2+2x+3$ 的导数。

代码如下：

```
syms a k
a = [1  - 2 2 3];
k = polyder(a)
```

运行结果如下：

```
k =
     3     - 4     2
```

可见，$a'=(x^3-2x^2+2x+3)'=3x^2-4x+2$。

**【例3.104】** 求两个多项式 $x^3+x+4$ 和 $x+2$ 乘积的导数和商的导数。

代码如下：

```
syms a b k
a = [1 0 1 4];
b = [1 2];
k = polyder(a,b)
[q d] = polyder(a,b)
```

运行结果如下：

```
k =
     4     6     2     6
q =
     2     6     0    -2
d =
     1     4     4
```

可见，多项式 $x^3+x+4$ 和 $x+2$ 乘积的导数为 $4x^3+6x^2+2x+6$，商的导数的分子多项式为 $2x^3+6x^2-2$，分母多项式为 $x^2+4x+4$。

**【例 3.105】** 求两个多项式 $x^3+3x^2+3x+2$ 和 $x^2+2x+3$ 乘积的导数和商的导数。

代码如下：

```
syms a b c k
a = [1 3 3 2];
b = [1 2 3];
c = conv(a,b)
k = polyder(a,b)
```

运行结果如下：

```
c =
     1     5    12    17    13     6
k =
     5    20    36    34    13
```

可见，两个多项式 $x^3+3x^2+3x+2$ 和 $x^2+2x+3$ 的乘积为 $x^5+5x^4+12x^3+17x^2+13x+6$，乘积的导数为 $5x^4+20x^3+36x^2+34x+13$。

```
>>[q d] = polyder(a,b)
q =
     1     4    12    14     5
d =
     1     4    10    12     9
```

两个多项式 $x^3+3x^2+3x+2$ 和 $x^2+2x+3$ 相除后商的导数的分子多项式为 $x^4+4x^3+12x^2+14x+5$，其分母多项式为 $x^4+4x^3+10x^2+12x+9$。

## 3.16 函数多项式的积分

求多项式的积分，就是求各项积分之和，因为"两个函数代数和的积分等于它们的积分的代数和。"

在 MATLAB 中，使用函数 polyint()计算多项式的积分。其调用格式为：

polyint(p,k)，返回多项式 $p$ 的积分，设积分常数项为 $k$；

polyint(p)，返回多项式 $p$ 的积分，设积分常数项为 0。

**【例 3.106】** 求多项式 $a=3x^2+4x+5$ 的积分。

代码如下：

```
p1 = [3 4 5];
p2 = polyint(p1,5)
p3 = polyint(p1)
```

运行结果如下：

```
p2 =
     1     2     5     5
p3 =
     1     2     5     0
```

可见，所设常数项为 5 时，多项式 $a=3x^2+4x+5$ 的积分结果为 $x^3+2x^2+5x+5$；所设常数项为 0 时，积分结果为 $x^3+2x^2+5x$。

【例 3.107】 求多项式 $a=x^5+5x^4+12x^3+17x^2+13x+6$ 的积分。

代码如下：

```
p1 = [1 5 12 17 13 6];
p2 = polyint(p1,9)
p3 = polyint(p1)
```

运行结果如下：

```
p2 =
    0.1667    1.0000    3.0000    5.6667    6.5000    6.0000    9.0000
p3 =
    0.1667    1.0000    3.0000    5.6667    6.5000    6.0000         0
```

可见，所设常数项为 9 时，多项式 $a=x^5+5x^4+12x^3+17x^2+13x+6$ 的积分结果为 $0.1667x^6+x^5+3x^4+5.6667x^3+6.5x^2+6x+9$；所设常数项为 0 时，积分结果为 $0.1667x^6+x^5+3x^4+5.6667x^3+6.5x^2+6x$。

## 3.17 求多项式的根

所谓多项式求根是指使多项式等于 0 所形成方程的根。在 MATLAB 中，使用函数 roots()求多项式的根。其调用格式为：

r=roots(c)，返回多项式 $c$ 的所有根 $r$，$r$ 是向量，其长度等于根的个数。

【例 3.108】 求多项式 $2x^3-2x^2-8x+8$ 的根。

代码如下：

```
H = [2 -2 -8 8];
X = roots(H)
```

运行结果如下：

```
X =
   -2.0000
    2.0000
    1.0000
```

所以，由多项式形成的方程的根为

$$\begin{cases} x_1=-2 \\ x_2=2 \\ x_3=1 \end{cases}$$

**【例 3.109】** 求多项式 $5x^4+4x^3+3x^2+2x+1$ 的根。

代码如下：

```
H = [5 4 3 2 1];
X = roots(H)
```

运行结果如下：

```
X =
    0.1378 + 0.6782i
    0.1378 - 0.6782i
  - 0.5378 + 0.3583i
  - 0.5378 - 0.3583i
```

所以，由多项式形成的方程的根为

$$\begin{cases} x_1=0.1378+0.6782\mathrm{i} \\ x_2=0.1378-0.6782\mathrm{i} \\ x_3=-0.5378+0.3583\mathrm{i} \\ x_4=-0.5378-0.3583\mathrm{i} \end{cases}$$

**【例 3.110】** 求多项式 $2x^3-5x^2-8x+9$ 的根。

代码如下：

```
H = [2 -5 -8 9];
X = roots(H)
```

运行结果如下：

```
X =
    3.2990
  - 1.6339
    0.8349
```

所以，方程的根为

$$\begin{cases} x_1=3.299 \\ x_2=-1.6339 \\ x_3=0.8349 \end{cases}$$

## 3.18 由多项式的根推出原多项式

与多项式求根相反的过程是由根创建多项式，它由函数 poly()实现，其调用格式为：

p=poly(r)，输入 $r$ 是多项式所有根，返回值为代表多项式的行向量形式；

p=poly(A),输入是 $N\times N$ 的方阵,返回值 $p$ 是长度为 $N+1$ 的行向量多项式,它是矩阵 $\boldsymbol{A}$ 的特征多项式,也就是说多项式 $p$ 的根是矩阵 $\boldsymbol{A}$ 的特征值。

**【例 3.111】** 已知多项式的根为 $2,\sqrt{3}-1,-\sqrt{3}-1$,求原多项式。

代码如下:

```
r = [2, sqrt(3) - 1, - sqrt(3) - 1];
p = poly(r)
```

运行结果如下:

```
p =
    1.0000         0   - 6.0000    4.0000
```

可见,所求多项式为 $x^3-6x+4$。

为了检验此多项式的正确性,再求此多项式的根:

代码如下:

```
H = [1 0  - 6 4];
X = roots(H)
```

运行结果如下:

```
X =
   - 2.7321
    2.0000
    0.7321
```

可见,所得多项式的根,就是原来给出的根。

**【例 3.112】** 已知多项式的根为 2,1+i,1−i,求原多项式。

代码如下:

```
r = [2, 1 + i,1 - i];
p = poly(r)
```

运行结果如下:

```
p =
     1    - 4     6    - 4
```

可见,所求多项式为 $x^3-4x^2+6x-4$。

为了检验此多项式的正确性,再求此多项式的根:

代码如下:

```
H = [1  - 4 6  - 4];
X = roots(H)
```

运行结果如下:

```
X =
   2.0000
```

```
   1.0000 + 1.0000i
   1.0000 - 1.0000i
```

可见,所得多项式的根,就是原来给出的根。

**【例 3.113】** 已知以下为多项式的四个根,求原多项式。

$$\begin{cases} x_1 = 8.735 + 16.4545\mathrm{i} \\ x_2 = 8.735 - 16.4545\mathrm{i} \\ x_3 = 0.625 - 0.7882\mathrm{i} \\ x_4 = 0.625 + 0.7882\mathrm{i} \end{cases}$$

代码如下:

```
r = [8.7350 + 16.4545i 8.7350 - 16.4545i 0.265 - 0.7882i 0.265 + 0.7882i];
p = poly(r)
```

运行结果如下:

```
p =
    1.0000   -18.0000   357.0014  -196.0172   239.9802
```

可见,所求多项式为 $x^4 - 18x^3 + 357x^2 - 196x + 240$。

为了检验此多项式的正确性,再求此多项式的根:

代码如下:

```
H = [1  -18 357  -196 240];
X = roots(H)
```

运行结果如下:

```
X =
   8.7350  + 16.4545i
   8.7350  - 16.4545i
   0.2650 +  0.7882i
   0.2650 -  0.7882i
```

可见,所得多项式的根,就是原来给出的根。

**【例 3.114】** 已知以下矩阵 $\boldsymbol{A}$,求矩阵 $\boldsymbol{A}$ 生成的多项式的根及矩阵 $\boldsymbol{A}$ 的特征根。

$$\boldsymbol{A} = \begin{pmatrix} 1 & 2 & 3 \\ 4 & 5 & 6 \\ 7 & 8 & 9 \end{pmatrix}$$

代码如下:

```
A = [1 2 3;
   4 5 6;
   7 8 0];
p = poly(A);
r = roots(p)
A_eig = eig(A)
```

运行结果如下：

```
r =
    12.1229
   - 5.7345
   - 0.3884
A_eig =
    12.1229
   - 0.3884
   - 5.7345
```

由此可知，由矩阵 **A** 生成的多项式的根就是矩阵 **A** 的特征根。

## 3.19 多项式曲线拟合

函数 polyfit()采用最小二乘法对给的数据进行多项式拟合，最后给出多项式的系数。其调用格式为：

p=polyfit(x,y,n)，采用 $n$ 次多项式 $p$ 拟合数据 $x$ 和 $y$，从而使得 $p(x)$ 与 $y$ 最小均方差最小。

**【例 3.115】** 使用函数 polyfit()，讨论不同的拟合阶数对曲线拟合效果的影响。

代码如下：

```
x = 0:0.2:10;
y = 0.25 * x + 20 * sin(x);
p5 = polyfit(x,y,5);
y5 = polyval(p5,x);
p8 = polyfit(x,y,8);
y8 = polyval(p8,x);
p60 = polyfit(x,y,60);
y60 = polyval(p60,x);
hold on;
plot(x,y,'ro');
plot(x,y5,'b-- ');
plot(x,y8,'b:');
plot(x,y60,'r-.');
xlabel('x');
ylabel('y');
legend('原始数据','5 阶多项式拟合','8 阶多项式拟合','60 阶多项式拟合');
```

运行后，所得结果如图 3-27 所示。

从图 3-27 可以看出，使用 5 阶多项式拟合时，拟合的结果比较差；而使用 8 阶多项式拟合时，得到的结果与原始数据符合得很好。但使用 60 阶多项式拟合时，拟合效果非常差。可见用多项式拟合必须选择适当的阶数，而不是阶数越高精度越高。

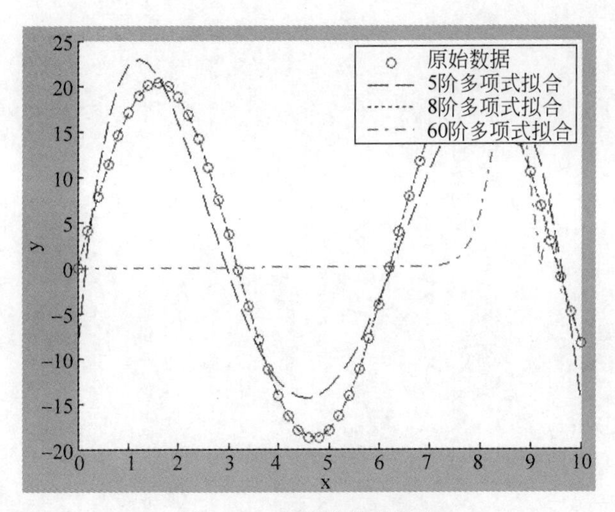


图 3-27 多项式曲线拟合

## 3.20 求函数曲线的凸凹性和拐点

什么是函数的凸凹性及其拐点呢？在图 3-28 所示的函数曲线图中，区间($x_1$,$x_2$)的曲线是凸的，区间($x_2$,$x_3$)的曲线是凹的，而 $x_2$ 点对应曲线上的点就是一个拐点。

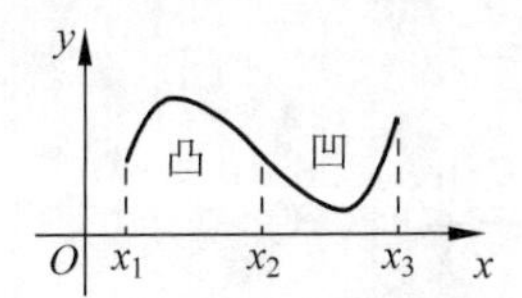


图 3-28 曲线的凸凹性及其拐点示意图

函数二阶导数正负与凸凹关系的定理：设 $f(x)$在$(a,b)$区间存在二阶导数 $f''(x)$，那么，

(1) 若在$(a,b)$内 $f''(x)<0$，则 $f(x)$在$(a,b)$内为凸；

(2) 若在$(a,b)$内 $f''(x)>0$，则 $f(x)$在$(a,b)$内为凹。

而拐点就是曲线由凸到凹(反之亦然)的交接点，也就是 $f''(x)=0$ 的点。

**【例 3.116】** 求曲线 $y=2x^3-9x^2+12x-6$ 的拐点。

第 1 段代码如下：

```
syms x
f = 2 * x^3 + 3 * x^2 - 12 * x + 14;
df = diff(f)                            %求一阶导数
d2f = diff(f,2)                         %求二阶导数
```

运行结果如下：

```
df =
    6 * x^2 + 6 * x - 12
```

```
d2f =
    12 * x + 6
```

第 2 段代码如下：

```
syms x
f = 2 * x^3 + 3 * x^2 - 12 * x + 14;
f1 = diff(f,x);
x = - 3:0.1:0;
y3 = subs(f,x);
y4 = subs(f1,x);
plot(x,y3,'r + ', x,y4,'b -- ')
grid on
xlabel('x'); ylabel('y');
legend('f(x)', 'f(x)的导数 g(x)',1);
grid on
```

第 3 段代码如下：

```
x = solve('12 * x + 6')
zhi1 = eval(f)
```

运行结果如下：

```
x =
    - 1/2
zhi1 =
    41/2
```

当 $x<-\frac{1}{2}$时，$f''<0$；当 $x>-\frac{1}{2}$时，$f''>0$。

因此，点$\left(-\frac{1}{2},20\ \frac{1}{2}\right)$是这条曲线的拐点。

第 2 段代码运行后，绘出的函数图形如图 3-29 所示。其中，十字符号“+”表示的是函数 $f(x)$，杠线符号“--”表示的是函数 $f'(x)$。

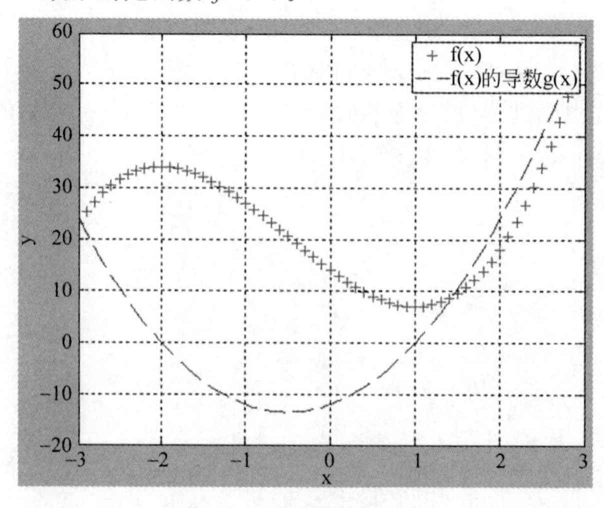


图 3-29　函数的拐点图

**【例 3.117】** 求曲线 $y=3x^4-4x^3+1$ 的拐点及凸、凹的区间。

第 1 段代码如下：

```
syms x
f = 3 * x^4 - 4 * x^3 + 1;
df = diff(f)                          % 求一阶导数
d2f = diff(f,2)                       % 求二阶导数
```

第 2 段代码如下：

```
syms x
f = 3 * x^4 - 4 * x^3 + 1;
f1 = diff(f,x);
x = - 3:0.1:3;
y3 = subs(f,x);
y4 = subs(f1,x);
plot(x,y3,'r + ', x,y4,'b -- ')
grid on
xlabel('x'); ylabel('y');
legend('y', 'y 的导数',1);
grid on
```

运行结果如下：

```
df =
    12 * x^3 - 12 * x^2
d2f =
    36 * x^2 - 24 * x
>> solve('36 * x^2 - 24 * x')
ans =
    0
2/3
```

解方程 $y''=0$，得 $x_1=0, x_2=\frac{2}{3}$。

$x_1=0$ 及 $x_2=\frac{2}{3}$ 把函数的定义域 $(-\infty,+\infty)$ 分成三个区间：$(-\infty,0]$，$\left[0,\frac{2}{3}\right]$，$\left[\frac{2}{3},+\infty\right)$。

在 $(-\infty,0)$ 内，$y''>0$，因此在区间 $(-\infty,0]$ 曲线是凹的。在 $\left(0,\frac{2}{3}\right)$ 内，$y''<0$，因此在区间 $\left[0,\frac{2}{3}\right]$ 曲线是凸的。在 $\left(\frac{2}{3},+\infty\right)$ 内，$y''>0$，因此在区间 $\left[\frac{2}{3},+\infty\right)$ 曲线是凹的。

当 $x=0$ 时，$y=1$，点 $(0,1)$ 是曲线的一个拐点。当 $x=\frac{2}{3}$ 时，$y=\frac{11}{27}$，点 $\left(\frac{2}{3},\frac{11}{27}\right)$ 也是曲线的拐点。

第 2 段代码运行后，绘出函数图形如图 3-30 所示。其中，十字符号“+”表示的是函数 $y$，杠线符号“--”表示的是函数 $y'$。

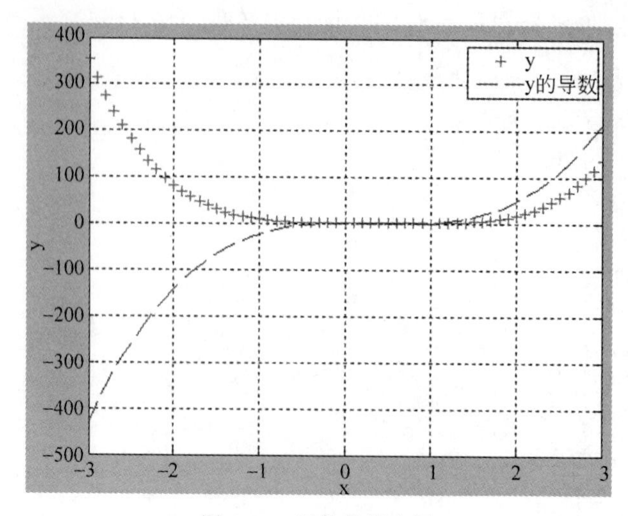


图 3-30 函数的拐点图

【例 3.118】 求曲线 $y=\frac{1}{1+2x^2}$ 的拐点及凸、凹的区间。

第 1 段代码如下：

```
syms x
y = 1/(1 + 2 * x^2);
y1 = diff(y,x)                          % 求一阶导数
y2 = diff(y,x,2)                        % 求二阶导数
x = - 3:0.1:3;
y3 = zeros(1,length(x));
y4 = subs(y,x);
y5 = subs(y1,x);
y6 = subs(y2,x);
y7 = subs(y3,x);
plot(x,y4,'b - ', x,y5,'r * ', x,y6,'go', x,y7);
xlabel('X'); ylabel('Y');
legend('f(x)', 'f(x)的导数 g(x)', 'f(x)的二阶导数 h(x)',4)
f = inline(y2);
c1 = fzero(f,[ - 3,0])
c2 = fzero(f,[0,3])
```

运行结果如下：

```
y1 =
     - 4/(1 + 2 * x^2)^2 * x
y2 =
     32/(1 + 2 * x^2)^3 * x^2 - 4/(1 + 2 * x^2)^2
c1 =
     - 0.4082
c2 =
   0.4082
```

运行后，绘出的函数图形如图 3-31 所示。其中，杠线符号“--”表示的是函数 $f(x)$，星号

“ * ”表示的是 $f(x)$ 的导数 $g(x)$，圆圈符号“○”表示的是 $f(x)$ 的二阶导数 $h(x)$。

函数 $f(x)$ 的二阶导数 $h(x)(y'')$ 的零点为 −0.4082 和 0.4082，由图 3-31 可知，在区间 $(-\infty,-0.4082)$ 和 $(0.4082,+\infty)$ 上二阶导数大于 0，曲线弧向下凹；在区间 $(-0.4082, 0.4082)$ 上二阶导数小于 0，曲线弧向上凸。

第 2 段代码如下：

```
x = - 0.4082;
zhi1 = eval(y)
x = 0.4082;
zhi2 = eval(y)
```

运行结果如下：

```
zhi1 =
    0.7500
zhi2 =
    0.7500
```

这说明函数在 −0.4082 和 0.4082 的值都是 0.75。因此两个拐点分别是 $(-0.4082, 0.75)$ 和 $(0.4082, 0.75)$。

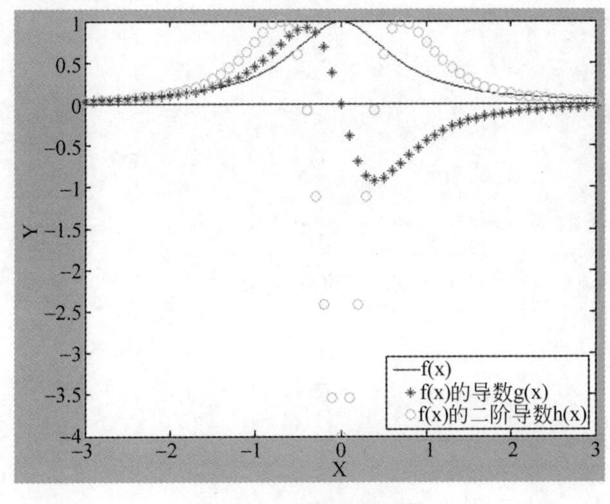


图 3-31 函数的凸凹性

## 3.21 反函数

设 $y=f(x)$ 是定义在 $X$ 上的函数，如果对值域 $f(X)$ 的每一个 $y$，都有唯一的 $x\in X$，使得 $f(x)=y$，则这样定义的 $x$ 作为 $y$ 的函数，称为 $f$ 的反函数，记为 $f^{-1}$。比如，函数 $y=x^2, x\in(0,+\infty)$ 的反函数是

$$x=\sqrt{y},\quad x\in(0,+\infty)$$

函数 $y=3x, x\in(0,+\infty)$ 的反函数是

$$x=\frac{1}{3}y,\quad x\in(0,+\infty)$$

在 MATLAB 中，求反函数是通过函数 finverse 实现的，其调用格式如下：

g=finverse(f)——返回函数 $f$ 的反函数，其中 $f$ 为单值的一元数学函数，$f=f(x)$。若 $f$ 的反函数存在，设为 $g$，则有 $g[f(x)]=v$。

g=finverse(f,v)——若符号函数 $f$ 中有几个符号变量时，对指定的符号自变量 $v$ 计算其反函数(若其反函数存在，设为 $g$，则有 $g[f(v)]=v$)。

**【例 3.119】** 求函数 $y_1=\sin(x)+\cos(y)+5$ 和 $y_2=e^{u-2v}$ 的反函数。

代码如下：

```
syms x y u v
f = sin(x) + cos(y) + 5
g1 =  finverse(f)
g2 =  finverse(f,x)
v1 =  finverse(exp(u - 2 * v),u)
```

运行结果如下：

```
f =
    sin(x) + cos(y) + 5
g1 =
     - asin(cos(y) + 5 - x)
g2 =
     - asin(cos(y) + 5 - x)
v1 =
    2 * v + log(u)
```

可见，这两个反函数为 $g_1=-a\sin(\cos(y)+5-x)$，$v_1=2v+\ln u$。

**【例 3.120】** 求函数 $y=\frac{1}{2}(e^x-e^{-x})$的反函数。

代码如下：

```
syms x u v
v1 = finverse((1/2) * (exp(x) - exp( - x)))
```

运行结果如下：

```
v1 =
    log(x + (x^2 + 1)^(1/2))
```

所以，$v_1=\ln(x+\sqrt{x^2+1})$。

## 3.22 求隐函数的导数

前面介绍的求导法适用于显函数 $y=f(x)$的形式，但是有时函数之间的关系却是以隐函数 $F(x,y)=0$ 的形式出现。把一个隐函数化为显函数，就可以用显函数求导的方法求导了。有时很难将隐函数化为显函数。那么，隐函数如何求导呢？常用的方法是对数求导法，先在 $y=f(x)$的两边取对数，然后再求出 $y$ 的导数。例如，要求 $y=x^{\sin x}$ 的导数。先在等式的两边取对数，得 $\ln y=\sin x \cdot \ln x$，上式两边对 $x$ 求导，得

$$\frac{1}{y}y'=\cos x \cdot \ln x+\sin x \cdot \frac{1}{x}$$

于是，

$$y'=y\left(\cos x \cdot \ln x+\frac{\sin x}{x}\right)=x^{\sin x}\left(\cos x \cdot \ln x+\frac{\sin x}{x}\right)$$

**【例 3.121】** 求由方程 $2^{xy}=xy+2$ 确定的隐函数的导数。

代码如下：

```
syms x y
z = 2^(x * y) - x * y - 2;
dzdx = diff(z,x)                        %求 z 对 x 的偏导数
dzdy = diff(z,y)                        %求 z 对 y 的偏导数
dydx = - dzdx / dzdy                    %隐函数 y 对 x 的导数
```

运行结果如下：

```
dzdx =
    2^(x * y) * y * log(2) - y
dzdy =
    2^(x * y) * x * log(2) - x
dydx =
    ( - 2^(x * y) * y * log(2) + y)/(2^(x * y) * x * log(2) - x)
```

因此，由方程确定的隐函数的导数为

$$y'=-\frac{y-2^{xy}y\ln 2}{x-2^{xy}x\ln 2}$$

**【例 3.122】** 求由方程 $y\sin x-\cos y=0$ 确定的隐函数的导数。

代码如下：

```
syms x y
z = y * sin(x) - cos(y);
dzdx = diff(z,x)                        %求 z 对 x 的偏导数
dzdy = diff(z,y)                        %求 z 对 y 的偏导数
dydx = - dzdx / dzdy                    %隐函数 y 对 x 的导数
pretty(dydx)
```

运行结果如下：

```
dzdx =
    y * cos(x)
dzdy =
    sin(x) + sin(y)
dydx =
       - y * cos(x)/(sin(x) + sin(y))
       y cos(x)
  - ---------------
     sin(x) + sin(y)
```

因此，由方程确定的隐函数的导数为

$$y' = -\frac{y\cos x}{\sin x + \cos y}$$

**【例 3.123】** 求由方程 $y^5+2y-x-3x^7=0$ 确定的隐函数的导数。

代码如下：

```
syms x y
z = y^5 + 2 * y - x - 3 * x^7;
dzdx = diff(z,x);                      % 求 z 对 x 的偏导数
dzdy = diff(z,y);                      % 求 z 对 y 的偏导数
dydx = - dzdx / dzdy                   % 隐函数 y 对 x 的导数
```

运行结果如下：

```
dydx =
    (1 + 21 * x^6)/(5 * y^4 + 2)
```

因此，由方程确定的隐函数的导数为

$$y' = \frac{1+21x^6}{5y^4+2}$$

## 3.23 参数方程的求导

一般，设曲线的参数方程为

$$\begin{cases} x = x(t) \\ y = y(t) \end{cases} \quad t \in [a, b]$$

则参数方程的导数为

$$\frac{dy}{dx} = \frac{y'(t)}{x'(t)}$$

**【例 3.124】** 求由参数方程 $\begin{cases} x = e^x \sin(t) \\ y = e^x \cos(t) \end{cases}$ 所表示的函数 $y=f(x)$ 的导数并绘制函数图形。

代码如下：

```
syms t x y
x = exp(t) * sin(t);
y = exp(t) * cos(t);
y1 = diff(x,t)                                   % 求 x 对 t 的偏导数
y2 = diff(y,t)                                   % 求 y 对 t 的偏导数
f = y2/y1
ezplot(x,y,[ - 5,5])
```

运行结果如下：

```
y1 =
```

```
    exp(t) * sin(t) + exp(t) * cos(t)
y2 =
    exp(t) * cos(t) - exp(t) * sin(t)
f =
    (exp(t) * cos(t) - exp(t) * sin(t))/(exp(t) * sin(t) + exp(t) * cos(t))
```

所以，$\frac{\mathrm{d}y}{\mathrm{d}x}=\frac{\mathrm{e}^x\cos(t)-\mathrm{e}^x\sin(t)}{\mathrm{e}^x\sin(t)+\mathrm{e}^x\cos(t)}$。

所绘函数图形如图 3-32 所示。

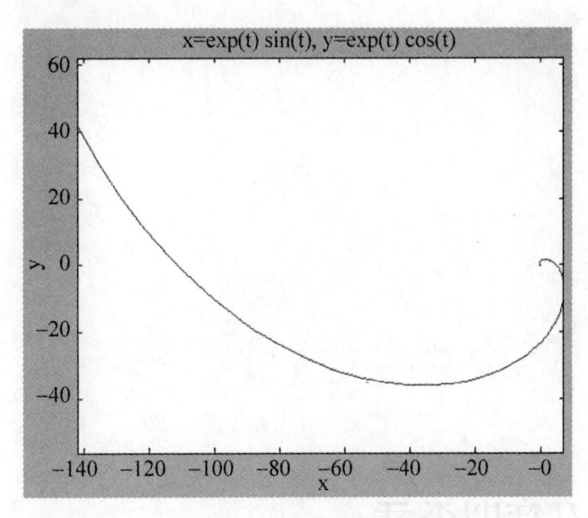


图 3-32　参数方程绘图

**【例 3.125】** 求由参数方程$\begin{cases}x=(\cos(t))^4\\y=(\sin(t))^4\end{cases}$所表示的函数 $y=f(x)$的一阶导数和二阶导数并绘制函数图形。

代码如下：

```
syms t x y
x = (cos(t))^4;
y = (sin(t))^4;
y1 = diff(x,t)
y2 = diff(y,t)
y3 = y2/y1
y4 = (diff(y3))/(diff(x,t))
ezplot(x,y,[ - 5,5])
```

运行结果如下：

```
y1 =
     - 4 * cos(t)^3 * sin(t)
y2 =
    4 * sin(t)^3 * cos(t)
y3 =
     - sin(t)^2/cos(t)^2
y4 =
     - 1/4 * ( - 2 * sin(t)/cos(t) - 2 * sin(t)^3/cos(t)^3)/cos(t)^3/sin(t)
```

所以，$\frac{\mathrm{d}y}{\mathrm{d}x}=\frac{-(\sin(t))^2}{(\cos(t))^2}$

$\frac{\mathrm{d}^2y}{\mathrm{d}x^2}=\frac{-(-2\sin(t)/\cos(t)-2(\sin(t))^3/(\cos(t))^3\sin(t)}{4(\cos(t))^3}$

所绘函数图形如图 3-33 所示。

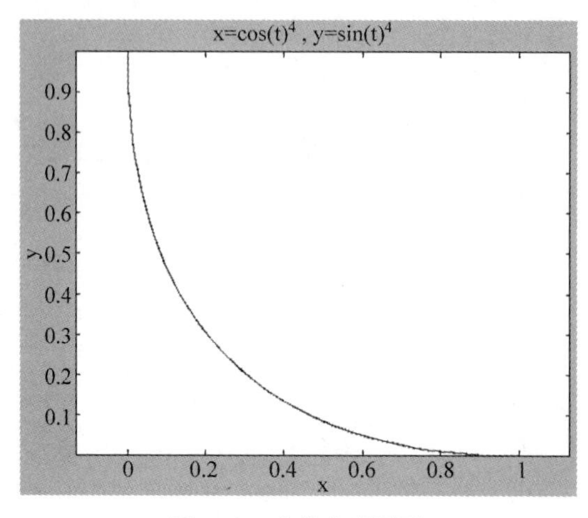


图 3-33 参数方程图形

## 3.24 定积分的应用

定积分应用广泛，可以用于求平面图形面积、旋转体体积、旋转体侧面积、曲线弧长、物体做功、水压力、万有引力、电荷间的吸引力、距带电物体一定距离处的电场强度、物体重心、转动惯量、物体做直线运动的路程等。

1. 求平面图形的面积

根据积分原理可知，由曲线 $y=f(x)(f(x)\geqslant 0)$ 及直线 $x=a$，$x=b(a<b)$ 与 $x$ 轴围成的曲边梯形的面积是定积分

$$A=\int_a^b f(x)\mathrm{d}x=F(b)-F(a)$$

利用定积分，不仅能计算这种曲边梯形的面积，还能计算比曲边梯形复杂的图形的面积。

**【例 3.126】** 求曲线 $y=\frac{x^2}{2}$、$y=\frac{1}{1+x^2}$ 与直线 $x=-\sqrt{3}$、$x=\sqrt{3}$ 所围成图形的面积。

**解**：如图 3-34 所示，图中阴影部分就是所求面积。由于图形关于 $y$ 轴对称，所以所求

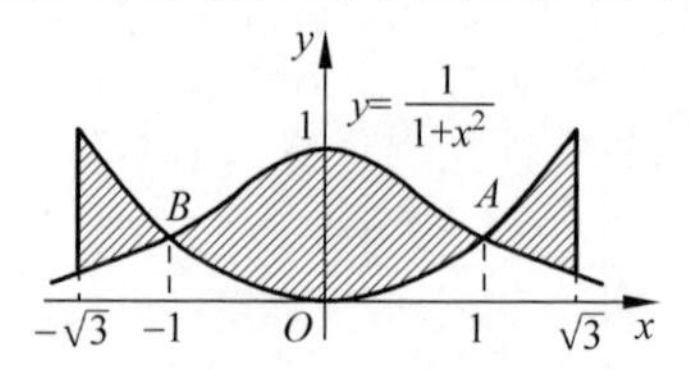


图 3-34 例 3.126 求图形面积

面积是第一象限部分面积的 2 倍。

曲线 $y=\frac{x^2}{2}$ 与 $y=\frac{1}{1+x^2}$ 相交于点 $A\left(1,\frac{1}{2}\right)$，$B\left(1,-\frac{1}{2}\right)$。于是，

$$S=2\left[\int_0^1\left(\frac{1}{1+x^2}-\frac{x^2}{2}\right)\mathrm{d}x+\int_1^{\sqrt{3}}\left(\frac{x^2}{2}-\frac{1}{1+x^2}\right)\mathrm{d}x\right]$$

代码如下：

```
syms x
f = 1/(1 + x^2) - x^2/2;
I1 = 2 * int(f,x,0,1);
f =  x^2/2 - 1/(1 + x^2);
I2 = 2 * int(f,x,1,sqrt(3));
I3 = I1 + I2
```

运行结果如下：

```
I3 =
    1/3 * pi - 2/3 + 3^(1/2)
```

所以，所求图形面积为

$$S=\frac{\pi}{3}-\frac{2}{3}+\sqrt{3}=\frac{1}{3}(\pi+3\sqrt{3}-2)$$

2. 求平面曲线的弧长

(1) 若曲线 $L$ 为直角坐标函数式，$y=f(x)$，$a\leqslant x\leqslant b$，则曲线 $L$ 的弧长为 $\int_a^b\sqrt{1+y'^2}\,\mathrm{d}x$。

(2) 若曲线 $L$ 为极坐标的函数式，$\rho=\rho(\theta)$，$\alpha\leqslant\theta\leqslant\beta$，则曲线 $L$ 的弧长为 $\int_\alpha^\beta\sqrt{\rho^2(\theta)+\rho'^2(\theta)}\,\mathrm{d}\theta$。

**【例 3.127】** 求阿基米德螺线 $\rho=a\theta(a>0)$ 相应于 $0\leqslant\theta\leqslant 2\pi$ 一段（图 3-35）的弧长。

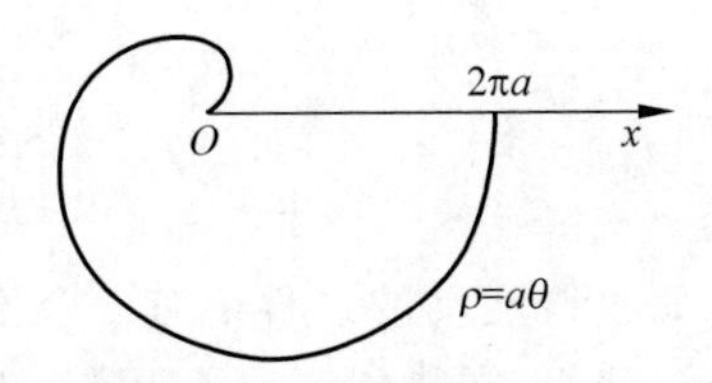


图 3-35　例 3.127 求曲线弧长

**解**：阿基米德螺线是极坐标式，弧长元素为

$$\mathrm{d}s=\sqrt{\rho^2(\theta)+\rho'^2(\theta)}\,\mathrm{d}\theta=\sqrt{a^2\theta^2+a^2}\,\mathrm{d}\theta=a\sqrt{1+\theta^2}\,\mathrm{d}\theta$$

于是，所求弧长为

$$s=a\int_0^{2\pi}\sqrt{1+\theta^2}\,\mathrm{d}\theta$$

代码如下：

```
syms x a seta
f = sqrt(1 + seta^2);
```

```
I = a * int(f, seta,0,2 * pi)
```

运行结果如下：

```
I =
    a * pi * (1 + 4 * pi^2)^(1/2) - 1/2 * log( - 2 * pi + (1 + 4 * pi^2)^(1/2))
```

因此，所求弧长为 $a\pi\sqrt{1+4\pi^2}-\frac{1}{2}\ln(-2\pi+\sqrt{1+4\pi^2})$。

3. 求旋转体的体积

由连续曲线 $y=f(x)(f(x)\geqslant 0)$ 及直线 $x=a, x=b(a<b)$ 与 $x$ 轴围成的曲边梯形绕 $x$ 轴旋转一周所形成的立体称为旋转体。这种旋转体的体积为

$$V=\int_a^b \pi[f(x)]^2 dx$$

**【例 3.128】** 求星形线 $x^{\frac{2}{3}}+y^{\frac{2}{3}}=a^{\frac{2}{3}}(a>0)$ 绕 $x$ 轴旋转所成之旋转体的体积(图 3-36)。

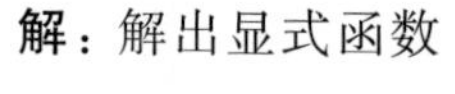

**解**：解出显式函数

$$y^2=(a^{\frac{2}{3}}-x^{\frac{2}{3}})^3$$

则旋转体的体积为

$$V=\pi\int_{-a}^{a} y^2 dx=\pi\int_{-a}^{a}(a^{\frac{2}{3}}-x^{\frac{2}{3}})^3 dx$$

代码如下：

```
syms x a
f = (a^(2/3) - x^(2/3))^3;
I = pi * int(f,x, - a,a)
```

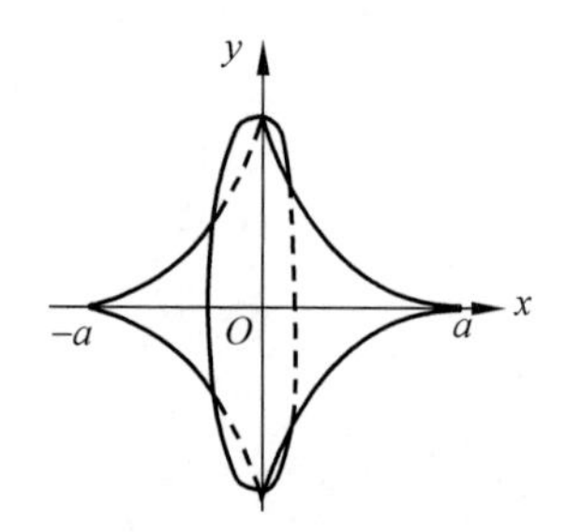

图 3-36 例 3.128 求旋转体体积

运行结果如下：

```
I =
    32/105 * pi * a^3
```

所以，所求旋转体的体积为 $\frac{32}{105}\pi a^3$。

4. 求变力所做的功

从物理学知道，如果物体在做直线运动的过程中有一个不变的力 $F$ 作用在物体上，且力的方向与物体运动的方向一致，那么，在物体移动了距离 $s$ 时，力 $F$ 对物体所做的功为

$$W=F\cdot s$$

如果物体运动过程中所受到的力是变化的，就是变力对物体做功的问题。

**【例 3.129】** 一个圆柱形的储水桶高为 5m，桶底圆半径为 3m，桶内盛满了水。试问要把桶内的水全部吸出需做多少功？

**解**：作 $x$ 轴如图 3-37 所示。取深度 $x$ 为积分变量，它的变化区间为[0,5]，相应[0,5]上任一小区间$[x,x+dx]$的一薄层水的高度为 $dx$，若重力加速度 $g$ 取 $9.8m/s^2$，则这薄层水的重力为 $9.8\pi\cdot 3^2 dx$ kN。把这薄层水吸出桶外需做的功近似为

$$dW=88.2\pi x dx$$

于是,所求的功为

$$W=\int_0^{2\pi}88.2\pi x\,\mathrm{d}x$$

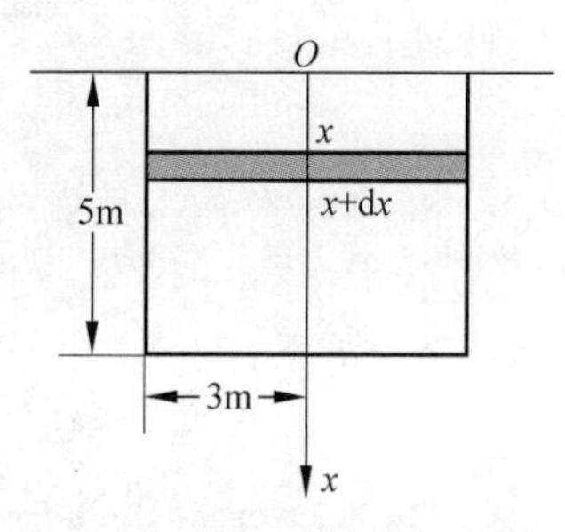

图 3-37　例 3.129 求变力做功

代码如下:

```
syms x
f = 88.2 * pi * x;
I = int(f,x,0,5)
```

运行结果如下:

```
I =
    2205/2 * pi
>> vpa(I)
ans =
    3463.6059005827470454050643300656
```

所以,所求的功为 3464kJ。

5. 求水压力

从物理学知道,在水深为 $h$ 处的压强为 $p=\rho hg$,这里 $\rho$ 是水的密度,$g$ 是重力加速度。如果有一面积为 $A$ 的平板水平地放置在水深 $h$ 处,那么,平板一侧所受的水压力为

$$P=p\cdot A$$

如果平板铅直放置在水中,那么,由于水深不同的点处压强 $p$ 不相等,平板一侧所受的水压力就不能用上述方法计算。

**【例 3.130】**　一个横放着的圆柱形水桶,桶内盛有半桶水[图 3-38(a)]。设桶底半径为 $R$,水的密度是 $\rho$,计算桶的一个端面 1 所受的压力。

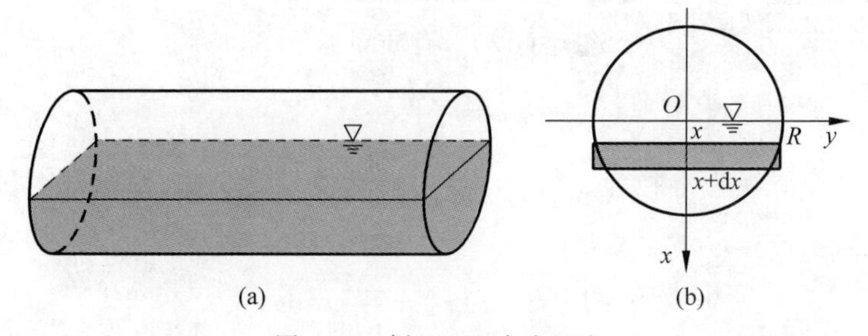

图 3-38　例 3.130 求水压力

**解**:如图 3-38(b)所示,在这个圆片上取过圆心且铅直向下的直线为 $x$ 轴,过圆心的水平线为 $y$ 轴。对于这个坐标系,所讨论的半圆的方程为 $x^2+y^2=R^2(0\leqslant x\leqslant R)$,取 $x$ 为积分变量,它的变化区间为$[0,R]$。设$[x,x+\mathrm{d}x]$为$[0,R]$上的任一小区间,半圆片上相应于$[x,x+\mathrm{d}x]$的窄条上各点处的压强近似于 $\rho gx$,窄条的面积近似于 $2\sqrt{R^2-x^2}\,\mathrm{d}x$。因此,窄条一侧所受水压力的近似值,即压力元素为

$$\mathrm{d}P=2\rho gx\sqrt{R^2-x^2}\,\mathrm{d}x$$

于是,所求的压力为

$$P=\int_0^R 2\rho gx\sqrt{R^2-x^2}\,\mathrm{d}x$$

代码如下：

```
syms x R g ro
f = 2 * x * g * ro * sqrt(R^2 - x^2);
I = int(f,x,0,R)
```

运行结果如下：

```
I =
    2/3 * R^3 * csgn(R) * g * ro
```

于是，所求压力为$\frac{2}{3}\rho g R^3$。

6. 求转动惯量

从物理学知道，质量为 $m$ 的质点绕固定轴旋转时，其转动惯量为 $J=mr^2$，其中，$r$ 表示质点到固定轴的距离。

**【例 3.131】** 设有一质量为 $M$、半径为 $R$ 的均匀圆盘，求它对通过圆心且与盘面垂直的轴 $u$ 的转动惯量。

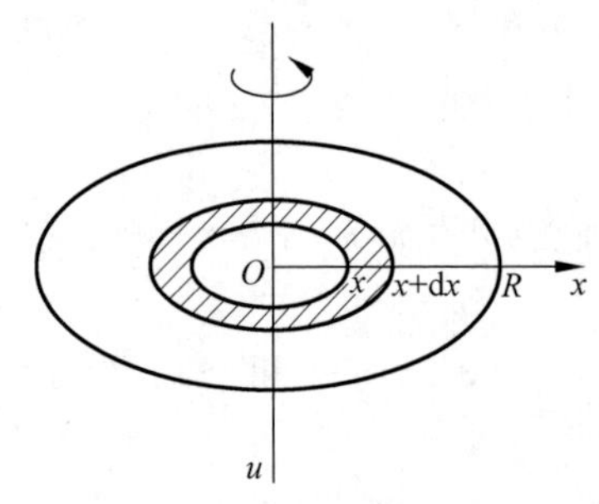


图 3-39 例 3.131 求转动惯量

**解**：取坐标轴如图 3-39 所示，分割 $x$ 轴上的区间 $[0,R]$，圆盘相应地被分成若干个窄圆环。任取一个小区间 $[x,x+\mathrm{d}x]$，相应于它的，是一个内半径为 $x$，外半径为 $x+\mathrm{d}x$ 的窄圆环，其质量为

$$\mathrm{d}m=\text{面密度}\times\text{面积}=\frac{M}{\pi R^2}[\pi(x+\mathrm{d}x)^2-\pi x^2]$$

$$=\frac{M}{\pi R^2}[2\pi x\,\mathrm{d}x+\pi(\mathrm{d}x)^2]$$

忽略$(\mathrm{d}x)^2$，有质量微元

$$\mathrm{d}m=\frac{2M}{R^2}x\,\mathrm{d}x$$

这个窄圆环可以近似视为半径为 $x$ 的圆周，由转动惯量定义知，窄圆环对轴 $u$ 的转动惯量为

$$\mathrm{d}J=(\mathrm{d}m)x^2=\frac{2M}{R^2}x^3\,\mathrm{d}x$$

从而得到圆盘对轴 $u$ 的转动惯量

$$J=\int_0^R\frac{2M}{R^2}x^3\,\mathrm{d}x$$

代码如下：

```
syms M R x
f = 2 * M/R^2 * x^3;
I = int(f,x,0,R)
```

运行结果如下：

```
I =
    1/2 * M * R^2
```

所以，$J=\frac{1}{2}MR^2$。

7. 求万有引力

从物理学知道，质量分别为 $m_1$、$m_2$，相距为 $r$ 的两质点间的引力大小为

$$F=G\frac{m_1m_2}{r^2}$$

其中，$G$ 为引力系数，引力的方向沿着两质点的连线方向。

**【例 3.132】** 设有一长度为 $l$、线密度为 $\mu$ 的均匀细直棒，在其中垂线上距棒 $a$ 单位处有一质量为 $m$ 的质点 $M$。求该棒对质点 $M$ 的引力。

**解：** 取坐标系如图 3-40 所示，使棒位于 $y$ 轴上，质点 $M$ 位于 $x$ 轴上，棒的中点为原点 $O$。取 $y$ 为积分变量，它的变化区间为 $\left[-\frac{l}{2},\frac{l}{2}\right]$，设 $[y,y+\mathrm{d}y]$ 为 $\left[-\frac{l}{2},\frac{l}{2}\right]$ 上任一小区间，把细直棒上相应于 $[y,y+\mathrm{d}y]$ 的一小段近似看成质点，其质量为 $\mu\mathrm{d}y$，与 $M$ 相距 $r=\sqrt{a^2+y^2}$。因此可以按照两质点间的引力计算公式求出这小段细直棒对质点 $M$ 的引力 $\Delta F$ 的大小为

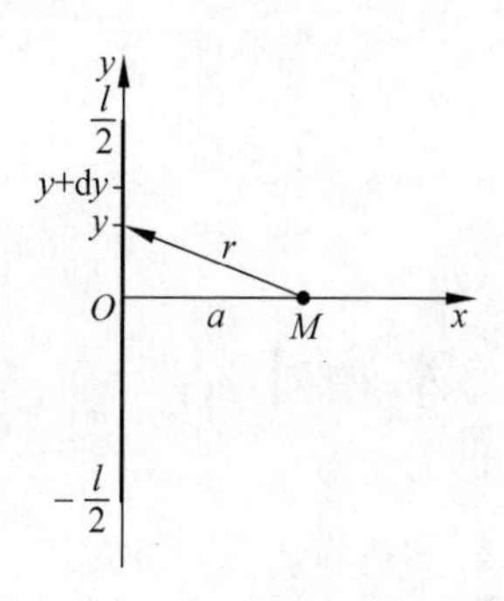


图 3-40 例 3.132 求万有引力

$$\Delta F\approx G\frac{am\mu\mathrm{d}y}{a^2+y^2}$$

从而求出 $\Delta F$ 在水平方向分力 $\Delta F_x$ 的近似值，即细直棒对质点 $M$ 的引力在水平方向分力 $F_x$ 的元素为

$$\mathrm{d}F_x=-G\frac{am\mu\mathrm{d}y}{(a^2+y^2)^{\frac{3}{2}}}$$

于是得引力在水平方向上分力为

$$F_x=-\int_{-\frac{l}{2}}^{\frac{l}{2}}\frac{Gam\mu}{(a^2+y^2)^{\frac{3}{2}}}\mathrm{d}y=-\frac{2Gm\mu l}{a}\frac{1}{\sqrt{4a^2+l^2}}$$

由对称性知，引力在铅直方向的分力 $F_y$ 为 0。

当细直棒的长度 $l$ 很大时，可视 $l$ 趋于无穷，引力的大小为 $-\frac{2Gm\mu}{a}$。

8. 求变速直线运动的路程

从物理学知道，物体作匀速直线运动的速度为 $v$，所用时间为 $t$ 时，其运动距离 $s=vt$。物体做变速直线运动时，其运动距离为

$$s=\int_{t_1}^{t_2}v\mathrm{d}t$$

其中，$t_1$ 和 $t_2$ 是物体运动的起始时间和结束时间，$v=v(t)$，速度 $v$ 也是 $t$ 的函数。

**【例 3.133】** 一物体做直线运动，其速度 $v=\sqrt{1+t}$ m/s，试求该物体运动开始后 10s 内所经过的路程。

**解：**

$$s=\int_{t_1}^{t_2}v\mathrm{d}t=\int_0^{10}\sqrt{1+t}\,\mathrm{d}t$$

代码如下：

```
syms t v
v = sqrt(1 + t);
I = int(v,t,0,10)
```

运行结果如下：

```
I =
    - 2/3 + 22/3 * 11^(1/2)
>> vpa(I)
ans =
    23.655248462606265560176173402251
```

所以，路程为$\frac{2}{3}(11\sqrt{11}-1)\approx 23.7\text{m}$。

## 本章小结

一元函数微积分包括一元函数求极限、求导数、求微分、求不定积分、求定积分、求广义积分、定积分的应用等内容。

# 第4章

# 多元函数微积分

多元函数微积分是一元函数微积分的自然发展。一元函数 $y=f(x)$，函数只依赖一个变量 $x$；二元函数 $z=f(x,y)$，函数依赖两个变量 $x$ 和 $y$。二元函数的定义为：当变量 $x$、$y$ 代表的点 $P(x,y)$ 在平面的某一部分上取某一位置时，变量 $z$ 依照某一法则有一个或多个确定的数值与之对应，则 $z$ 叫作 $x$ 及 $y$ 的函数，$x$、$y$ 叫作自变量。通常记作 $z=f(x,y)$。

$x$、$y$ 所能取值的范围叫作定义域，当 $x$、$y$ 变动时，$z$ 所能取值的范围叫作值域。比如，函数 $u=\sqrt{R^2-(x^2+y^2)}$ 的定义域是 $x^2+y^2\leqslant R^2$，值域是 $[0,R]$；函数 $u=\arcsin\dfrac{x}{a}+\arcsin\dfrac{y}{b}$ 的定义域是 $-a\leqslant x\leqslant a$，$-b\leqslant y\leqslant b$，值域是 $[-\pi,\pi]$。

一元函数 $y=f(x)$ 的图形，一般是平面上的一条曲线；二元函数 $z=f(x,y)$ 的图形，一般是一个曲面。比如，函数 $u=\sqrt{R^2-(x^2+y^2)}$ 的图形是以原点为中心、以 $R$ 为半径的上半球面(见图 4-1)，$z=x^2+y^2$ 的图形是椭圆抛物面(见图 4-2)。

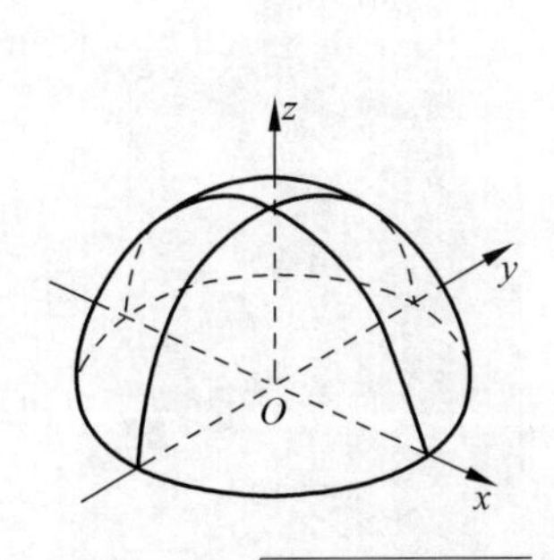


图 4-1　函数 $u=\sqrt{R^2-(x^2+y^2)}$ 的图形

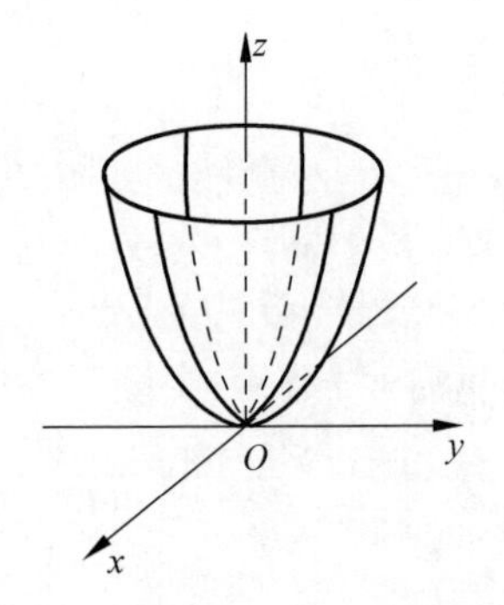


图 4-2　函数 $z=x^2+y^2$ 的图形

## 4.1　求二元函数的极限

二元函数的极限定义：函数 $z=f(x,y)$ 在点 $P_0(x_0,y_0)$ 的某一邻域内有定义，$P(x,y)$ 是邻域内的任意一点，若当点 $P$ 以任何方式无限接近于点 $P_0$ 时，函数的对应值 $f(x,y)$ 无限接近于一个定数 $A$，则称数 $A$ 是函数 $f(x,y)$ 当 $x\to x_0, y\to y_0$ 时的极限。

**【例 4.1】** 设 $f(x,y)=xy\dfrac{x^2-y^2}{x^2+y^2}$，求 $\lim\limits_{x\to 0,y\to 0} f(x,y)$。

代码如下：

```
syms x y
f = x * y * (x^2 - y^2)/(x^2 + y^2);
f1 = limit(limit(f,x,0),y,0)
```

运行结果如下：

```
f1 =
     0
```

所以，$\lim\limits_{x\to 0,y\to 0} f(x,y)=0$。

**【例 4.2】** 设 $f(x,y)=(x+y)\sin\dfrac{1}{x^2+y^2}$，求 $\lim\limits_{(x,y)\to(0,0)} f(x,y)$。

代码如下：

```
syms x y
f = (x + y) * sin(1/(x^2 + y^2));
f1 = limit(limit(f,x,0),y,0)
```

运行结果如下：

```
f1 =
     0
```

所以，$\lim\limits_{(x,y)\to(0,0)} f(x,y)=0$。

**【例 4.3】** 设 $f(x,y)=\left(1+\dfrac{1}{xy}\right)^{x\sin y}$，求 $\lim\limits_{(x,y)\to(0,0)} f(x,y)$。

代码如下：

```
syms x y
f = (1 + 1/(x * y))^(x * sin(y));
f1 = limit(limit(f,x,0),y,0)
```

运行结果如下：

```
f1 =
     1
```

所以，$\lim\limits_{(x,y)\to(0,0)} f(x,y)=1$。

**【例 4.4】** 设 $f(x,y)=\dfrac{x^2+y^2}{\sqrt{1+x^2+y^2}-1}$，求 $\lim\limits_{x\to 0,y\to 0} f(x,y)$。

代码如下：

```
syms x y
```

```
f = (x^2 + y^2)/(sqrt(1 + x^2 + y^2) - 1);
f1 = limit(limit(f,x,0),y,0)
```

运行结果如下：

```
f1 =
    2
```

所以，$\lim\limits_{x\to 0,y\to 0} f(x,y)=2$。

【例 4.5】　设 $f(x,y)=\dfrac{xy}{\sqrt{x^2+y^2}}$，求 $\lim\limits_{x\to 0,y\to 0} f(x,y)$。

代码如下：

```
syms x y
f = (x * y)/(sqrt(x^2 + y^2));
f1 = limit(limit(f,x,0),y,0)
```

运行结果如下：

```
f1 =
    0
```

所以，$\lim\limits_{x\to 0,y\to 0} f(x,y)=0$。

## 4.2　偏导数

求偏导数和求一元函数的导数一样，只要把不相关的量视为常量即可。

【例 4.6】　设 $f(x,y)=x+y-\sqrt{x^2+y^2}$，求 $f'_x(3,4)$和 $f'_y(3,4)$。

代码 1 如下：

```
syms x y
fx = diff(x + y - sqrt(x^2 + y^2),x)
```

运行结果如下：

```
fx =
    1 - 1/(x^2 + y^2)^(1/2) * x
```

代码 2 如下：

```
syms x y
fy = diff(x + y - sqrt(x^2 + y^2),y)
```

运行结果如下：

```
fy =
    1 - 1/(x^2 + y^2)^(1/2) * y
```

代码 3 如下：

```
x = 3;y = 4;
fx  = 1 - 1/(x^2 + y^2)^(1/2) * x
```

运行结果如下：

```
fx  =
    0.4000
>> fy  = 1 - 1/(x^2 + y^2)^(1/2) * y
fy  =
    0.2000
```

所以，$f'_x(3,4)=0.4$，$f'_y(3,4)=0.2$。

**【例 4.7】** 设 $u=f(x,y,z)=e^{x^2+y^2+z^2}$，$z=x^2\sin y$，求$\frac{\partial u}{\partial x}$，$\frac{\partial u}{\partial y}$。

代码 1 如下：

```
syms x y z u
z = (x^2) * sin(y);
u =  exp(x^2 + y^2 + z^2);
f1 = diff(u,x)
```

运行结果如下：

```
f1  =
    (2 * x + 4 * x^3 * sin(y)^2) * exp(x^2 + y^2 + x^4 * sin(y)^2)
```

代码 2 如下：

```
syms x y z u
z = (x^2) * sin(y);
u = exp(x^2 + y^2 + z^2);
f2 = diff(u,y)
```

运行结果如下：

```
f2  =
    (2 * y + 2 * x^4 * sin(y) * cos(y)) * exp(x^2 + y^2 + x^4 * sin(y)^2)
```

所以，$\frac{\partial u}{\partial x}=(2x+4x^3(\sin y)^2)e^{x^2+y^2+x^4(\sin y)^2}$，$\frac{\partial u}{\partial y}=(2y+2x^4(\sin y)(\cos y))e^{x^2+y^2+x^4(\sin y)^2}$。

**【例 4.8】** 已知，$f=2x^2+xy+y^3$，求$\frac{\partial f}{\partial x}$，$\frac{\partial f}{\partial y}$，$\frac{\partial}{\partial y}\frac{\partial f}{\partial y}$，$\frac{\partial}{\partial y}\frac{\partial}{\partial y}\frac{\partial f}{\partial y}$，$\frac{\partial}{\partial y}\frac{\partial}{\partial y}\frac{\partial}{\partial y}\frac{\partial f}{\partial y}$。

代码如下：

```
syms x y
f = 2 * x^2 + x * y + y^3;
dfdx = diff(f,x)
```

运行结果如下：

```
dfdx  =
    4 * x + y
```

所以，$\frac{\partial f}{\partial x}=4x+y$。

```
>> dfdx = diff(f,y)
dfdx =
    x + 3 * y^2
```

所以，$\frac{\partial f}{\partial y}=x+3y^2$。

```
>> dfdx = diff(dfdx,y)
dfdx =
    6 * y
```

所以，$\frac{\partial}{\partial y}\frac{\partial f}{\partial y}=6y$。

```
>> dfdxdy = diff(dfdx,y)
dfdxdy =
    6
```

所以，$\frac{\partial}{\partial y}\frac{\partial}{\partial y}\frac{\partial f}{\partial y}=6$。

```
>> dfdxdy = diff(dfdx,x)
dfdxdy =
    0
```

所以，$\frac{\partial}{\partial y}\frac{\partial}{\partial y}\frac{\partial}{\partial y}\frac{\partial f}{\partial y}=0$。

**【例 4.9】** 设 $f=x^y\sin 3x$，求关于 $x$ 和 $y$ 的偏导数。

代码如下：

```
syms x y
f = x^y * sin(3 * x);
dfdx = diff(f,x)
dfdy = diff(f,y)
```

运行结果如下：

```
dfdx =
    x^y * y/x * sin(3 * x) + 3 * x^y * cos(3 * x)
dfdy =
    x^y * log(x) * sin(3 * x)
```

所以，$\frac{\partial f}{\partial x}=x^y y/x\sin(3x)+3x^y\cos(3x)$，$\frac{\partial f}{\partial y}=x^y\ln(x)\sin(3x)$。

**【例 4.10】** 设 $f=\mathrm{e}^{x+y}\cos(y-x)$，求关于 $x$ 和 $y$ 的偏导数。

代码如下：

```
syms x y
f = exp(x + y) * cos(y - x);
```

```
dfdx = diff(f,x)
dfdy = diff(f,y)
```

运行结果如下：

```
dfdx =
    exp(x + y) * cos( - y + x) - exp(x + y) * sin( - y + x)
dfdy =
    exp(x + y) * cos( - y + x) + exp(x + y) * sin( - y + x)
```

所以，$\frac{\partial f}{\partial x}=e^{x+y}\cos(x-y)-e^{x+y}\sin(x-y)$，$\frac{\partial f}{\partial y}=e^{x+y}\cos(x-y)+e^{x+y}\sin(x-y)$。

## 4.3 隐函数的偏导数

隐函数求偏导的方法为

(1) $F(x,y)=0$ 确定 $y=y(x)$时，$\frac{dy}{dx}=-\frac{F'_x}{F'_y}$，$(F'_y\neq 0)$。

(2) $F(x,y,z)=0$ 确定 $z=z(x,y)$时，$\frac{\partial z}{\partial x}=-\frac{F'_x}{F'_z}$，$(F'_z\neq 0)$。

(3) 方程组$\begin{cases}F(x,y,u,v)=0\\G(x,y,u,v)=0\end{cases}$确定$\begin{cases}u=u(x,y)\\v=v(x,y)\end{cases}$时，若 $J=\frac{\partial(F,G)}{\partial(u,v)}\neq 0$，则

$$\frac{\partial u}{\partial x}=-\frac{1}{J}\frac{\partial(F,G)}{\partial(x,v)},\quad \frac{\partial v}{\partial x}=-\frac{1}{J}\frac{\partial(F,G)}{\partial(u,x)}$$

$$\frac{\partial u}{\partial y}=-\frac{1}{J}\frac{\partial(F,G)}{\partial(y,v)},\quad \frac{\partial v}{\partial y}=-\frac{1}{J}\frac{\partial(F,G)}{\partial(u,y)}$$

**【例 4.11】** 计算方程 $xyz^3+x^2+y^3-z=0$ 在原点附近确定的隐函数 $z=f(x,y)$的偏导数$\frac{\partial z}{\partial x}$和$\frac{\partial z}{\partial y}$。

代码如下：

```
syms x y z
f = x * y * z^3 + x^2 + y^3 - z;
dfdx = - diff(f,x)/diff(f,z)
dfdy = - diff(f,y)/diff(f,z)
```

运行结果如下：

```
dfdx =
    ( - y * z^3 - 2 * x)/(3 * x * y * z^2 - 1)
dfdy =
    ( - x * z^3 - 3 * y^2)/(3 * x * y * z^2 - 1)
```

所以，$\frac{\partial z}{\partial x}=\frac{-yz^3-2x}{3xyz^2-1}$，$\frac{\partial z}{\partial y}=\frac{-xz^3-3y^2}{3xyz^2-1}$。

【例 4.12】　计算隐函数组的偏导数问题。

设$\begin{cases}xu-yv=0\\yu+xv=1\end{cases}$，求$\frac{\partial u}{\partial x},\frac{\partial u}{\partial y},\frac{\partial v}{\partial x},\frac{\partial v}{\partial y}$。

代码如下：

```
syms x y u v
f = x * u - y * v;
h = y * u + x * v - 1;
G = [f,h];
% 计算 jacobian 雅可比行列式
jaco = jacobian(G,[u,v]);
jaco = det(jaco);
% 计算偏导数
ux = - det(jacobian(G,[x,v]))/jaco
uy = - det(jacobian(G,[y,v]))/jaco
vx = - det(jacobian(G,[u,x]))/jaco
vy = - det(jacobian(G,[u,y]))/jaco
```

运行结果如下：

```
ux =
   ( - x * u - y * v)/(x^2 + y^2)
uy =
   (x * v - y * u)/(x^2 + y^2)
vx =
   ( - x * v + y * u)/(x^2 + y^2)
vy =
   ( - x * u - y * v)/(x^2 + y^2)
```

所以，$\frac{\partial u}{\partial x}=\frac{-xu-yv}{x^2+y^2}$，$\frac{\partial u}{\partial y}=\frac{xv-yu}{x^2+y^2}$，$\frac{\partial v}{\partial x}=\frac{-xv+yu}{x^2+y^2}$，$\frac{\partial v}{\partial y}=\frac{-xu-yv}{x^2+y^2}$。

## 4.4　全微分

若二元函数 $z=f(x,y)$在某区域 $G$ 上每点可微，则

$$\mathrm{d}z=f_x(x,y)\mathrm{d}x+f_y(x,y)\mathrm{d}y$$

称为函数 $z=f(x,y)$的全微分。

类似地，$n$ 元函数 $u=f(x_1,x_2,\cdots,x_n)$的全微分为

$$\mathrm{d}u=\frac{\partial u}{\partial x_1}\mathrm{d}x_1+\frac{\partial u}{\partial x_2}\mathrm{d}x_2+\cdots+\frac{\partial u}{\partial x_n}\mathrm{d}x_n$$

【例 4.13】　设函数 $z=x^2y+y^2$，求 $z$ 的全微分。

代码如下：

```
syms x y dx dy
z1 = x^2 * y + y^2;
dz1 = diff(z1,x) * dx + diff(z1,y) * dy
```

运行结果如下：

```
dz1 =
    2 * x * y * dx + (x^2 + 2 * y) * dy
```

所以，$dz = 2xy\,dx + (x^2 + 2y)\,dy$。

**【例 4.14】** 设函数 $u = x + \sin\frac{y}{2} + e^{yz}$，求 $u$ 的全微分。

代码如下：

```
syms x y z dx dy dz
u1 = x + sin(y/2) + exp(y * z);
du = diff(u1,x) * dx + diff(u1,y) * dy + diff(u1,z) * dz
```

运行结果如下：

```
du =
    dx + (1/2 * cos(1/2 * y) + z * exp(y * z)) * dy + y * exp(y * z) * dz
```

所以，$du = dx + \left(\frac{1}{2}\cos\left(\frac{1}{2}y\right) + ze^{yz}\right)dy + ye^{yz}\,dz$。

**【例 4.15】** 设函数 $u = \arctan\frac{x+y}{x-y}$，求 $du$。

代码如下：

```
syms x y dx dy
u1 = atan((x + y)/(x - y));
du = diff(u1,x) * dx + diff(u1,y) * dy
```

运行结果如下：

```
du =
    (1/(x - y) - (x + y)/(x - y)^2)/(1 + (x + y)^2/(x - y)^2) * dx + (1/(x - y) + (x + y)/(x - y)^
2)/(1 + (x + y)^2/(x - y)^2) * dy
>> simple(du)
ans =
    ( - y * dx + x * dy)/(x^2 + y^2)
```

所以，$du = \frac{1}{x^2 + y^2}(-y\,dx + x\,dy)$。

# 4.5 方向导数

偏导数反映的是函数沿坐标轴方向的变化率，函数沿任一指定方向的变化率则称方向导数。

在图 4-3 中，若函数 $f(x,y,z)$ 在点 $P_0(x_0,y_0,z_0)$ 可微，则 $f(x,y,z)$ 在点 $P_0$ 沿任何方向 $l$ 的方向导数都存在，且有以下公式：

$$\frac{\partial f(P_0)}{\partial l}=\frac{\partial f(P_0)}{\partial x}\cos\alpha+\frac{\partial f(P_0)}{\partial y}\cos\beta+\frac{\partial f(P_0)}{\partial z}\cos\gamma$$

其中，$\cos\alpha$，$\cos\beta$，$\cos\gamma$ 是 $l$ 的方向余弦。

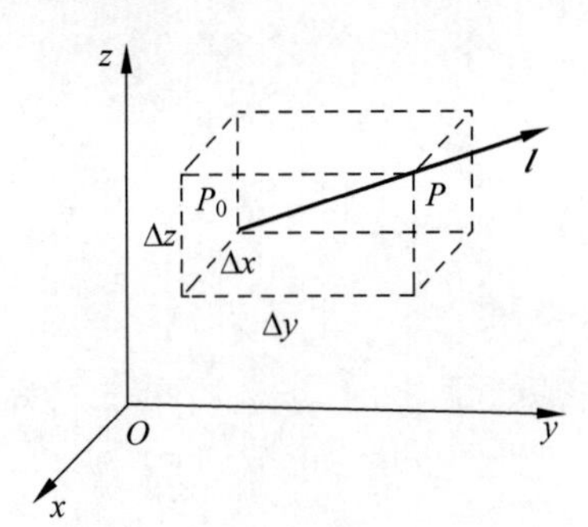


图 4-3　方向导数

对于二元函数 $u=f(x,y)$，其在 $P_0(x_0,y_0)$ 点沿任一方向 $l=(\cos\alpha,\cos\beta)$ 的方向导数为

$$\begin{aligned}\frac{\partial f(x_0,y_0)}{\partial l}&=\frac{\partial f(x_0,y_0)}{\partial x}\cos\alpha+\frac{\partial f(x_0,y_0)}{\partial y}\cos\beta\\&=\left(\frac{\partial f}{\partial x},\frac{\partial f}{\partial y}\right)\Big|_{(x_0,y_0)}\cdot(\cos\alpha,\cos\beta)\end{aligned}$$

**【例 4.16】**　求函数 $u=xy^2+z^3-xyz$ 在点(1,1,2)处沿方向 $l$ 的方向导数，$l$ 的方向角分别为 60°，45°，60°。

代码如下：

```
syms x y z
f = x * y^2 + z^3 - x * y * z;
dfdx = diff(f,x)
dfdy = diff(f,y)
dfdz = diff(f,z)
```

运行结果如下：

```
dfdx =
    y^2 - y * z
dfdy =
    2 * x * y - x * z
dfdz =
    3 * z^2 - x * y
```

$l$ 的方向余弦为

$$(\cos60^\circ,\cos45^\circ,\cos60^\circ)=\left(\frac{1}{2},\frac{\sqrt{3}}{2},\frac{1}{2}\right)$$

又 $\left(\frac{\partial f}{\partial x},\frac{\partial f}{\partial y},\frac{\partial f}{\partial z}\right)\Big|_{(1,1,2)}=(y^2-yz,2xy-xz,3z^2-xy)\Big|_{(1,1,2)}=(-1,0,11)$

因此，$\frac{\partial f}{\partial l}\Big|_{(1,1,2)}=(-1,0,11)\cdot\left(\frac{1}{2},\frac{\sqrt{3}}{2},\frac{1}{2}\right)=-1\times\frac{1}{2}+0\times\frac{\sqrt{3}}{2}+11\times\frac{1}{2}=5$。

**【例 4.17】** 求函数 $u=xyz$ 在点 $M(5,1,2)$ 处沿从点 $(5,1,2)$ 到点 $(9,4,14)$ 的方向 $l$ 的方向导数 $\left.\frac{\partial u}{\partial l}\right|_M$。

代码如下：

```
syms x y z
f = x * y * z;
dfdx = diff(f,x)
dfdy = diff(f,y)
dfdz = diff(f,z)
```

运行结果如下：

```
dfdx =
   y * z
dfdy =
   x * z
dfdz =
   x * y
```

$$\left.\left(\frac{\partial f}{\partial x},\frac{\partial f}{\partial y},\frac{\partial f}{\partial z}\right)\right|_{(5,1,2)}=(yz,xz,xy)\,|_{(5,1,2)}=(2,10,5)$$

设点 $(5,1,2)$ 的坐标为 $(x_1,y_1,z_1)$，点 $(9,4,14)$ 的坐标为 $(x_2,y_2,z_2)$，则起点在 $M$ 处的直线 $l$ 的方向余弦为

$$\cos\alpha=\left.\frac{x_2-x_1}{\sqrt{(x_2-x_1)^2+(y_2-y_1)^2+(z_2-z_1)^2}}\right|_{(5,1,2)}=\frac{9-5}{\sqrt{(9-5)^2+(4-1)^2+(14-2)^2}}=\frac{4}{13}$$

$$\cos\beta=\left.\frac{y_2-y_1}{\sqrt{(x_2-x_1)^2+(y_2-y_1)^2+(z_2-z_1)^2}}\right|_{(5,1,2)}=\frac{4-1}{\sqrt{(9-5)^2+(4-1)^2+(14-2)^2}}=\frac{3}{13}$$

$$\cos\gamma=\left.\frac{z_2-z_1}{\sqrt{(x_2-x_1)^2+(y_2-y_1)^2+(z_2-z_1)^2}}\right|_{(5,1,2)}=\frac{14-2}{\sqrt{(9-5)^2+(4-1)^2+(14-2)^2}}=\frac{12}{13}$$

所以，$\left.\frac{\partial u}{\partial l}\right|_M=\frac{\partial u}{\partial x}\cos\alpha+\frac{\partial u}{\partial y}\cos\beta+\frac{\partial u}{\partial z}\cos\gamma=2\times\frac{4}{13}+10\times\frac{3}{13}+5\times\frac{12}{13}=\frac{98}{13}$。

## 4.6 求梯度

数量场 $u$ 在任一点的梯度是一个向量，它的方向是数量函数 $u$ 在这点增长最快的方向，而它的大小则等于 $u$ 在这点沿该方向的方向导数。

在 MATLAB 中，使用函数 gradient()计算梯度值。其调用格式为：

fx=gradient(F)返回向量 $\boldsymbol{F}$ 的一维数值梯度 $f_x$，$f_x$ 相应于 $\frac{\partial f}{\partial x}$，即 $x$ 方向的差分。

[fx,fy]=gradient(F)计算矩阵 $\boldsymbol{F}$ 的梯度的 $x$ 和 $y$ 分量，$f_x$ 相应于 $\frac{\partial f}{\partial x}$，即 $x$ 方向(列)

的差分。而 $f_y$ 相应于$\frac{\partial f}{\partial y}$,即 $y$ 方向(行)的差分。

[fx,fy,fz,…]=gradient(F)返回多维数组 $F$ 的梯度的 $N$ 个分量 $f_x, f_y, f_z, \cdots$,其中,$F$ 具有 $n$ 维。

**【例 4.18】** 计算 $z=(x^2-x)\mathrm{e}^{-2x+y}$ 的梯度。

代码如下:

```
[x,y] = meshgrid(0:0.2:1,1:0.2:1.8)                    % 生成数据点矩阵
z = (x.^2 - x). * exp( - 2 * x + y);                   % 计算 x、y 方向的梯度
[fx,fy] = gradient(z)
```

运行结果如下:

```
fx =
    - 0.2915    - 0.1466     0.0475    0.1027    0.0982    0.0878
    - 0.3561    - 0.1790     0.0580    0.1254    0.1200    0.1073
    - 0.4349    - 0.2187     0.0709    0.1532    0.1466    0.1310
    - 0.5312    - 0.2671     0.0866    0.1871    0.1790    0.1600
    - 0.6488    - 0.3262     0.1058    0.2285    0.2187    0.1954
fy =
           0    - 0.0645   - 0.0649  - 0.0435  - 0.0194         0
           0    - 0.0717   - 0.0721  - 0.0483  - 0.0216         0
           0    - 0.0876   - 0.0880  - 0.0590  - 0.0264         0
           0    - 0.1070   - 0.1075  - 0.0721  - 0.0322         0
           0    - 0.1176   - 0.1183  - 0.0793  - 0.0354         0
```

**【例 4.19】** 计算函数 $u=\ln(x^2+y^2+z^2)$在点 $M(1,2,-2)$处的梯度。

代码如下:

```
syms x y z
f = log(x^2 + y^2 + z^2);
grad_1 = [diff(f,x),diff(f,y),diff(f,z)];
grad_2 = simple(grad_1)
```

运行结果如下:

```
grad_1 =
    [ 2 * x/(x^2 + y^2 + z^2), 2 * y/(x^2 + y^2 + z^2), 2 * z/(x^2 + y^2 + z^2)]
>> grad_2 = subs(grad_1,{x,y,z},{sym('1'),sym('2'),sym('- 2')})
grad_2 =
    [   2/9,  4/9, - 4/9]
```

可见,$u=\ln(x^2+y^2+z^2)$在点 $M(1,2,-2)$处的梯度为$\frac{2}{9}\{1,2,-2\}$。

## 4.7 求梯度、Jacobi 矩阵与 Hesse 矩阵

在多元微积分中,经常会遇到梯度、雅可比(Jacobi)矩阵与黑塞(Hesse)矩阵。数量函数 $f$ 对于向量$[x_1, x_2, \cdots, x_n]$的梯度为

$$\left[\frac{\partial f}{\partial x_1},\frac{\partial f}{\partial x_2},\cdots,\frac{\partial f}{\partial x_n}\right]$$

向量 $\boldsymbol{f}=[f_1,f_2,\cdots,f_m]$对于向量$[x_1,x_2,\cdots,x_n]$的 Jacobi 矩阵为

$$\begin{bmatrix}\frac{\partial f_1}{\partial x_1} & \cdots & \frac{\partial f_1}{\partial x_n}\\ \vdots & \ddots & \vdots\\ \frac{\partial f_m}{\partial x_1} & \cdots & \frac{\partial f_m}{\partial x_n}\end{bmatrix}$$

黑塞(Hesse)矩阵为

$$\begin{bmatrix}\frac{\partial^2 f_1}{\partial x_1^2} & \cdots & \frac{\partial^2 f_1}{\partial x_1\partial x_n}\\ \vdots & \ddots & \vdots\\ \frac{\partial^2 f_m}{\partial x_1\partial x_n} & \cdots & \frac{\partial^2 f_m}{\partial x_n^2}\end{bmatrix}$$

**【例 4.20】** 计算数量场 $r=\sqrt{x^2+y^2+z^2}$ 的梯度。

代码如下：

```
% 计算梯度
syms x y z r;
r = sqrt(x^2 + y^2 + z^2);
grad1 = [diff(r,x),diff(r,y),diff(r,z)]
% [fx,fy,fz] = gradient(r,[x,y,z])
```

运行结果如下：

```
grad1 =
    [ 1/(x^2 + y^2 + z^2)^(1/2) * x, 1/(x^2 + y^2 + z^2)^(1/2) * y, 1/(x^2 + y^2 + z^2)^(1/2) * z]
```

所以，$r$ 的梯度$=\left(\frac{x}{\sqrt{x^2+y^2+z^2}},\frac{y}{\sqrt{x^2+y^2+z^2}},\frac{z}{\sqrt{x^2+y^2+z^2}}\right)$。

**【例 4.21】** 已知空间直角坐标系$(x,y,z)$到球坐标系$(r,\varphi,\theta)$的变换公式为

$$\begin{cases}x=r\cos\varphi\cos\theta\\ y=r\sin\varphi\sin\theta\\ z=r\cos\varphi\end{cases}$$

计算 Jacobi 矩阵$\frac{\partial(x,y,z)}{\partial(r,\varphi,\theta)}$的值。

代码如下：

```
% 计算 Jacobi 矩阵
syms r fa th;
x = r * sin(fa) * cos(th);
y = r * sin(fa) * sin(th);
z = r * cos(fa);
jaco = jacobian([x,y,z],[r fa th])
```

运行结果如下：

```
jaco =
    [     sin(fa) * cos(th), r * cos(fa) * cos(th), - r * sin(fa) * sin(th)]
    [     sin(fa) * sin(th), r * cos(fa) * sin(th),    r * sin(fa) * cos(th)]
    [               cos(fa),          - r * sin(fa),                       0]
```

所以，Jacobi 矩阵 $=\begin{bmatrix}\sin(\varphi)\cos(\theta) & r\cos(\varphi)\cos(\theta) & -r\sin(\varphi)\sin(\theta)\\ \sin(\varphi)\sin(\theta) & r\cos(\varphi)\sin(\theta) & r\sin(\varphi)\cos(\theta)\\ \cos(\varphi) & -r\sin(\varphi) & 0\end{bmatrix}$。

**【例 4.22】** 已知函数 $f=xy\sin(x+5y)$，计算其 Hesse 矩阵，并绘出函数 $f$ 及 Hesse 矩阵元素的图像。

代码 1 如下：

```
% 计算 Hesse 矩阵
syms x y;
f = (x * y) * sin(x + 5 * y);
df11 = diff(diff(f,x),x);
df12 = diff(diff(f,y),x);
df21 = diff(diff(f,x),y);
df22 = diff(diff(f,y),y);
hesse = [df11 df12; df21 df22];
hesse = simple(hesse)
```

运行结果如下：

```
Hesse =
    [ 2 * y * cos(x + 5 * y) - x * y * sin(x + 5 * y), sin(x + 5 * y) + x * cos(x + 5 * y) + 5 * y * cos(x +
5 * y) - 5 * x * y * sin(x + 5 * y)]
    [ sin(x + 5 * y) + x * cos(x + 5 * y) + 5 * y * cos(x + 5 * y) - 5 * x * y * sin(x + 5 * y), 10 * x *
cos(x + 5 * y) - 25 * x * y * sin(x + 5 * y)]
```

所以，$f$ 的 Hesse 矩阵 $=$

$$\begin{bmatrix}2y\cos(x+5y)-xy\sin(x+5y) & \sin(x+5y)+x\cos(x+5y)+5y\cos(x+5y)-5xy\sin(x+5y)\\ \sin(x+5y)+x\cos(x+5y)+5y\cos(x+5y)-5xy\sin(x+5y) & 10x\cos(x+5y)-25xy\sin(x+5y)\end{bmatrix}$$

代码 2 如下：

```
ezsurf(f)
figure(2)
subplot(2,2,1), ezsurf(df11)
subplot(2,2,2), ezsurf(df12)
subplot(2,2,3), ezsurf(df21)
subplot(2,2,4), ezsurf(df22)
```

函数 $f=xy\sin(x+5y)$ 的图形如图 4-4 所示，图 4-5 为计算出的 Hesse 矩阵的四个元素的图像。

**【例 4.23】** 计算三维函数 $f=(x+y)e^z$ 的 Hesse 矩阵。

代码如下：

```
clear
```

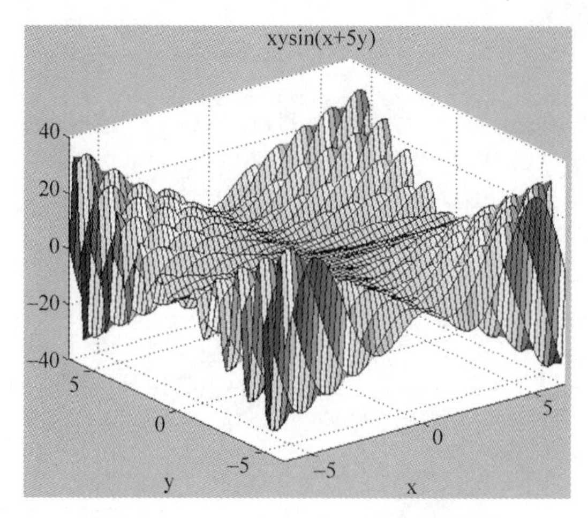


图 4-4 $f=xy\sin(x+5y)$的函数图像

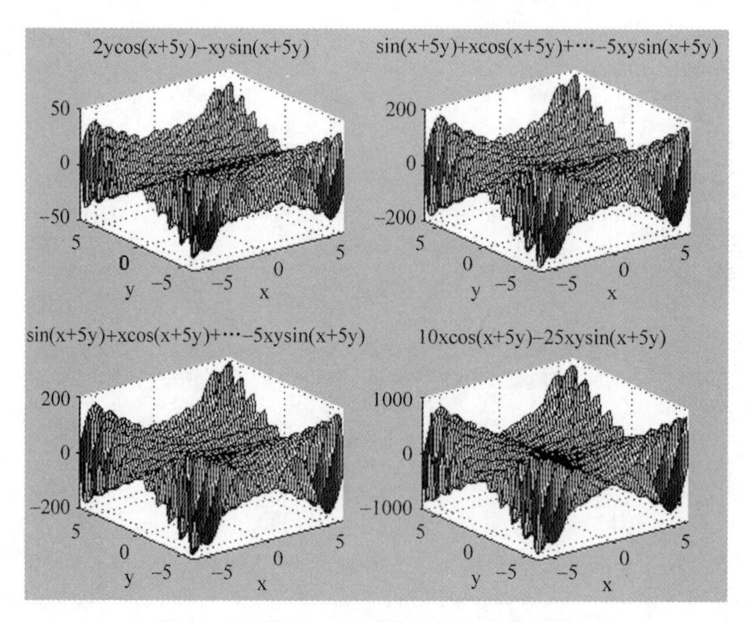


图 4-5 计算 Hesse 矩阵的四个元素的图像

```
syms x y z
t = (x + y) * exp(z);
hesse2 = jacobian(jacobian(t,[x,y,z]),[x,y,z])
```

运行结果如下：

```
hesse2 =
[          0,           0,        exp(z)]
[          0,           0,        exp(z)]
[     exp(z),      exp(z), (x + y) * exp(z)]
```

所以，$f=(x+y)e^z$ 的 Hesse 矩阵$=\begin{bmatrix}0 & 0 & e^z \\ 0 & 0 & e^z \\ e^z & e^z & (x+y)e^z\end{bmatrix}$。

## 4.8 求梯度、散度、旋度

梯度、散度和旋度是矢量分析里的重要概念。之所以是“分析”,因为三者是三种偏导数计算形式。它们的符号分别记作:

$$\text{grad}\varphi \leftrightarrow \nabla\varphi$$

$$\text{div}\boldsymbol{F} \leftrightarrow \nabla\cdot\boldsymbol{F}$$

$$\text{rot}\boldsymbol{F} \leftrightarrow \nabla\times\boldsymbol{F}$$

从符号中可以获得以下信息:

(1) 求梯度是针对一个标量函数,得到的结果是一个向量函数,这里,$\varphi$ 称为势函数;

(2) 求散度则是针对一个向量函数,得到的结果是一个标量函数,这点跟梯度是相反的;

(3) 求旋度是针对一个向量函数,得到的结果还是一个向量函数。

这三种关系可以从定义式很直观地看出,因此可以求“梯度的散度”“散度的梯度”“梯度的旋度”“旋度的散度”和“旋度的旋度”,只有旋度可以连续作用两次。梯度、散度和旋度的计算式依次为

$$\text{grad}\varphi = \nabla\varphi = \boldsymbol{i}\,\frac{\partial\varphi}{\partial x} + \boldsymbol{j}\,\frac{\partial\varphi}{\partial y} + \boldsymbol{k}\,\frac{\partial\varphi}{\partial z}$$

$$\text{div}\boldsymbol{F} = \nabla\cdot\boldsymbol{F} = \frac{\partial F_x}{\partial x} + \frac{\partial F_y}{\partial y} + \frac{\partial F_z}{\partial z}$$

$$\text{rot}\boldsymbol{F} = \nabla\times\boldsymbol{F} = \begin{vmatrix} \boldsymbol{i} & \boldsymbol{j} & \boldsymbol{k} \\ \dfrac{\partial}{\partial x} & \dfrac{\partial}{\partial y} & \dfrac{\partial}{\partial z} \\ F_x & F_y & F_z \end{vmatrix}$$

其中,$\nabla=\left(\dfrac{\partial}{\partial x},\dfrac{\partial}{\partial y},\dfrac{\partial}{\partial z}\right)$称为哈密顿算子。

把$\nabla$看作向量,梯度就是$\nabla$与数量 $\varphi$ 的数乘,即$\nabla\varphi$;散度就是$\nabla$与向量 $\boldsymbol{F}$ 的点乘,即$\nabla\cdot\boldsymbol{F}$;旋度就是$\nabla$与向量 $\boldsymbol{F}$ 的叉乘,即$\nabla\times\boldsymbol{F}$。

**【例 4.24】** 已知,$F(x,y,z)=\boldsymbol{i}(x^2yz)+\boldsymbol{j}(xy^2z)+\boldsymbol{k}(xyz^2)$,计算 $F(x,y,z)$的散度和旋度。

代码如下:

```
syms x y z
P = x^2 * y * z;
Q = x * y^2 * z;
R = x * y * z^2;
div_1 = diff(P,x) + diff(Q,y) + diff(R,z)
rot_1 = [diff(R,y) - diff(Q,z),diff(P,z) - diff(R,x),diff(Q,x) - diff(P,y)]
div_2 = simple(div_1)
rot_2 = simple(rot_1)
```

运行结果如下：

```
div_1 =
    6 * x * y * z
rot_1 =
    [ x * z^2 - x * y^2, x^2 * y - y * z^2, y^2 * z - x^2 * z]
div_2 =
    6 * x * y * z
rot_2 =
    [ x * z^2 - x * y^2, x^2 * y - y * z^2, y^2 * z - x^2 * z]
```

所以，$F(x,y,z)$的散度为$6xyz$；旋度为$\boldsymbol{i}(xz^2-xy^2)+\boldsymbol{j}(x^2y-yz^2)+\boldsymbol{k}(y^2z-x^2z)$。

**【例 4.25】** 已知 $F(x,y,z)=\boldsymbol{i}(y^2+z^2)+\boldsymbol{j}(z^2+x^2)+\boldsymbol{k}(x^2+y^2)$，计算 $F(x,y,z)$的散度和旋度。

代码如下：

```
syms x y z
P = y^2 + z^2;
Q = z^2 + x^2;
R = x^2 + y^2;
div_1 = diff(P,x) + diff(Q,y) + diff(R,z)
rot_1 = [diff(R,y) - diff(Q,z),diff(P,z) - diff(R,x),diff(Q,x) - diff(P,y)]
```

运行结果如下：

```
div_1 =
    0
rot_1 =
    [ 2 * y - 2 * z, 2 * z - 2 * x, 2 * x - 2 * y]
```

因此，$F(x,y,z)$的散度为 0，旋度为$\boldsymbol{i}(2y-2z)+\boldsymbol{j}(2z-2x)+\boldsymbol{k}(2x-2y)$。

**【例 4.26】** 已知，$F(x,y,z)=\boldsymbol{i}\,\dfrac{x}{yz}+\boldsymbol{j}\,\dfrac{y}{xz}+\boldsymbol{k}\,\dfrac{z}{xy}$，计算 $F(x,y,z)$的散度和旋度。

代码如下：

```
syms x y z
P = x/(y * z);
Q = y/(x * z);
R = z/(x * y);
div_1 = diff(P,x) + diff(Q,y) + diff(R,z)
rot_1 = [diff(R,y) - diff(Q,z),diff(P,z) - diff(R,x),diff(Q,x) - diff(P,y)]
```

运行结果如下：

```
div_1 =
    1/y/z + 1/x/z + 1/x/y
rot_1 =
    [ - z/x/y^2 + y/x/z^2,  - x/y/z^2 + z/x^2/y,  - y/x^2/z + x/y^2/z]
```

因此，$F(x,y,z)$的散度为$\dfrac{1}{yz}+\dfrac{1}{xz}+\dfrac{1}{xy}$；旋度为$\boldsymbol{i}\left(-\dfrac{z}{xy^2}+\dfrac{y}{xz^2}\right)+\boldsymbol{j}\left(-\dfrac{x}{yz^2}+\dfrac{z}{x^2y}\right)+$

$\boldsymbol{k}\left(-\frac{y}{x^2 z}+\frac{x}{y^2 z}\right)$。

**【例 4.27】** 已知，$F(x,y,z)=\boldsymbol{i}(2x+y)+\boldsymbol{j}(4y+x+2z)+\boldsymbol{k}(2y-6z)$，计算 $F(x,y,z)$的散度和旋度。

代码如下：

```
syms x y z
P = 2 * x + y;
Q = 4 * y + x + 2 * z;
R = 2 * y - 6 * z;
div_1 = diff(P,x) + diff(Q,y) + diff(R,z)
rot_1 = [diff(R,y) - diff(Q,z),diff(P,z) - diff(R,x),diff(Q,x) - diff(P,y)]
```

运行结果如下：

```
div_1 =
   0
rot_1 =
   [ 0, 0, 0]
```

可见，$F(x,y,z)$的散度为 0，旋度为[0，0，0]。

因为 $\mathrm{div}\boldsymbol{F}=0$，$\mathrm{rot}\boldsymbol{F}=0$，所以，向量 $\boldsymbol{F}$ 形成的向量场为调和场。

## 4.9　二重积分

定积分是某种确定形式和的极限。而重积分的概念是定积分概念的直接推广。定积分的积分域是一个区间，比如从 $a$ 到 $b$，是一维的；二重积分的积分域是一个平面区域，是二维的；三重积分的积分域是一个空间区域，是三维的。

关于矩形区域上的二重积分的计算一般都是化重积分为累次积分。

**【例 4.28】** 求二重积分 $I=\iint\limits_D x^2 \mathrm{e}^{-y^2}\mathrm{d}x\mathrm{d}y$，其中 $D$ 是以(0,0)，(1,1)，(0,1)为顶点的三角形。

代码 1 如下：

```
x = [0,1,0,0];
y = [0,1,1,0];
fill(x,y,'r')
text(0.5,0.5,'\leftarrowy = x')
```

运行结果如图 4-6 所示。

代码 2 如下：

```
syms x y
I = int(int(x^2 * exp( - y^2),x,0,y),y,0,1)
```

运行结果如下：

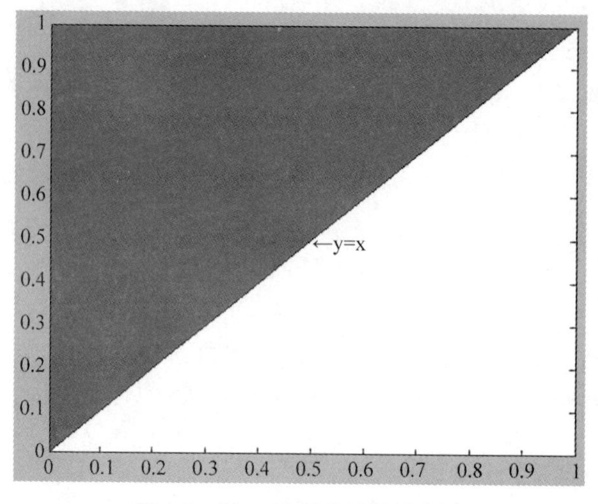


图 4-6　例 4.28 积分区域示意图

```
I =
    1/6 - 1/3 * exp( - 1)
```

所以，$I=\frac{1}{6}-\frac{1}{3}\mathrm{e}^{-1}$。

**【例 4.29】** 求二重积分 $I=\iint_D (x^2+y^2)\,\mathrm{d}x\mathrm{d}y$，其中 $D$：$\sqrt{2x-x^2}\leqslant y\leqslant\sqrt{4-x^2}$。

代码 1 如下：

```
x = linspace(0,2);
fplot('[sqrt(2 * x - x.^2), sqrt(4 - x.^2)]',[0,2])
fill([x,fliplr(x)], [sqrt(2 * x - x.^2),fliplr(sqrt(4 - x.^2))],'g')
axis equal
```

运行结果如图 4-7 所示。

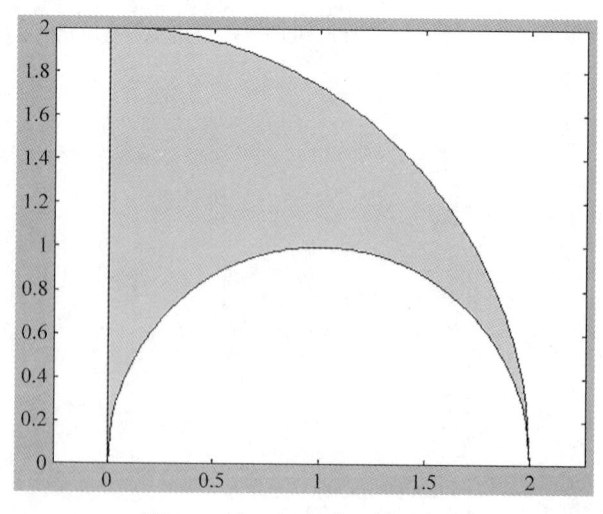

图 4-7　例 4.29 积分区域示意图

代码 2 如下：

```
syms rho theta
I = int(int(rho^2 * rho,rho,2 * cos(theta),2),theta,0,pi/2)
```

运行结果如下：

```
I =
    5/4 * pi
```

所以，$I=\frac{5\pi}{4}$。

**【例 4.30】** 求二重积分 $I=\int_0^1 \mathrm{d}y\int_0^{y^2} \frac{\sin(y)}{y}\mathrm{d}x$。

代码如下：

```
syms x y
I = int(int(sin(y)/y,x,0,y^2),y,0,1)
```

运行结果如下：

```
I =
    sin(1) - cos(1)
```

所以，$I=\int_0^1 \mathrm{d}y\int_0^{y^2} \frac{\sin(y)}{y}\mathrm{d}x=\sin 1-\cos 1$。

**【例 4.31】** 求二重积分 $I=\iint\limits_D \mathrm{e}^{x^2}\mathrm{d}x\mathrm{d}y$，其中 $D$ 是第一象限中由直线 $y=x$ 与 $y=x^3$ 所围成的封闭区域，如图 4-8 所示。

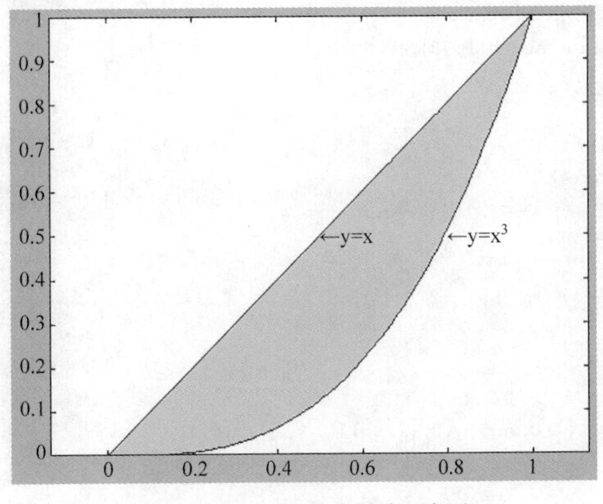


图 4-8 例 4.31 积分区域示意图

代码 1 如下：

```
x = linspace(0,1);
fplot('[x,x^3]',[0 1 0 1])
```

```
fill([x,fliplr(x)], [x,fliplr(x.^3)],'g')
text(0.5,0.5,'\leftarrowy = x')
text(0.5,0.8,'\leftarrowy = x^3')
axis equal
```

运行结果是绘出如图 4-8 所示的积分区域示意图。

代码 2 如下：

```
syms x y
z = exp(x^2);
int1 = int(z,y,x^3,x);
I = int(int1,x,0,1)
```

运行结果如下：

```
I =
    - 1 + 1/2 * exp(1)
```

所以，$I=\iint\limits_{D} \mathrm{e}^{x^2}\,\mathrm{d}x\,\mathrm{d}y=\frac{\mathrm{e}}{2}-1$。

# 4.10 三重积分

**【例 4.32】** 求三重积分 $I=\iiint\limits_{\Omega} x\,\mathrm{d}v$，其中 $\Omega$ 由曲面 $z=xy$、平面 $x+y+z=1$ 及 $z=0$ 围成。

代码 1 如下：

```
[X,Y] = meshgrid(linspace(0,1,30));
mesh(X,Y,X. * Y)
hold on
mesh(X,Y,1 - X - Y)
mesh(X,Y,zeros(size(X)))
hidden off
view([60,10])
```

运行结果如图 4-9 所示。

代码 2 如下：

```
syms x y z
I1 = int(int(int(x,z,0,x * y),y,0,(1 - x)/(1 + x)),x,0,1)
```

运行结果如下：

```
I1 =
    25/6 - 6 * log(2)
```

所以，$I=\iiint\limits_{\Omega} x\,\mathrm{d}v=\frac{25}{6}-6\ln 2$。

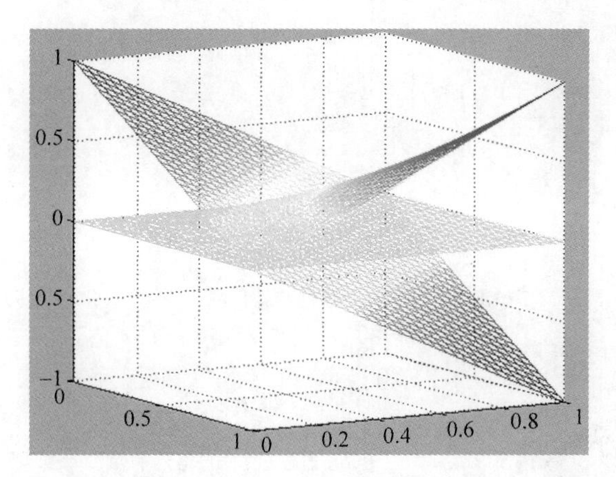


图 4-9 例 4.32 积分区域示意图

**【例 4.33】** 求三重积分 $I=\iiint\limits_{\Omega} y\sqrt{1-x^2}\,\mathrm{d}x\,\mathrm{d}y\,\mathrm{d}z$，其中 $\Omega$ 由曲面 $y=-\sqrt{1-x^2-z^2}$，$x^2+z^2=1$ 和平面 $y=1$ 围成。

代码 1 如下：

```
[theta,rho] = meshgrid(linspace(0,2 * pi),linspace(0,1 - eps));
[X,Z] = pol2cart(theta,rho);
surf(X, - sqrt(1 - X.^2 - Z.^2),Z)
hold on
[X1,Y1,Z1] = cylinder(ones(1,20),40);
surf(X1,Z1,Y1)
surf(X,ones(size(X)),Z)
shading flat
view([ - 100,30])
axis equal
```

运行结果如图 4-10 所示。

代码 2 如下：

```
syms x y z
I = int(int(int(y * sqrt(1 - x^2),y, - sqrt(1 - x^2 - z^2),
1),z, - sqrt(1 - x^2),sqrt(1 - x^2)),x, - 1,1)
```

运行结果如下：

```
I =
    28/45
```

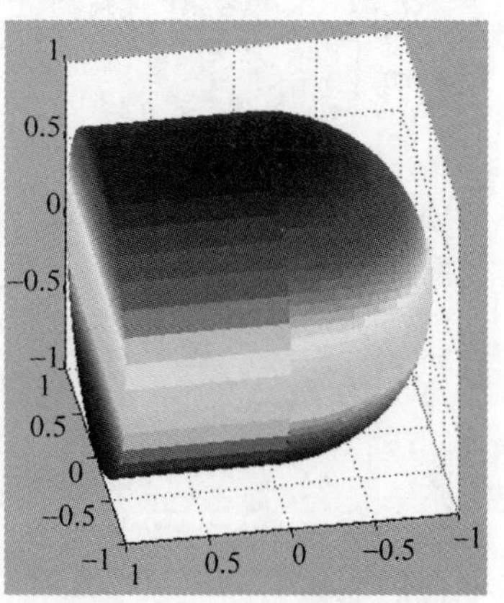


图 4-10 例 4.33 积分区域示意图

所以，$I=\iiint\limits_{\Omega} y\sqrt{1-x^2}\,\mathrm{d}x\,\mathrm{d}y\,\mathrm{d}z=\dfrac{28}{45}$。

**【例 4.34】** 求三重积分 $I=\iiint\limits_{\Omega} z\sqrt{x^2+y^2}\,\mathrm{d}x\,\mathrm{d}y\,\mathrm{d}z$，其中 $\Omega$ 为由柱面 $x^2+z^2=2x$ 及平面 $z=0,z=a,y=0$ 所围成的半圆柱体。

代码 1 如下：

```
[X,Y,Z] = cylinder(ones(1,20),100);
Y(Y < 0) = 0;
surf(X + 1,Y,Z)
axis equal
shading flat
view([110,20])
set(gca,'Ztick',[0,1],'Zticklabel',{'0','a'})
```

运行结果如图 4-11 所示。

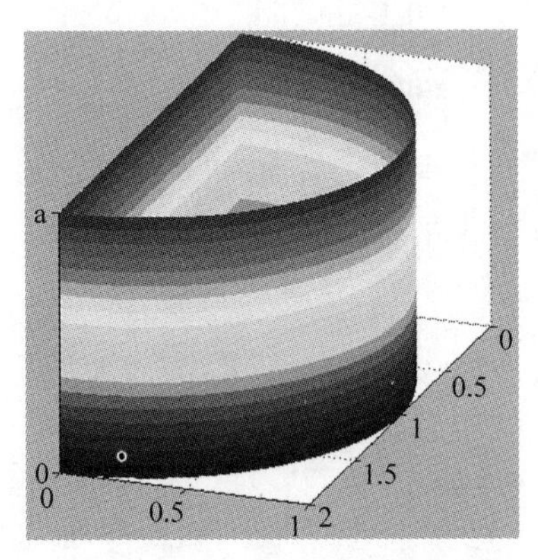

图 4-11　例 4.34 积分区域示意图

代码 2 如下：

```
syms rho theta z a
x = rho * cos(theta);
y = rho * sin(theta);
f = z * sqrt(x^2 + y^2);
L1 = int(int(int(f * rho,rho,0,2 * cos(theta)),theta,0,
pi/2),z,0,a)
```

运行结果如下：

```
L1 =
    8/9 * a^2
```

所以，$I=\iiint_{\Omega} z\sqrt{x^2+y^2}\,\mathrm{d}x\mathrm{d}y\mathrm{d}z=\frac{8a^2}{9}$。

**【例 4.35】** 求三重积分 $I=\iiint_{D} x\,\mathrm{d}x\mathrm{d}y\mathrm{d}z$，其中 $D$ 为由 $x=0,y=0,z=0,\frac{x}{a}+\frac{y}{b}+\frac{z}{c}=1(a,b,c>0)$ 所围成的立体区域。

代码 1 如下：

```
% syms x y z a b c
[x,y] = meshgrid(0:0.1:1);
z = 5 * (1 - x/3 - y/4);
c = rand(size(z));
surf(x,y,z,c);
colormap(cool);
colorbar;
```

运行结果如图 4-12 所示。

代码 2 如下：

```
syms x y z a b c
f = x;
int1 = int(f,z,0,c * (1 - x/a - y/b));
int2 = int(int1,y,0,b * (1 - x/a));
I = int(int2,x,0,a)
```

运行结果如下：

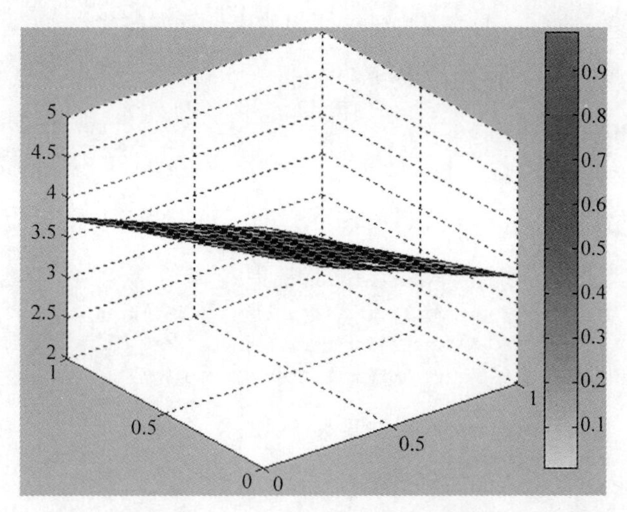


图 4-12　例 4.35 积分区域示意图

```
I =
    1/24 * c * b * a^2
```

所以，$I=\iiint\limits_D x\,\mathrm{d}x\,\mathrm{d}y\,\mathrm{d}z=\frac{1}{24}a^2bc$。

**【例 4.36】**　利用柱坐标计算三重积分 $I=\iiint\limits_D z\,\mathrm{d}x\,\mathrm{d}y\,\mathrm{d}z$，其中区域 $D$ 为半球体：$x^2+y^2+z^2\leqslant 1, z\geqslant 0$。

**解**：变为柱面坐标，则积分区域为不等式

$$0\leqslant\theta\leqslant 2\pi,\quad r^2+z^2\leqslant 1,\quad 0\leqslant z\leqslant 1$$

所确定。于是，

$$I=\iiint\limits_D z\,\mathrm{d}x\,\mathrm{d}y\,\mathrm{d}z=\iiint\limits_D zr\,\mathrm{d}r\,\mathrm{d}\theta\,\mathrm{d}z=\int_0^{2\pi}\mathrm{d}\theta\int_0^1 z\,\mathrm{d}z\int_0^{\sqrt{1-z^2}}r\,\mathrm{d}r。$$

代码如下：

```
syms z rou thet
int1 = int(rou,rou,0,(1 - z^2)^0.5);
int2 = int(z * int1,z,0,1);
I = int(int2,thet,0,2 * pi)
```

运行结果如下：

```
I =
    1/4 * pi
```

所以，$I=\iiint\limits_D z\,\mathrm{d}x\,\mathrm{d}y\,\mathrm{d}z=\frac{\pi}{4}$。

**【例 4.37】**　求半径为 $a$ 的球面与半顶角为 $\alpha$ 的内接锥面所包围的体积。

**解**：设球面通过原点 $O$，球心在 $z$ 轴上，又内接锥面的顶点在原点 $O$，其轴与 $z$ 轴重合，则球面方程为 $r=2a\cos\varphi$，锥面方程为 $\varphi=\alpha$（图 4-13）。

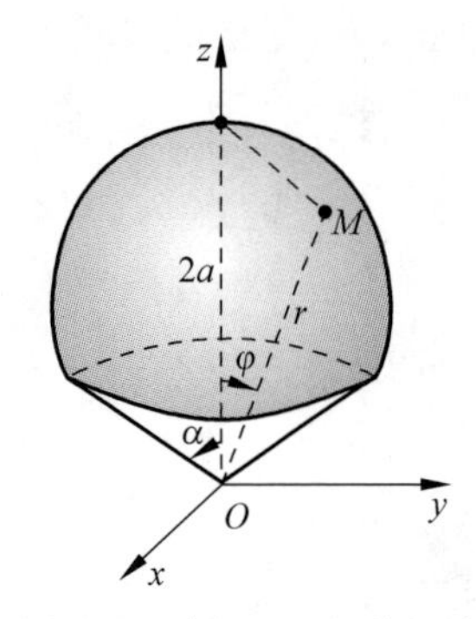

图 4-13　例 4.37 积分区域示意图

因为要求体积的区域是不等式

$$0 \leqslant r \leqslant 2a\cos\varphi,\quad 0 \leqslant \theta \leqslant 2\pi,\quad 0 \leqslant \varphi \leqslant \alpha$$

所确定。故有

$$V = \int_0^{2\pi} \mathrm{d}\theta \int_0^{\alpha} \mathrm{d}\varphi \int_0^{2a\cos\varphi} r^2 \sin\varphi \mathrm{d}r$$

代码如下：

```
syms  fai rou thet a
int1 = int((rou^2) * sin(fai),rou,0,2 * a * cos(fai));
int2 = int(int1,fai,0,a);
V = int(int2,thet,0,2 * pi)
```

运行结果如下：

```
V =
    4/3 * a^3 * pi - 4/3 * cos(a)^4 * a^3 * pi
```

所以，$V=\frac{4\pi a^3}{3}(1-\cos^4\alpha)$。

# 4.11　第一型曲线积分

曲线积分和曲面积分都分一型和二型，把定义域是无向的积分称为第一型积分，把定义域是有向的积分称为第二型积分。

第一型曲线积分又叫对弧长的曲线积分。第一型曲线积分的物理意义：假设一个函数定义了一段曲线，我们把这个函数理解为线密度函数，那么第一型曲线积分的目的就是求这段线段的总质量。如果线密度函数为 1，则第一型曲线积分求出的是这段线段的长度。

第一型曲线积分的计算方法如下。

对于平面曲线 $L$：$y=y(x)$，$x\in[a,b]$，其第一型曲线积分为

$$\int_L f(x,y)\mathrm{d}s = \int_a^b f(x,y(x))\sqrt{1+y'^2(x)}\,\mathrm{d}x$$

对于参数的平面曲线 $L$：$\begin{cases} x=x(t) \\ y=y(t) \end{cases}$，$t\in[t_1,t_2]$，第一型曲线积分为

$$\int_L f(x,y,z)\mathrm{d}s = \int_{t_1}^{t_2} f(x(t),y(t))\sqrt{x'^2(t)+y'^2(t)}\,\mathrm{d}t$$

对于空间曲线 $L$：$\begin{cases} x=x(t) \\ y=y(t) \\ z=z(t) \end{cases}$，$t\in[t_1,t_2]$，第一型曲线积分为

$$\int_L f(x,y,z)\mathrm{d}s = \int_{t_1}^{t_2} f(x(t),y(t),z(t))\sqrt{x'^2(t)+y'^2(t)+z'^2(t)}\,\mathrm{d}t$$

**【例 4.38】** 设 $L$ 是椭圆 $\frac{x^2}{a^2}+\frac{y^2}{b^2}=1$ 在第一象限部分，求 $I=\int_L xy\,\mathrm{d}s$。

**解**：$L$ 的直角坐标方程

$$y=\frac{b}{a}\sqrt{a^2-x^2}, \quad 0 \leqslant x \leqslant a$$

$$y'=\frac{bx}{a\sqrt{a^2-x^2}}, \quad \mathrm{d}s=\sqrt{1+y'^2}\,\mathrm{d}x=\frac{1}{a}\sqrt{\frac{a^4-(a^2-b^2)x^2}{a^2-x^2}}\,\mathrm{d}x$$

所以，$I=\int_L xy\,\mathrm{d}s=\int_0^a \frac{b}{a^2}x\sqrt{a^4-(a^2-b^2)x^2}\,\mathrm{d}x$。

代码如下：

```
syms a b x
f = (b/a^2) * x * sqrt(a^4 - (a^2 - b^2) * x^2);
I = int(f,x,0,a)
```

运行结果如下：

```
I =
    1/3 * b * (csgn(a^2) * a^6 - (a^2 * b^2)^(3/2))/(a^2 - b^2)/a^2
>> simplify(I)
ans =
    1/3 * b * (csgn(a^2) * a^4 - b^2 * (a^2 * b^2)^(1/2))/(a^2 - b^2)
```

所以，$I=\int_L xy\,\mathrm{d}s=\frac{ab}{3}\frac{a^2+ab+b^2}{a+b}$。

**注**：csgn()称为“复符号函数”，在实数中也有一个“符号函数”sgn()。sgn()的()里是一个实数，csgn()的()里是一个复数。但 sgn()和 csgn()的返回值只有两个：$-1$ 和 1。

**【例 4.39】** 设 $L$ 是半圆周 $L$：$\begin{cases}x=a\cos t\\y=a\sin t\end{cases}$，$t\in[0,\pi]$，计算第一型曲线积分 $I=\int_L(x^2+y^2)\,\mathrm{d}s$。

**解**：$I=\int_L f(x,y,z)\,\mathrm{d}s=\int_{t_1}^{t_2} f(x(t),y(t))\sqrt{x'^2(t)+y'^2(t)}\,\mathrm{d}t$

$$=\int_0^{\pi}(a^2\cos^2 t+a^2\sin^2 t)\sqrt{(a\cos t)'^2+(a\sin t)'^2}\,\mathrm{d}t$$

代码如下：

```
syms a positive
syms t
x = a * cos(t);
y = a * sin(t);
dx = diff(x,t);
dy = diff(y,t);
vy = sqrt(dx^2 + dy^2);
I = int((a^2) * vy,t,0,pi)
```

运行结果如下：

```
I =
    a^3 * pi
```

所以，$I=\int_L(x^2+y^2)\mathrm{d}s=\pi a^3$。

【例 4.40】 设 $L$ 是空间曲线 $L:\begin{cases}x=a\cos t\\y=a\sin t\\z=at\end{cases}$ $(0\leqslant t\leqslant 2\pi,a>0)$，计算第一型曲线积分 $I=\int_L\frac{z^2}{x^2+y^2}\mathrm{d}l$。

**解**：$\mathrm{d}l=\sqrt{x'^2(t)+y'^2(t)+z'^2(t)}\,\mathrm{d}t=\sqrt{(-a\sin t)^2+(a\cos t)^2+a^2}\,\mathrm{d}t=\sqrt{2}\,a\,\mathrm{d}t$

$$I=\int_L\frac{z^2}{x^2+y^2}\mathrm{d}l=\int_0^{2\pi}\frac{a^2t^2}{(a\cos t)^2+(a\sin t)^2}\sqrt{2}\,a\,\mathrm{d}t=\sqrt{2}\,a\int_0^{2\pi}t^2\,\mathrm{d}t$$

代码如下：

```
syms a t
I = sqrt(2) * a * int(t^2,t,0,2 * pi)
```

运行结果如下：

```
I =
    8/3 * 2^(1/2) * a * pi^3
```

所以，$I=\int_L\frac{z^2}{x^2+y^2}\mathrm{d}l=\frac{8\sqrt{2}}{3}a\pi^3$。

## 4.12 第一型曲面积分

第一型曲面积分类似于第一型曲线积分，只是 $f(x,y,z)$ 是定义在曲面 $S$ 上的函数。第一型曲面积分又叫对面积的曲面积分。第一型曲面积分的物理意义：若被积函数为定义在曲面上的面密度，第一型曲面积分的目的就是求出曲面的整体质量。若被积函数为定义在曲面上的电荷面密度，第一型曲面积分求出的是曲面上的总电荷。如果面密度为 1，则第一型曲面积分求出的是曲面的面积。

下面给出第一型曲面积分的计算方法。

(1) 设积分曲面 $\Sigma$ 由方程 $z=z(x,y)$ 给出，$\Sigma$ 在 $xoy$ 面上的投影区域为 $D_{xy}$，被积函数 $f(x,y,z)$ 在 $\Sigma$ 上连续。则

$$\iint_{\Sigma}f(x,y,z)\mathrm{d}S=\iint_{D_{xy}}f[x,y,z(x,y)]\sqrt{1+z_x^2(x,y)+z_y^2(x,y)}\,\mathrm{d}x\mathrm{d}y$$

若曲面 $\Sigma$ 由方程 $x=x(y,z)$ 或 $y=y(x,z)$ 给出，则

$$\iint_{\Sigma}f(x,y,z)\mathrm{d}S=\iint_{D_{yz}}f[x(y,z),y,z]\sqrt{1+x_z^2(y,z)+x_y^2(y,z)}\,\mathrm{d}y\mathrm{d}z$$

$$\iint_{\Sigma}f(x,y,z)\mathrm{d}S=\iint_{D_{xz}}f[x,y(x,z),z]\sqrt{1+y_x^2(x,z)+y_z^2(x,z)}\,\mathrm{d}x\mathrm{d}z$$

(2) 设 $S$ 为光滑曲面,其向量方程为

$$S:\begin{cases} x=x(u,v) \\ y=y(u,v), \quad (u,v)\in D \\ z=z(u,v) \end{cases}$$

则计算公式为

$$\iint_S f(x,y,z)\,\mathrm{d}S=\iint_D f(x(u,v),y(u,v),z(u,v))\sqrt{EG-F^2}\,\mathrm{d}u\,\mathrm{d}v$$

其中,

$$E=\left(\frac{\partial x}{\partial u}\right)^2+\left(\frac{\partial y}{\partial u}\right)^2+\left(\frac{\partial z}{\partial u}\right)^2$$

$$F=\left(\frac{\partial x}{\partial u}\right)\left(\frac{\partial x}{\partial v}\right)+\left(\frac{\partial y}{\partial u}\right)\left(\frac{\partial y}{\partial v}\right)+\left(\frac{\partial z}{\partial u}\right)\left(\frac{\partial z}{\partial v}\right)$$

$$G=\left(\frac{\partial x}{\partial v}\right)^2+\left(\frac{\partial y}{\partial v}\right)^2+\left(\frac{\partial z}{\partial v}\right)^2$$

**【例 4.41】** 计算 $\oint\!\!\!\!\iint_D xyz\,\mathrm{d}S$,其中 $D$ 是由平面 $x=0,y=0,z=0$ 以及 $x+y+z=1$ 所围成的四面体的整个边界曲面(图 4-14)。

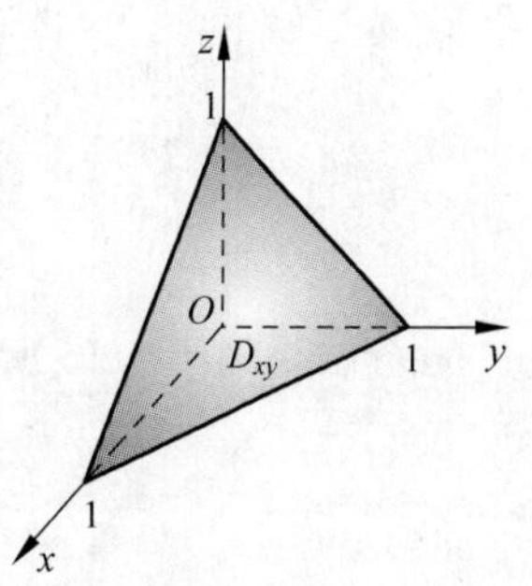

图 4-14 四面体

**解**:整个边界曲面 $D$ 在平面 $x=0,y=0,z=0$ 以及 $x+y+z=1$ 上的部分分别记为 $D_1$、$D_2$、$D_3$、$D_4$,那么整个封闭曲面的第一型积分为

$$\oint\!\!\!\!\iint_D xyz\,\mathrm{d}S=\oint\!\!\!\!\iint_{D_1} xyz\,\mathrm{d}S+\oint\!\!\!\!\iint_{D_2} xyz\,\mathrm{d}S+\oint\!\!\!\!\iint_{D_3} xyz\,\mathrm{d}S+\oint\!\!\!\!\iint_{D_4} xyz\,\mathrm{d}S$$

其中,在 $D_1$、$D_2$、$D_3$ 上被积函数 $f(x,y,z)=xyz$ 都为 0,所以,

$$\oint\!\!\!\!\iint_{D_1} xyz\,\mathrm{d}S=\oint\!\!\!\!\iint_{D_2} xyz\,\mathrm{d}S=\oint\!\!\!\!\iint_{D_3} xyz\,\mathrm{d}S=0$$

那么,$\oint\!\!\!\!\iint_D xyz\,\mathrm{d}S=\oint\!\!\!\!\iint_{D_4} xyz\,\mathrm{d}S$。

在 $D_4$ 上,$z=1-x-y$,所以,

$$\sqrt{1+z_x^2+z_y^2}=\sqrt{1+(-1)^2+(-1)^2}=\sqrt{3}$$

从而,

$$\oint\!\!\!\!\iint_D xyz\,\mathrm{d}S=\iint_{D_4} xyz\,\mathrm{d}S=\iint_{D_{xy}} \sqrt{3}\,xy(1-x-y)\,\mathrm{d}x\,\mathrm{d}y$$

其中,$D_{xy}$ 是 $D_4$ 在 $xoy$ 平面上的投影区域,即由直线 $x=0,y=0$ 与 $x+y+z=1$ 所围成的闭区域。因此,

$$\oint\!\!\!\!\iint_D xyz\,\mathrm{d}S=\sqrt{3}\int_0^1 x\,\mathrm{d}x\int_0^{1-x} y(1-x-y)\,\mathrm{d}y$$

代码如下:

```
syms x y z
```

```
f = y * (1 - x - y);
int1 = int(f,y,0,1 - x);
int2 = sqrt(3) * int(x * int1,x,0,1)
```

运行结果如下：

```
int2 =
    1/120 * 3^(1/2)
```

所以，$\oiint\limits_{D} xyz\mathrm{d}S=\frac{\sqrt{3}}{120}$。

**【例 4.42】** 计算 $\iint\limits_{D}(xy+yz+zx)\mathrm{d}S$，其中 $D$ 是由圆锥面 $z=\sqrt{x^2+y^2}$ 被圆柱面 $x^2+y^2=y$ 截下的一块曲面。

**解**：圆锥面 $D$ 的向量方程为

$$r=(\rho\cos\theta,\rho\sin\theta,\rho),(\rho,\theta)\in D$$
$$D=\{(\rho,\theta)\mid\rho\in[0,\sin\theta],\theta\in[0,\pi]\}$$

可用第一型曲面积分的计算方法计算。

代码 1 如下：

```
syms x y
z = sqrt(x^2 + y^2);
ezsurf(z,'circ')
```

运行结果如图 4-15 所示。

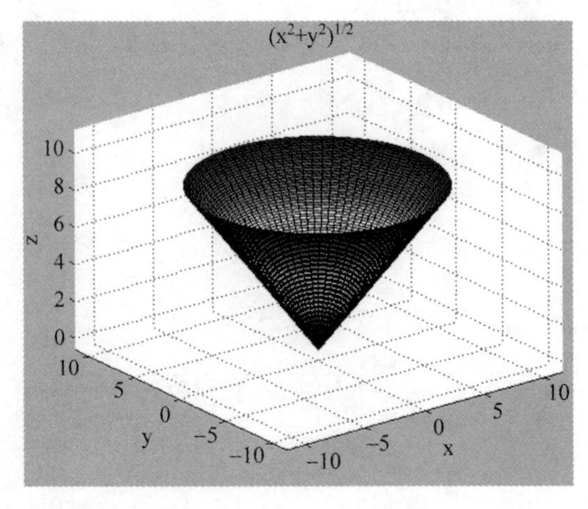


图 4-15　例 4.42 的曲面

代码 2 如下：

```
syms rou theta
x = rou * cos(theta);
y = rou * sin(theta);
z = rou;
% 分别计算 E、G、F
E = diff(x,rou)^2 + diff(y,rou)^2 + diff(z,rou)^2;
```

```
F = diff(x,rou) * diff(x,theta) + diff(y,rou) * diff(y,theta) + diff(z,rou)  * diff(z,theta);
G = diff(x,theta)^2 + diff(y,theta)^2 + diff(z,theta)^2;
E = simple(E);
F = simple(F);
G = simple(G);
ds = sqrt(E * G - F * F);
ds = simple(ds);
f = x * y + y * z + z * x;
int1 = int(f * ds,rou,0,sin(theta));
I = int(int1,theta,0,pi)
```

运行结果如下：

```
I =
    4/15 * 2^(1/2)
```

所以，$\iint\limits_{D}(xy+yz+zx)\mathrm{d}S=\dfrac{4\sqrt{2}}{15}$。

**【例 4.43】** 在球面 $x^2+y^2+z^2=1$ 上取 $A(1,0,0)$，$B(0,1,0)$，$C\left(\dfrac{1}{\sqrt{2}},0,\dfrac{1}{\sqrt{2}}\right)$三点为顶点的球面三角形（$\overset{\frown}{AB}$，$\overset{\frown}{BC}$，$\overset{\frown}{CA}$ 均为大圆弧），若球面密度 $\rho=x^2+z^2$，求此球面三角形块的质量，如图 4-16 所示。

**解**：设此球面三角形块的质量为 $M$，则

$$M=\iint\limits_{\Sigma}\rho\mathrm{d}s=\iint\limits_{\Sigma}(x^2+z^2)\,\mathrm{d}s$$

由被积函数 $f(x,y,z)=x^2+z^2$，可知适于用 $\Sigma$ 在 $xOz$ 坐标上的投影来计算。

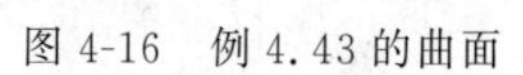

图 4-16　例 4.43 的曲面

因为，$y=\sqrt{1-x^2-z^2}$

$$\mathrm{d}s=\sqrt{1+y_x^2(x,z)+y_z^2(x,z)}\,\mathrm{d}x\mathrm{d}z=\frac{\mathrm{d}x\mathrm{d}z}{\sqrt{1-x^2-z^2}}$$

所以，

$$M=\iint\limits_{\Sigma}(x^2+z^2)\mathrm{d}s=\iint\limits_{D_{xz}}f[x,y(x,z),z)]\sqrt{1+y_x^2(x,z)+y_z^2(x,z)}\,\mathrm{d}x\mathrm{d}z$$

$$=\iint\limits_{D_{xz}}\frac{x^2+z^2}{\sqrt{1-x^2-z^2}}\mathrm{d}x\mathrm{d}z=\int_0^{\frac{\pi}{4}}\mathrm{d}\theta\int_0^1\frac{\rho^2}{\sqrt{1-\rho^2}}\rho\mathrm{d}\rho$$

代码如下：

```
syms rou thet
int1 = int(rou^3/sqrt(1 - rou^2),rou,0,1);
I = int(int1,thet,0,pi/4)
```

运行结果如下：

```
I =
    1/6 * pi
```

所以，$M=\frac{\pi}{6}$。

## 4.13 第二型曲线积分

第一型曲线积分和曲面积分，其曲线和曲面都是无方向的，本质上与二重积分和三重积分是同类型的积分。这里介绍的第二型曲线积分和曲面积分，其曲线和曲面都是有方向的。我们知道，定积分 $\int_a^b f(x)\mathrm{d}x$ 的积分区间就是有方向的：从 $a$ 到 $b$。如果反方向，积分的结果便会差一个符号，即

$$\int_a^b f(x)\mathrm{d}x=-\int_b^a f(x)\mathrm{d}x$$

第二型曲线积分又称为对坐标的曲线积分。第二型曲线积分的物理意义表现为在一定力场下质点沿曲线运动所做的功。考虑力场

$$F=\{P(x,y,z),Q(x,y,z),R(x,y,z)\}$$

则第二型曲线积分为

$$\int_L F\cdot \mathrm{d}s=\int_L P\mathrm{d}x+Q\mathrm{d}y+R\mathrm{d}z$$

第二型曲线积分和积分方向是有关系的。那么，在第二型曲线积分中，曲线的正向和反向是如何规定的呢？

对平面区域 $D$ 的边界曲线 $L$，我们规定 $L$ 的正向为：当观察者沿 $L$ 的这个方向行走时，$D$ 内在他近处的那一部分总在他左边。例如，$D$ 是边界曲线 $L$ 及 $l$ 所围成的复连通区域(图 4-17)，作为 $D$ 的正向边界，$L$ 的正向是逆时针方向，而 $l$ 的正向是顺时针方向。

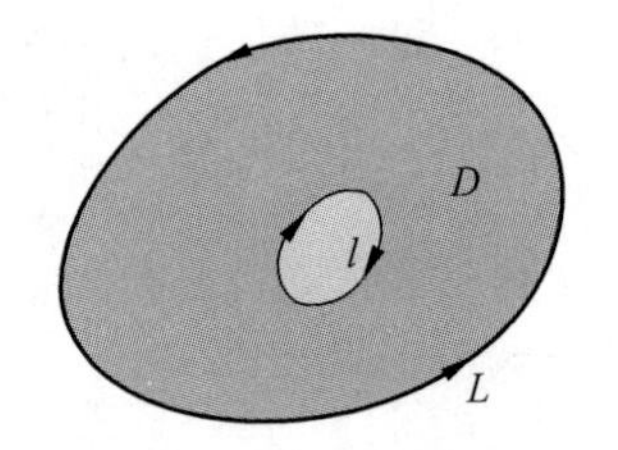

图 4-17　区域 $D$ 内曲线 $L$ 和 $l$ 的正向图

下面给出第二型曲线积分的计算方法。

对于平面曲线 $L$：$y=y(x)$，$x$ 从 $a$ 变到 $b$($a$ 对应于起点 $A$，$b$ 对应于起点 $B$，$a$ 不要求比 $b$ 小)，这时第二型曲线积分为

$$\int_L F\cdot \mathrm{d}s=\int_a^b [P(x,y(x))\mathrm{d}x+Q(x,y(x))y'(x)]\,\mathrm{d}x$$

对于空间曲线 $L$：$\begin{cases}x=x(t)\\y=y(t),t\in[t_1,t_2]\\z=z(t)\end{cases}$，这时第二型曲线积分为

$$\int_L F\cdot \mathrm{d}s=\int_L [P(x(t),y(t),z(t))x'(t)+Q(x(t),y(t),z(t))y'(t)+R(x(t),y(t),z(t))z'(t)]\mathrm{d}t$$

**【例 4.44】** 计算第二型曲线积分 $I=\int_L xy\mathrm{d}x+(x-y)\mathrm{d}y+x^2\mathrm{d}z$，其中，$L$ 是螺旋线 $x=a\cos t$，$y=a\sin t$，$z=bt$ 从 $t=0$ 到 $t=\pi$ 上的一段。

**解**：这里 $P((x(t),y(t),z(t))=xy$；$Q((x(t),y(t),z(t))=x-y$；$R((x(t),y(t),$

$z(t))=x^2$。

$$I=\int_L xy\mathrm{d}x+(x-y)\mathrm{d}y+x^2\mathrm{d}z=\int_0^{\pi}\{xy,x-y,x^2\}\{x'(t),y'(t),z'(t)\}\mathrm{d}t$$

代码如下：

```
syms a t x y z
syms b positive
x = a * cos(t);
y = a * sin(t);
z = b * t;
F = [x * y,x - y,x^2];
ds = [diff(x),diff(y),diff(z)]';
int1 = int(F * ds,t,0,pi)
```

运行结果如下：

```
int1 =
    1/2 * a * conj(a) * pi + 1/2 * a^2 * b * pi
```

所以，$I=\int_L xy\mathrm{d}x+(x-y)\mathrm{d}y+x^2\mathrm{d}z=\frac{1}{2}\pi a^2+\frac{1}{2}\pi a^2 b=\frac{1}{2}\pi a^2(1+b)$。

**【例 4.45】** 求在力 $F=(x-y,z-x,y-z)$的作用下，质点由 $A$ 沿螺旋线 $L$ 到 $B$ 所做的功，其中 $L$ 为$\begin{cases}x=a\cos t\\y=a\sin t\\z=bt\end{cases}$，$t\in[0,2\pi]$。

**解**：执行以下5行程序，就会画出质点的运动路径，如图4-18所示。图中的曲线就是螺旋线 $L$，其下端为 $A$，上端为 $B$。

代码1如下：

```
a = 3;b = 3;
x = a * cos(t);
y = a * sin(t);
z = b * t;
ezplot3(x,y,z,[0,2 * pi])
```

运行后，绘出如图4-18所示的质点运动路径图。

$$W=\int_L F\cdot\mathrm{d}S=\int_L(x-y)\mathrm{d}x+(z-x)\mathrm{d}y+(y-z)\mathrm{d}z$$

代码2如下：

```
syms t x y z
syms b positive
x = a * cos(t);
y = a * sin(t);
z = b * t;
F = [x - y,z - x,y - z];
ds = [diff(x),diff(y),diff(z)]';
int1 = int(F * ds,t,0,2 * pi)
```

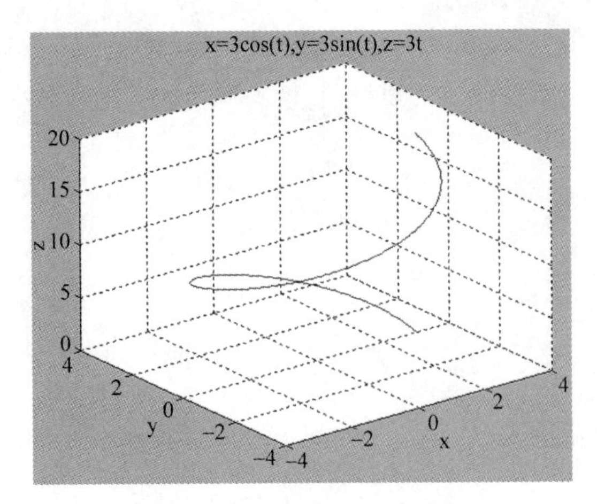


图 4-18 质点的运动路径图

运行结果如下：

```
int1 =
  - 2 * b^2 * pi^2
```

所以，质点由 $A$ 沿螺旋线 $L$ 到 $B$ 所做的功 $W=-2b^2\pi^2$。

**【例 4.46】** 计算第二型曲线积分 $I=\int_L y^2\mathrm{d}x$，其中 $L$ 为：

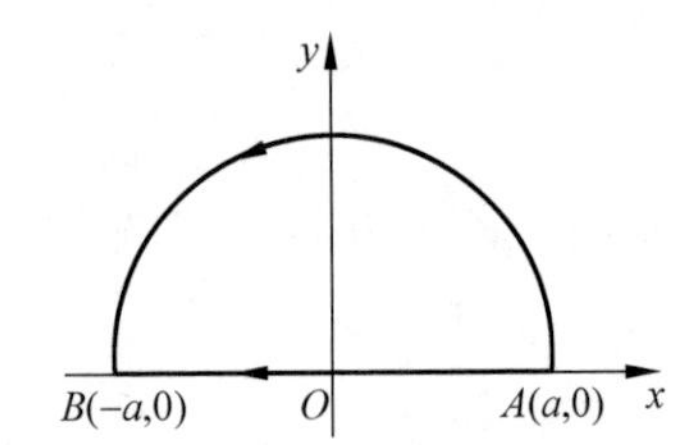


图 4-19 例 4.46 的半圆周图

(1) 半径为 $a$、圆心为原点、按逆时针方向绕行的上半圆周；

(2) 从点 $A(a,0)$ 沿 $x$ 轴到点 $B(-a,0)$ 的直线段，如图 4-19 所示。

**解**：(1) $L$ 是参数方程

$$x=a\cos\theta,\quad y=a\sin\theta$$

当参数 $\theta$ 从 0 变到 $\pi$ 的曲线弧。因此，

$$I=\int_L y^2\mathrm{d}x=\int_0^\pi a^2\sin^2\theta(-a\sin\theta)\mathrm{d}\theta=-\int_0^\pi a^3\sin^3\theta\mathrm{d}\theta$$

代码如下：

```
syms t a
int1 = - int(a^3 * sin(t)^3,t,0,pi)
```

运行结果如下：

```
int1 =
     - 4/3 * a^3
```

$$I=\int_L y^2\mathrm{d}x=-\frac{4}{3}a^3$$

(2) $L$ 的方程为 $y=0$，$x$ 从 $a$ 变到 $-a$，所以，

$$I=\int_L y^2\mathrm{d}x=\int_a^{-a}0\mathrm{d}x=0$$

从本例可以看出,虽然两个曲线积分的被积函数相同,起点和终点也相同,但沿不同路径得出的积分值并不相等。

## 4.14 第二型曲面积分

第二型曲面积分又称为对坐标的曲面积分。如同第二型曲线积分曲线是有方向的一样,第二型曲面积分积分曲面也是有方向的。那么,曲面的方向是如何定义的呢?

一光滑的曲面,曲面上每一点都有切平面,从而每一点都有确定的法线。根据空间曲线的切平面及法线的理论,曲面的单位法向量为

$$(\cos\alpha,\cos\beta,\cos\gamma)=\left(\frac{-p}{\pm\sqrt{1+p^2+q^2}},\frac{-q}{\pm\sqrt{1+p^2+q^2}},\frac{1}{\pm\sqrt{1+p^2+q^2}}\right)$$

法线的方向是随点的位置而连续变动的。因此,根号前正负号的选择,便表示确定了曲面的一侧。例如,若选取正号,则 $\cos\gamma>0$,它表示法向与 $z$ 轴正向交角为锐角,这就是通常所说的曲面的上侧;若选取负号,则所确定的一侧是曲面的下侧,这时法线与 $z$ 轴正向交角为钝角。

对于封闭曲面,通常把两侧分为内侧和外侧,即法向量指向曲面所围立体的内部的一侧为内侧,而另一侧为外侧。例如,球面 $x^2+y^2+z^2=R^2$ 的内侧,对于上半球面($z>0$)是下侧,而对下半球面($z<0$)是上侧。

第二型曲面积分的物理意义:设一流体密度为 $I$,速度场 $\boldsymbol{v}=\boldsymbol{i}P+\boldsymbol{j}Q+\boldsymbol{k}R$,在单位时间内流过曲面 $S$ 一侧的流量和就是第二型曲面积分,即 $\iint\limits_S P\,\mathrm{d}y\mathrm{d}z+Q\mathrm{d}z\mathrm{d}x+R\mathrm{d}x\mathrm{d}y$。

下面给出第二型曲面积分的计算方法。

设 $S\subset R^3$ 为有界光滑的双侧曲面,函数 $P,Q,R:S\to R$ 连续,如果 $S$ 的方程为 $z=z(x,y),(x,y)\in D_{xy}$,函数 $z:D_{xy}\to R$ 连续可微,则有

$$\iint\limits_S R\,\mathrm{d}x\mathrm{d}y=\begin{cases}\iint\limits_{D_{xy}} R(x,y,z(x,y))\mathrm{d}x\mathrm{d}y, & \cos\gamma\geqslant 0\\ -\iint\limits_{D_{xy}} R(x,y,z(x,y))\mathrm{d}x\mathrm{d}y, & \cos\gamma<0\end{cases}$$

对于另外两个积分情况与之类似。

下面给出一般参数方程计算方法,设光滑曲面 $S$ 的参数方程为

$$S:\begin{cases}x=x(u,v)\\ y=y(u,v), & (u,v)\in D\\ z=z(u,v)\end{cases}$$

如果它们的函数行列式

$$\frac{\partial(y,z)}{\partial(u,v)}=\begin{vmatrix}\dfrac{\partial y}{\partial u} & \dfrac{\partial y}{\partial v}\\ \dfrac{\partial z}{\partial u} & \dfrac{\partial z}{\partial v}\end{vmatrix},\quad \frac{\partial(z,x)}{\partial(u,v)}=\begin{vmatrix}\dfrac{\partial z}{\partial u} & \dfrac{\partial z}{\partial v}\\ \dfrac{\partial x}{\partial u} & \dfrac{\partial x}{\partial v}\end{vmatrix},\quad \frac{\partial(x,y)}{\partial(u,v)}=\begin{vmatrix}\dfrac{\partial x}{\partial u} & \dfrac{\partial x}{\partial v}\\ \dfrac{\partial y}{\partial u} & \dfrac{\partial y}{\partial v}\end{vmatrix}$$

不同时为0,则有

$$\iint_S P\,\mathrm{d}y\,\mathrm{d}z = \pm\iint_D P(x(u,v),y(u,v),z(u,v))\,\frac{\partial(y,z)}{\partial(u,v)}\mathrm{d}u\,\mathrm{d}v$$

$$\iint_S Q\,\mathrm{d}z\,\mathrm{d}x = \pm\iint_D Q(x(u,v),y(u,v),z(u,v))\,\frac{\partial(z,x)}{\partial(u,v)}\mathrm{d}u\,\mathrm{d}v$$

$$\iint_S R\,\mathrm{d}x\,\mathrm{d}y = \pm\iint_D R(x(u,v),y(u,v),z(u,v))\,\frac{\partial(x,y)}{\partial(u,v)}\mathrm{d}u\,\mathrm{d}v$$

其中,正负号分别对应 $S$ 的两个侧面,当 $uv$ 平面的正方向对应于曲面 $S$ 所选项的正向一侧时,取正号,否则取负号。

**【例 4.47】** 计算第二型曲面积分 $I=\iint_D z\,\mathrm{d}x\,\mathrm{d}y$,其中 $D$ 是球面 $x^2+y^2+z^2=a^2$ 的外侧。

**解**:$D$ 的参数方程为

$$\begin{cases} x=a\sin\varphi\cos\theta \\ y=a\sin\varphi\sin\theta, \quad 0\leqslant\theta\leqslant 2\pi, \quad 0\leqslant\varphi\leqslant\pi \\ z=a\cos\varphi \end{cases}$$

$$\frac{\partial(x,y)}{\partial(\varphi,\theta)}=\begin{vmatrix} \dfrac{\partial x}{\partial\varphi} & \dfrac{\partial x}{\partial\theta} \\ \dfrac{\partial y}{\partial\varphi} & \dfrac{\partial y}{\partial\theta} \end{vmatrix}=\begin{vmatrix} a\cos\varphi\cos\theta & -a\sin\varphi\sin\theta \\ a\cos\varphi\sin\theta & a\sin\varphi\cos\theta \end{vmatrix}=a^2\sin\varphi\cos\varphi$$

$$I=\iint_D z\,\mathrm{d}x\,\mathrm{d}y=\iint_D R(x(u,v),y(u,v),z(u,v))\,\frac{\partial(x,y)}{\partial(u,v)}\mathrm{d}u\,\mathrm{d}v=\iint_D z\,\frac{\partial(x,y)}{\partial(u,v)}\mathrm{d}u\,\mathrm{d}v$$

$$=\iint_D (a\cos\varphi)\,\frac{\partial(x,y)}{\partial(\varphi,\theta)}\mathrm{d}\varphi\,\mathrm{d}\theta=\int_0^{2\pi}\mathrm{d}\theta\int_0^{\pi}(a\cos\varphi)\,\frac{\partial(x,y)}{\partial(\varphi,\theta)}\mathrm{d}\varphi$$

代码如下:

```
syms fa theta;
syms h a positive;
x = a * sin(fa) * cos(theta);
y = a * sin(fa) * sin(theta);
z = a * cos(fa);
C = diff(x,fa) * diff(y,theta) - diff(x,theta) * diff(y,fa);
C = simple(C);
Fz = z;
int1 = int(Fz * C,fa,0,pi);
I = int(int1,theta,0,pi * 2)
a = 5;
x = a * sin(fa) * cos(theta);
y = a * sin(fa) * sin(theta);
z = a * cos(fa);
ezmesh(x,y,z,[0,pi,0,2 * pi])
```

运行后结果有两个,一是求出 $I$ 值,二是绘出图 4-20 所示的积分曲面——球面图形。

```
I =
  4/3 * a^3 * pi
```

所以，$I=\iint\limits_{D} z\,\mathrm{d}x\,\mathrm{d}y=\frac{4}{3}\pi a^{3}$。

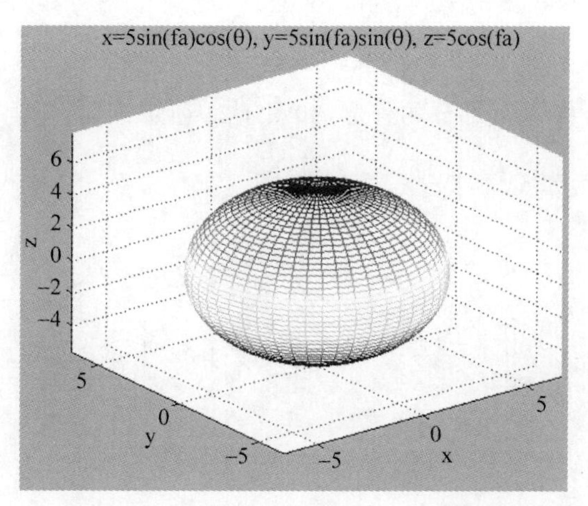


图 4-20　例 4.47 的积分曲面——球面图形

**【例 4.48】** 计算第二型曲面积分 $I=\iint\limits_{D} x\,\mathrm{d}y\mathrm{d}z+y\,\mathrm{d}z\mathrm{d}x+z\,\mathrm{d}x\,\mathrm{d}y$，其中，$D$ 是圆柱面 $x^{2}+y^{2}=a^{2}$ 界于平面 $z=-h$ 与 $z=h$ 之间部分的外侧。

**解**：$D$ 的参数方程为

$$\begin{cases}x=a\cos\theta\\ y=a\sin\theta\end{cases},\quad 0\leqslant\theta\leqslant 2\pi,\quad -h\leqslant z\leqslant h$$

$$I=\iint\limits_{D} x\,\mathrm{d}y\mathrm{d}z+y\,\mathrm{d}z\mathrm{d}x+z\,\mathrm{d}x\,\mathrm{d}y=\int_{-h}^{h}\mathrm{d}z\int_{0}^{2\pi}(a\cos\theta)(a\cos\theta)\mathrm{d}\theta+$$

$$\int_{-h}^{h}\mathrm{d}z\int_{0}^{2\pi}(a\sin\theta)(a\sin\theta)\mathrm{d}\theta$$

代码如下：

```
syms a z theta h;
x = a * cos(theta);
y = a * sin(theta);
A = a * cos(theta);
B = a * sin(theta);
C = 0;
Fx = x;
Fy = y;
Fz = z;
intx = int(int(Fx * A, theta, 0, 2 * pi), z, - h, h);
inty = int(int(Fy * B, theta, 0, 2 * pi), z, - h, h);
intz = int(int(Fz * C, theta, 0, 2 * pi), z, - h, h);
I = intx + inty + intz
```

输出结果如下：

```
I =
    4 * a^2 * pi * h
```

所以，$I=\iint\limits_{D}x\,\mathrm{d}y\,\mathrm{d}z+y\,\mathrm{d}z\,\mathrm{d}x+z\,\mathrm{d}x\,\mathrm{d}y=4\pi ha^2$。

**【例 4.49】** 计算 $I=\iint\limits_{\Sigma}y\,\mathrm{d}y\,\mathrm{d}z-x\,\mathrm{d}z\,\mathrm{d}x+z^2\,\mathrm{d}x\,\mathrm{d}y$，$\Sigma$：锥面 $z=\sqrt{x^2+y^2}$ 被 $z=1,z=2$ 所截部分的外侧，如图 4-21 所示。

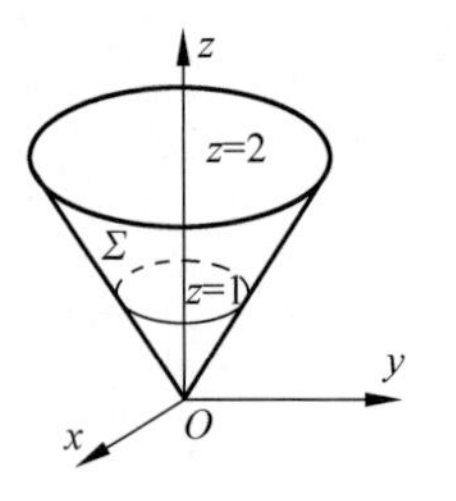


图 4-21 例 4.49 的曲面

**解**：$I=\iint\limits_{\Sigma}y\,\mathrm{d}y\,\mathrm{d}z-x\,\mathrm{d}z\,\mathrm{d}x+z^2\,\mathrm{d}x\,\mathrm{d}y$

$$=\iint\limits_{\Sigma}\{y,-x,z^2\}\cdot\left\{\frac{-x}{\sqrt{x^2+y^2}},\frac{-y}{\sqrt{x^2+y^2}},1\right\}\mathrm{d}x\,\mathrm{d}y$$

$$=\iint\limits_{\Sigma}z^2\,\mathrm{d}x\,\mathrm{d}y=-\iint\limits_{D_{xy}}(x^2+y^2)\,\mathrm{d}x\,\mathrm{d}y=-\int_0^{2\pi}\mathrm{d}\theta\int_0^2\rho^3\,\mathrm{d}\rho$$

代码如下：

```
syms rou thet
int1 = int(rou^3,rou,1,2);
I = - int(int1,thet,0,2 * pi)
```

输出结果如下：

```
I =
    - 15/2 * pi
```

所以，$I=\iint\limits_{\Sigma}y\,\mathrm{d}y\,\mathrm{d}z-x\,\mathrm{d}z\,\mathrm{d}x+z^2\,\mathrm{d}x\,\mathrm{d}y=-\frac{15}{2}\pi$。

## 4.15 力学中的保守力场和非保守力场

在物理学中，重力(万有引力的一种)、弹性力、万有引力、静电力等有一个共同特点，即在它们场中做功与运动物体所经历的路径无关，仅由运动物体的起点和终点的位置决定。或者说，如物体沿闭合路径绕行一周，这些力所做的功恒等于 0。人们把具有这种特性的力统称为保守力，没有这些特性的力，则统称为非保守力。例如，摩擦力做的功就与路径有关，所以摩擦力就属于非保守力。

**定理**：设 $D$ 是平面单连通区域，函数 $P(x,y)$，$Q(x,y)$在 $D$ 上有连续偏导数，则下列四断言等价：

(1) 沿 $D$ 中任一逐段光滑的闭曲线 $L$，有

$$\oint_L P\,\mathrm{d}x+Q\,\mathrm{d}y=0$$

(2) 沿 $D$ 中任一逐段光滑的闭曲线 $L$，曲线积分

$$\oint_L P\,\mathrm{d}x+Q\,\mathrm{d}y$$

与路径无关，只与 $L$ 的起点和终点有关。

(3) 微分式 $P\mathrm{d}x+Q\mathrm{d}y$ 在 $D$ 内是某函数 $u(x,y)$ 的全微分，即有

$$\mathrm{d}u=P\mathrm{d}x+Q\mathrm{d}y$$

(4) 在 $D$ 内每一点有

$$\frac{\partial P}{\partial y}=\frac{\partial Q}{\partial x}$$

此二维定理可以推广到三维。

**定理**：设 $V$ 是空间的单连通区域，函数 $P$、$Q$、$R$ 在 $V$ 上有连续偏导数，则下列四断言等价：

(1) 沿 $V$ 内任一逐段光滑的闭曲线 $L$，有

$$\oint_L P\mathrm{d}x+Q\mathrm{d}y+R\mathrm{d}z=0$$

(2) 沿 $V$ 中任一逐段光滑的闭曲线 $L$，曲线积分

$$\oint_L P\mathrm{d}x+Q\mathrm{d}y+R\mathrm{d}z$$

与路径无关，只与 $L$ 的起点和终点有关。

(3) 微分式 $P\mathrm{d}x+Q\mathrm{d}y+R\mathrm{d}z$ 在 $V$ 内是某函数 $u(x,y,z)$ 的全微分，即有

$$\mathrm{d}u=P\mathrm{d}x+Q\mathrm{d}y+R\mathrm{d}z$$

(4) 在 $V$ 内每一点有

$$\frac{\partial P}{\partial y}=\frac{\partial Q}{\partial x},\quad \frac{\partial Q}{\partial z}=\frac{\partial R}{\partial y},\quad \frac{\partial R}{\partial x}=\frac{\partial P}{\partial z}$$

断言(4)也可写为：在 $V$ 内的每一点有

$$\begin{vmatrix} \boldsymbol{i} & \boldsymbol{j} & \boldsymbol{k} \\ \dfrac{\partial}{\partial x} & \dfrac{\partial}{\partial y} & \dfrac{\partial}{\partial z} \\ P & Q & R \end{vmatrix}=0$$

**【例 4.50】** 考虑保守力场 $\begin{cases}F_x=x+2y+z+5\\F_y=2x+y+z\\F_z=x+y+z-6\end{cases}$，质点沿螺旋线 $L_1$：$\begin{cases}x=\cos\theta\\y=\sin\theta\\z=7\theta\end{cases}$ 自 $\theta=0$ 到 $\theta=2\pi$ 运行，求力对质点做功情况。要求先判断该力场是否为保守力场，然后从起点到终点改变路线，看做功是否变化。

再考虑非保守力场 $\begin{cases}F_x=2x-3y+4z-5\\F_y=z-x+8\\F_z=x+y+z+12\end{cases}$，质点沿 $L_1$ 运动做功情况。同时考虑，改变的路线沿起点到终点运行，看做功是否变化，改变的路线可以选择 $L_2$：$\begin{cases}x=\cos 8\theta\\y=20\sin\theta\\z=7\theta\end{cases}$。

**解**：

(1) 判断第一个力场是否为保守力场。

代码如下：

```
syms x y z;
F = [x + 2 * y + z + 5,2 * x + y + z,x + y + z - 6];
Fx = F(1);
Fy = F(2);
Fz = F(3);
L1 = diff(Fz,y) - diff(Fy,z);
L1 = (L1 == 0);
L2 = diff(Fx,z) - diff(Fz,x);
L2 = (L2 == 0);
L3 = diff(Fx,y) - diff(Fy,x);
L3 = (L3 == 0);
if (L1&L2&L3)
disp('该力场为保守力场')
else
disp('该力场为非保守力场')
end
```

输出结果如下：

```
该力场为保守力场
```

(2) 判断第二个力场是否为保守力场。

代码如下：

```
%第二个力场
syms x y z;
F = [2 * x - 3 * y + 4 * z - 5,z - x + 8,x + y + z + 12];
Fx = F(1);
Fy = F(2);
Fz = F(3);
L1 = diff(Fz,y) - diff(Fy,z);
L1 = (L1 == 0);
L2 = diff(Fx,z) - diff(Fz,x);
L2 = (L2 == 0);
L3 = diff(Fx,y) - diff(Fy,x);
L3 = (L3 == 0);
if (L1&L2&L3)
disp('该力场为保守力场')
else
disp('该力场为非保守力场')
end
```

输出结果如下：

```
该力场为非保守力场
```

(3) 在保守力场质点沿不同路径做功对比。

代码如下：

```
%沿原路线做功情况
syms x y z theta;
x = cos(theta);
```

```
y = sin(theta);
z = 7 * theta;
F = [x + 2 * y + z + 5,2 * x + y + z,x + y + z - 6];
ds = [diff(x),diff(y),diff(z)]';
int1 = int(F * ds,theta,0,2 * pi)
%改变质点的运动路径
x = cos(8 * theta);
y = 20 * sin(theta);
z = 7 * theta;
F = [x + 2 * y + z + 5,2 * x + y + z,x + y + z - 6];
ds = [diff(x),diff(y),diff(z)]';
int2 = int(F * ds,theta,0,2 * pi)
disp('保守力场,做功与路径无关')
```

输出结果如下：

```
int1 =
  - 70 * pi + 98 * pi^2
int2 =
  - 70 * pi + 98 * pi^2
保守力场,做功与路径无关
```

（4）在非保守力场质点沿不同路径做功对比。

代码如下：

```
%沿原路线做功情况
syms x y z theta;
x = cos(theta);
y = sin(theta);
z = 7 * theta;
F = [2 * x - 3 * y + 4 * z - 5,z - x + 8,x + y + z + 12];
ds = [diff(x),diff(y),diff(z)]';
int3 = int(F * ds,theta,0,2 * pi)
ezplot3(x,y,z,[0,pi * 2])
%改变质点的运动路径
x = cos(8 * theta);
y = 20 * sin(theta);
z = 7 * theta;
F = [2 * x - 3 * y + 4 * z - 5,z - x + 8,x + y + z + 12];
ds = [diff(x),diff(y),diff(z)]';
int4 = int(F * ds,theta,0,2 * pi)
disp('非保守力场,做功与路径有关,不存在势能.')
figure(2)
ezplot3(x,y,z,[0,pi * 2])
```

输出结果如下：

```
int3 =
  226 * pi + 98 * pi^2
int4 =
  224 * pi + 98 * pi^2
```

对于非保守力场,做功与路径有关,不存在势能。

质点做功沿着两条积分路线,两条路线的空间曲线分别如图4-22和图4-23所示。力场1是保守力场,质点沿着不同路径从起点运动到终点,做功都是$98\pi^2-70\pi$。这表明,"保守力场,做功与路径无关"。

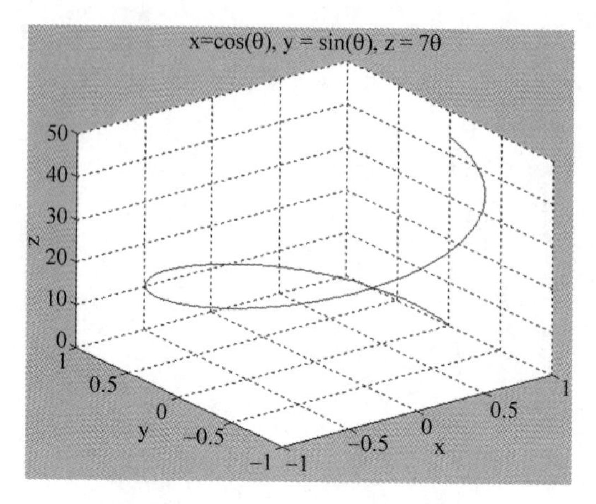


图4-22 例4.50第一条积分路径

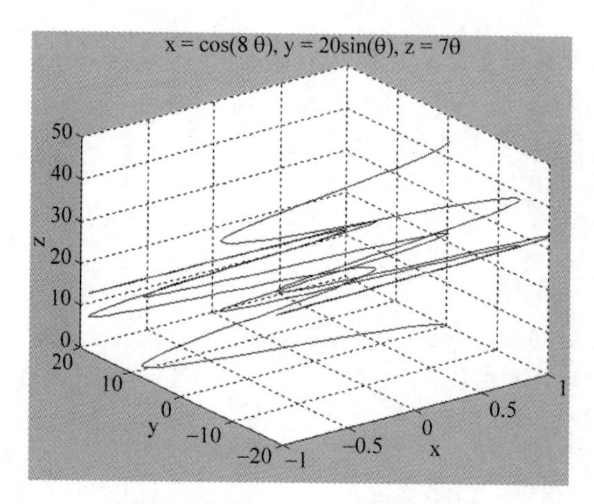


图4-23 例4.50第二条积分路径

力场2是非保守力场,质点沿着不同路径从起点运动到终点,质点做功分别为$98\pi^2+226\pi$和$98\pi^2+224\pi$。这表明,"非保守力场,做功与路径有关"。

**【例4.51】** 求在力$F=(y,-x,x+y+z)$作用下,质点由$A$到$B$所做功(图4-24)。

(1) $\overset{\frown}{AB}$是螺旋线$L_1$:$x=a\cos t, y=a\sin t, z=bt, 0\leqslant t\leqslant 2\pi$;

(2) $\overset{\frown}{AB}$是直线段$L_2$:$x=a, y=0, z=t, 0\leqslant t\leqslant 2\pi b$。

**解**:设$P=y, Q=-x, R=x+y+z$,

$$\frac{\partial P}{\partial y}=1, \quad \frac{\partial Q}{\partial x}=-1$$

因为,$\frac{\partial P}{\partial y}\neq\frac{\partial Q}{\partial x}$,所以,力$F=(y,-x,x+y+z)$不是保守力场。

(1) $W=\int_{L_1} F\cdot \mathrm{d}s=\int_{L_1} y\mathrm{d}x-x\mathrm{d}y+(x+y+z)\mathrm{d}z$

代码如下：

```
syms x y z a b theta;
x = a * cos(theta);
y = a * sin(theta);
z = b * theta;
F = [y, - x,x + y + z];
ds = [diff(x),diff(y),diff(z)]';
int1 = int(F * ds,theta,0,2 * pi)
```

输出结果如下：

```
int1 =
- 2 * a * conj(a) * pi + 2 * conj(b) * b * pi^2
```

所以，$W=2\pi(\pi b^2-a^2)$。

(2) $W=2\int_{L_2} F\cdot \mathrm{d}s=\int_{L_2} y\mathrm{d}x-x\mathrm{d}y+(x+y+z)\mathrm{d}z$

$$=\int_0^{2\pi b}(a+t)\mathrm{d}t=2\pi b(a+\pi b)$$

可见，在非保守力场中，质点由 $A$ 到 $B$ 所做功因运动路径不同而不同。

**【例 4.52】** 求在力 $F=(x+2y+z+5,2x+y+z,x+y+z-6)$ 作用下，质点由 $A$ 到 $B$ 所做功(图 4-24)。

(1) $\widehat{AB}$ 是螺旋线 $L_1$：$x=a\cos t,y=a\sin t,z=bt,0\leqslant t\leqslant 2\pi$；

(2) $\widehat{AB}$ 是直线段 $L_2$：$x=a,y=0,z=t,0\leqslant t\leqslant 2\pi b$。

**解**：在例 4.50 中，知 $F=(x+2y+z+5,2x+y+z,x+y+z-6)$ 为保守力，故质点在场中运动做功只与起点和终点有关，与路径无关。

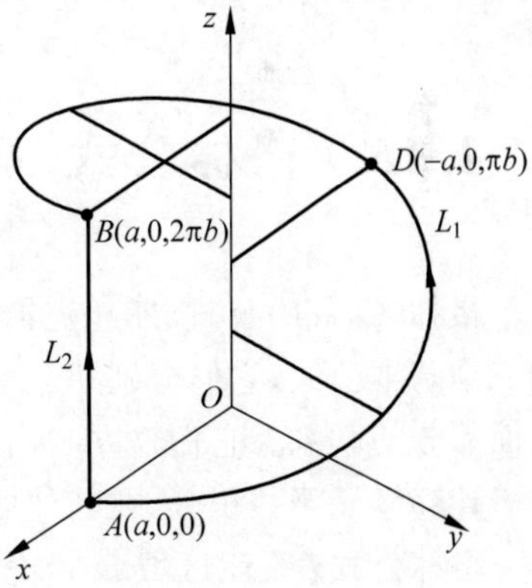

图 4-24　例 4.52 的图

(1) $W=\int_{L_1} F\cdot \mathrm{d}s=\int_{L_1}(x+2y+z+5)\mathrm{d}x+(2x+y+z)\mathrm{d}y+(x+y+z-6)\mathrm{d}z$

代码如下：

```
syms x y z a b theta;
x = a * cos(theta);
y = a * sin(theta);
z = b * theta;
F = [x + 2 * y + z + 5,2 * x + y + z,x + y + z - 6];
ds = [diff(x),diff(y),diff(z)]';
int1 = int(F * ds,theta,0,2 * pi)
```

输出结果如下：

```
int1 =
    - 12 * conj(b) * pi + 2 * conj(a) * b * pi + 2 * conj(b) * b * pi^2
```

所以，$W=-12\pi b+2ab\pi+2b^2\pi^2$。

(2) $W=2\int_{L_2} F\cdot \mathrm{d}s=\int_{L_2}(x+2y+z+5)\mathrm{d}x+(2x+y+z)\mathrm{d}y+(x+y+z-6)\mathrm{d}z$

$$=\int_0^{2\pi b}(a+t-6)\mathrm{d}t=2\pi b(a-6)+2b^2\pi^2=-12\pi b+2ab\pi+2b^2\pi^2$$

可见,在保守力场中,质点由 $A$ 到 $B$ 所做功不因运动路径不同而不同。

**【例 4.53】** 计算第二型曲线积分 $I=\int_L(x^2+2xy)\mathrm{d}x+(x^2+y^4)\mathrm{d}y$,其中 $L$ 为由点 $A(0,0)$ 到 $B(1,1)$ 的曲线 $y=\sin\frac{\pi}{2}x$。

**解**:这里,$P=x^2+2xy$,$Q=x^2+y^4$

$$\frac{\partial P}{\partial y}=\frac{\partial}{\partial y}(x^2+2xy)=2x,\quad \frac{\partial Q}{\partial x}=\frac{\partial}{\partial x}(x^2+y^4)=2x$$

因为,$\frac{\partial P}{\partial y}=\frac{\partial Q}{\partial x}$,所以,积分 $I=\int_L(x^2+2xy)\mathrm{d}x+(x^2+y^4)\mathrm{d}y$ 与路径无关。

$$I=\int_L(x^2+2xy)\mathrm{d}x+(x^2+y^4)\mathrm{d}y=\int_0^1 x^2\mathrm{d}x+\int_0^1(1+y^4)\mathrm{d}y$$

代码如下:

```
syms x y
int1 = int(x^2,x,0,1) +  int((1 + y^4),y,0,1)
```

输出结果如下:

```
int1 =
    23/15
```

所以,$I=\int_L(x^2+2xy)\mathrm{d}x+(x^2+y^4)\mathrm{d}y=\frac{23}{15}$。

## 4.16 格林公式、高斯公式和斯托克斯公式

格林(Green)公式、斯托克斯(Stokes)公式和高斯(Gauss)公式 是 多 元函数积分学中的三个基本公式,它们分别建立了曲线积分与二重积分、曲面积分与三重积分、曲线积分和曲面积分的联系。它们建立了向量的散度与通量、旋度与环量之间的关系,除了在数学上应用于计算多元函数积分,在其他领域也有很多重要的应用。

格林公式:设闭区域 $D$ 由分段光滑的曲线 $L$ 围成,函数 $P(x,y)$,$Q(x,y)$在 $D$ 上具有一阶连续偏导,则有

$$\iint_D\left(\frac{\partial Q}{\partial x}-\frac{\partial P}{\partial y}\right)\mathrm{d}x\mathrm{d}y=\oint_L P\mathrm{d}x+Q\mathrm{d}y$$

其中,$L$ 是 $D$ 的取正向的边界曲线。

格林公式的意义:沟通了沿闭曲线 $L$ 的曲线积分与区域 $D$ 内二重积分的联系。

高斯公式:设空间闭区域 $\Omega$ 由分片光滑的闭曲面 $\Sigma$ 围成,函数 $P$、$Q$、$R$ 在 $\Omega$ 上具有一阶连续偏导数,则有

$$\iiint\limits_{\Omega}\left(\frac{\partial P}{\partial x}+\frac{\partial Q}{\partial y}+\frac{\partial R}{\partial y}\right)\mathrm{d}v=\oiint\limits_{\Sigma}P\,\mathrm{d}y\mathrm{d}z+Q\mathrm{d}z\mathrm{d}x+R\mathrm{d}x\mathrm{d}y$$

其中，$\Sigma$ 是 $\Omega$ 的边界曲面的外侧。

高斯公式的意义：沟通了沿闭曲面 $\Sigma$ 的曲面积分与空间区域 $\Omega$ 内三重积分的联系。

斯托克斯公式：设有向空间闭曲线由分段光滑的曲线围成，$\Sigma$ 是以此为边界的分片光滑的有向曲面，空间有向闭曲线的正向与 $\Sigma$ 的外侧符合右手规则，函数 $P$、$Q$、$R$ 在包含曲面 $\Sigma$ 在内的一个空间区域内具有一阶连续偏导数，则

$$\iint\limits_{\Sigma}\begin{vmatrix}\mathrm{d}y\mathrm{d}z & \mathrm{d}z\mathrm{d}x & \mathrm{d}x\mathrm{d}y\\ \dfrac{\partial}{\partial x} & \dfrac{\partial}{\partial y} & \dfrac{\partial}{\partial z}\\ P & Q & R\end{vmatrix}=\oint_{\Gamma}P\,\mathrm{d}x+Q\mathrm{d}y+R\mathrm{d}z$$

或

$$\iint\limits_{\Sigma}\begin{vmatrix}\cos\alpha & \cos\beta & \cos\gamma\\ \dfrac{\partial}{\partial x} & \dfrac{\partial}{\partial y} & \dfrac{\partial}{\partial z}\\ P & Q & R\end{vmatrix}\mathrm{d}s=\oint_{\Gamma}P\,\mathrm{d}x+Q\mathrm{d}y+R\mathrm{d}z$$

这里，$\boldsymbol{n}=\{\cos\alpha,\cos\beta,\cos\gamma\}$。

斯托克斯公式的意义：揭示了有向曲面上的曲面积分与其边界曲线上的曲线积分之间的关系。如果 $\Sigma$ 是 $xoy$ 面上的一块平面闭区域，斯托克斯公式就变成格林公式。因此，格林公式是斯托克斯公式的一种特殊情形。

**【例 4.54】** 格林公式的应用。在上述格林公式中，取 $P=-y$，$Q=x$，即得

$$2\iint\limits_{D}\mathrm{d}x\mathrm{d}y=\oint_{L}x\mathrm{d}y-y\mathrm{d}x$$

上式左端是闭区域 $D$ 的面积的 2 倍，因此有

$$A=\frac{1}{2}\oint_{L}x\mathrm{d}y-y\mathrm{d}x$$

求椭圆 $x=a\cos\theta$，$y=b\sin\theta$ 所围成的图形的面积 $A$，如图 4-25 所示。

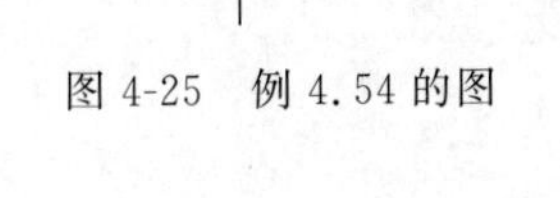

图 4-25 例 4.54 的图

**解**：根据公式 $A=\frac{1}{2}\oint_{L}x\mathrm{d}y-y\mathrm{d}x$，有

$$A=\frac{1}{2}\oint_{L}x\mathrm{d}y-y\mathrm{d}x=\frac{1}{2}\int_{0}^{2\pi}(ab\cos^{2}\theta+ab\sin^{2}\theta)\,\mathrm{d}\theta$$

代码如下：

```
syms a b x
I = 0.5 * int((a * b * cos(x)^2 + a * b * sin(x)^2),x,0,2 * pi)
```

输出结果如下：

```
I =
    pi * a * b
```

这表明，所求椭圆图形的面积为 $\pi ab$。若椭圆长短轴相等，就变为圆，其面积为 $\pi a^{2}$。

**【例 4.55】** 利用高斯公式计算曲面积分

$$\oiint_{\Sigma}(x-y)\mathrm{d}x\mathrm{d}y+(y-z)x\mathrm{d}y\mathrm{d}z$$

其中，$\Sigma$ 为柱面 $x^2+y^2=1$ 及平面 $z=0,z=3$ 所围成的空间闭区域 $\Omega$ 的整个边界曲面的外侧(图 4-26)。

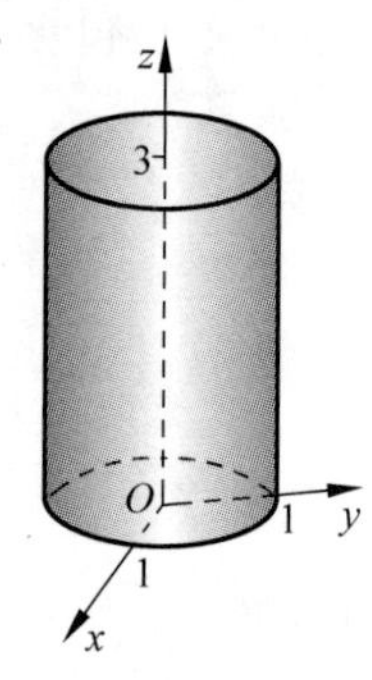


图 4-26　例 4.55 的图

**解**：因 $P=(y-z)x,Q=0,R=x-y$

$$\frac{\partial P}{\partial x}=y-z,\quad \frac{\partial Q}{\partial y}=0,\quad \frac{\partial R}{\partial z}=0$$

利用高斯公式把所给曲面积分化为三重积分，再利用柱面坐标计算三重积分，得

$$\oiint_{\Sigma}(x-y)\mathrm{d}x\mathrm{d}y+(y-z)x\mathrm{d}y\mathrm{d}z$$

$$=\iiint_{\Omega}(y-z)\mathrm{d}x\mathrm{d}y\mathrm{d}z=\iiint_{\Omega}(\rho\sin\theta-z)\rho\mathrm{d}\rho\mathrm{d}\theta\mathrm{d}z$$

$$=\int_0^{2\pi}\mathrm{d}\theta\int_0^1\rho\mathrm{d}\rho\int_0^3(\rho\sin\theta-z)\mathrm{d}z$$

代码如下：

```
syms rho thet z ;
I1 = int((rho * sin(thet) - z), z,0,3);
I2 = int(I1,rho,0,1);
I = int(I2,thet,0,2 * pi)
```

输出结果如下：

```
I =
    - 9 * pi
```

所以，$\oiint_{\Sigma}(x-y)\mathrm{d}x\mathrm{d}y+(y-z)x\mathrm{d}y\mathrm{d}z=-9\pi$。

**【例 4.56】** 求力 $F=\boldsymbol{i}x+\boldsymbol{j}y+\boldsymbol{k}z$ 沿有向闭曲线 $L$ 所做的功，其中，$L$ 为平面 $x+y+z=1$ 被三个坐标面所截成的三角形的整个边界，从 $z$ 轴正向看去，沿顺时针方向。

**解**：令 $L$ 为平面 $x+y+z=1$ 在第一象限部分的下侧，如图 4-27 所示。力场沿其边界 $L$(顺时针方向)所做的功为

$$W=\oint_L P\mathrm{d}x+Q\mathrm{d}y+R\mathrm{d}z=\oint_L y\mathrm{d}x+z\mathrm{d}y+x\mathrm{d}z$$

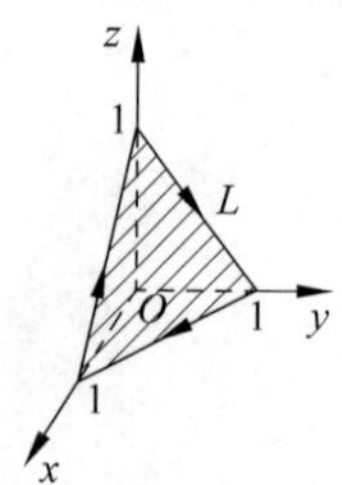


图 4-27　例 4.56 的图

$L$ 的单位法向量 $\boldsymbol{n}=-\frac{1}{\sqrt{3}}(1,1,1)$，故方向余弦为

$$\cos\alpha=\cos\beta=\cos\gamma=-\frac{1}{\sqrt{3}}$$

因而由斯托克斯公式有

$$W=\iint_L \begin{vmatrix} \cos\alpha & \cos\beta & \cos\gamma \\ \frac{\partial}{\partial x} & \frac{\partial}{\partial y} & \frac{\partial}{\partial z} \\ P & Q & R \end{vmatrix} \mathrm{d}s=\iint_L \begin{vmatrix} -\frac{1}{\sqrt{3}} & -\frac{1}{\sqrt{3}} & -\frac{1}{\sqrt{3}} \\ \frac{\partial}{\partial x} & \frac{\partial}{\partial y} & \frac{\partial}{\partial z} \\ y & z & x \end{vmatrix} \mathrm{d}s=\sqrt{3}\iint_L \mathrm{d}s$$

$$=\sqrt{3}\ |\ L\ |=\sqrt{3}\times\frac{1}{2}\times(\sqrt{2})^2\times\sin\frac{\pi}{3}=\frac{3}{2}$$

## 本章小结

本章多元函数微积分主要包括二元函数求极限、偏导数、全微分、方向导数、梯度、散度、旋度、二重积分、三重积分、第一/二型曲线和曲面积分等内容。

# 第5章

# 无穷级数

## 5.1 数项级数求和

级数分有穷级数和无穷级数两类。无穷级数由无穷多项(或数)构成,把无穷多项(或数)相加,能加出一个有限数的级数叫作收敛级数,加出一个无穷大数的级数叫作发散级数。无穷级数又分为数项级数和函数项级数。数项级数的每一项都是数,函数项级数的每一项都是函数。数项无穷级数求和就是把级数的每一项加起来。

在 MATLAB 中,使用函数 symsum()进行级数求和。其调用格式为:

r=symsum(s),对符号表达式 $s$ 中的符号变量 $k$ 从 0 到 $k-1$ 级数求和。

r=symsum(s,v),对符号表达式 $s$ 中指定的符号变量 $v$ 从 0 到 $v-1$ 级数求和。

r=symsum(s,a,b),对符号表达式 $s$ 中的符号变量 $k$ 从 $a$ 到 $b$ 级数求和。

r=symsum(s,v,a,b),对符号表达式 $s$ 中指定的符号变量 $v$ 从 $a$ 到 $b$ 级数求和。

函数 symsum()有广泛的适应性,不管是有穷级数还是无穷级数,不管是收敛级数还是发散级数,都可用它来求和。

**【例 5.1】** 求级数 $\sum_{k=0}^{k-1} k^2$。

代码如下:

```
syms k n x v;
y1 = symsum(k^2)
```

输出结果如下:

```
y1 =
    1/3 * k^3 - 1/2 * k^2 + 1/6 * k
```

所以,$\sum_{k=0}^{k-1} k^2 = \frac{1}{3}k^3 - \frac{1}{2}k^2 + \frac{1}{6}k$。

【例 5.2】 求无穷级数 $\sum_{i=1}^{+\infty}\frac{1}{(2n-3)(2n+2)}$。

代码如下：

```
syms k n x v;
y1 = symsum(1/((2 * n - 3) * (2 * n + 2)),n,1,inf)
```

输出结果如下：

```
y1 =
    - 1/10 + 1/5 * log(2)
```

所以，$\sum_{i=1}^{+\infty}\frac{1}{(2n-3)(2n+2)}=-\frac{1}{10}+\frac{1}{5}\ln 2$。

【例 5.3】 求有限项级数 $\sum_{i=0}^{100}3^i$。

代码如下：

```
syms k ;
y1 = symsum(3^k,0,100)
```

输出结果如下：

```
y1 =
    773066281098016996554691694648431909053161283001
```

所以，$\sum_{i=0}^{100}3^i=773066281098016996554691694648431909053161283001$。

【例 5.4】 对几何级数 $1+\frac{1}{2}+\frac{1}{2^2}+\cdots+\frac{1}{2^\infty}$求和。

代码如下：

```
syms n ;
y1 = symsum(1/2^n,0,inf)
```

输出结果如下：

```
y1 =
    2
```

所以，$\sum_{n=0}^{+\infty}\frac{1}{2^n}=1+\frac{1}{2}+\frac{1}{2^2}+\cdots+\frac{1}{2^\infty}=2$。

【例 5.5】 对数列$\frac{1}{2},\frac{2}{3},\frac{3}{4},\cdots,\frac{n}{n+1},\cdots$求和。

代码如下：

```
syms n ;
y1 = symsum(n/(n + 1),1, + inf)
```

输出结果如下：

```
y1 =
    Inf
```

所以，$\sum_{n=1}^{+\infty}\frac{n}{n+1}=\infty$。

因此数列的和为无穷大，故此数列是发散的。

**【例 5.6】** 对调和级数 $1+\frac{1}{2}+\frac{1}{3}+\cdots+\frac{1}{n}+\cdots$求和。

代码如下：

```
syms n ;
y1 = symsum((1/n),1, + inf)
```

输出结果如下：

```
y1 =
    Inf
```

可见，此调和级数的和 $\sum_{n=1}^{+\infty}\frac{1}{n}=\infty$，故此级数是发散的。

**【例 5.7】** 对级数 $1+\frac{1}{2^2}+\frac{1}{3^2}+\cdots+\frac{1}{n^2}+\cdots$求和。

代码如下：

```
syms n;
y1 = symsum(1/(n^2),1,inf)
```

输出结果如下：

```
y1 =
    1/6 * pi^2
```

所以，$1+\frac{1}{2^2}+\frac{1}{3^2}+\cdots+\frac{1}{n^2}+\cdots=\sum_{n=1}^{+\infty}\frac{1}{n^2}=\frac{\pi^2}{6}$。

**【例 5.8】** 对级数 $1-\frac{1}{2}+\frac{1}{3}-\frac{1}{4}+\cdots+\frac{(-1)^{n-1}}{n}+\cdots$求和。

代码如下：

```
syms n;
y1 = symsum(((-1)^(n-1))/n,1,inf)
```

输出结果如下：

```
y1 =
    log(2)
```

所以，$1-\frac{1}{2}+\frac{1}{3}-\frac{1}{4}+\cdots+\frac{(-1)^{n-1}}{n}+\cdots=\sum_{n=1}^{+\infty}\frac{(-1)^{n-1}}{n}=\ln 2$。

**【例 5.9】** 对级数 $1-\frac{1}{2^2}+\frac{1}{3^2}-\frac{1}{4^2}+\cdots+\frac{(-1)^{n-1}}{n^2}+\cdots$求和。

代码如下：

```
syms n ;
y1 = symsum(((-1)^(n-1))/n^2,1,inf)
```

输出结果如下：

```
y1 =
    1/12 * pi^2
```

所以，$1-\frac{1}{2^2}+\frac{1}{3^2}-\frac{1}{4^2}+\cdots+\frac{(-1)^{n-1}}{n^2}+\cdots=\sum_{n=1}^{+\infty}\frac{(-1)^{n-1}}{n^2}=\frac{\pi^2}{12}$。

**【例 5.10】** 对级数 $1+\frac{3}{2^2}+\frac{5}{3^2}+\frac{7}{4^2}+\cdots+\frac{(2n-1)}{n^2}+\cdots$求和。

代码如下：

```
syms n ;
y1 = symsum((2 * n - 1)/n^2,1,inf)
```

输出结果如下：

```
y1 =
   3
```

所以，$1+\frac{3}{2^2}+\frac{5}{3^2}+\frac{7}{4^2}+\cdots+\frac{(2n-1)}{n^2}+\cdots=\sum_{n=1}^{+\infty}\frac{(2n-1)}{n^2}=3$。

**【例 5.11】** 对级数 $a+aq+aq^2+aq^3+\cdots+aq^{(n-1)}+\cdots$求和。

代码如下：

```
syms a n q
y1 = a * q^(n-1);
y2 = symsum(y1,n,1,inf)
```

输出结果如下：

```
y2 =
    - a/(q-1)
```

所以，$a+aq+aq^2+aq^3+\cdots+aq^{(n-1)}+\cdots=\sum_{n=1}^{+\infty}aq^{(n-1)}=\frac{a}{1-q}$。

**【例 5.12】** 对级数 $\ln\left(\frac{2}{3}\right)+\ln\left(\frac{5}{6}\right)+\ln\left(\frac{9}{10}\right)+\cdots+\ln\left(1-\frac{2}{i(i+1)}\right)+\cdots$求和。

代码如下：

```
syms i n x
m = 1 - 2/(i * (i + 1));
n = log(m);
y1 = exp(simple(symsum(n,i,2,inf)))
```

输出结果如下：

```
y1 =
    1/3
```

所以，$\ln\left(\frac{2}{3}\right)+\ln\left(\frac{5}{6}\right)+\ln\left(\frac{9}{10}\right)+\cdots+\ln\left(1-\frac{2}{i(i+1)}\right)+\cdots=\sum_{i=2}^{+\infty}\ln\left(1-\frac{2}{i(i+1)}\right)=\frac{1}{3}$。

## 5.2 关于阶乘的计算

1～$n$ 的连续自然数相乘的积，称为阶乘，用符号 $n!$ 表示，如 $2!=1\times2$，$5!=1\times2\times3\times4\times5$，$n!=1\times2\times3\times\cdots\times n$。规定 $0!=1$。

在 MATLAB 中，阶乘用命令 factorial($N$)计算。当 $N$ 为正整数时，计算 1～$N$ 这 $N$ 个数的乘积 $N!$，相当于 prod(1：$N$)。当 $N$ 为数组时，计算数组中每一个数的阶乘；当 $N$ 为矩阵时，计算矩阵中每一个数的阶乘。

factorial()与 factor()函数的区别：factorial($N$)计算自然数的阶乘，factor($N$)是对 $N$ 作因式分解。如，factorial(6)=720，factor(6)为 2 和 3。

**【例 5.13】** 依次计算 1,2,3,4,5,6 的阶乘。

代码如下：

```
syms n m;
for n = 1:1:6
m = factorial(n)
end
```

输出结果如下：

```
m =
    1
m =
    2
m =
    6
m =
    24
m =
    120
m =
    720
```

由以上可以看出，当 $n=1,2,3,4,5,6$ 时，函数 factorial(n)结果依次为 1,2,6,24,120,720，对应的阶乘为 1!,2!,3!,4!,5!,6!。

**【例 5.14】** 试计算数组[2,3,4]的阶乘。

代码如下：

```
syms n m;
n = [2 3 4];
m = factorial(n)
```

输出结果如下：

```
m =
    2    6    24
```

可见，当 $N$ 为数组时，计算数组中每一个数的阶乘。

**【例 5.15】** 试计算二阶与三阶矩阵的阶乘。

代码 1 如下：

```
syms n m;
n = [1 2;3 4];
m = factorial(n)
```

输出结果如下：

```
m =
     1     2
     6    24
```

代码 2 如下：

```
syms n m;
n = [1 2 3;3 2 1;4 3 2];
m = factorial(n)
```

输出结果如下：

```
m =
     1     2     6
     6     2     1
    24     6     2
```

可见，当 $N$ 为矩阵时，计算的是矩阵中每一个数的阶乘。

```
>> factor(6)
ans =
     2    3
>> n = 5;
>> prod(1:n)
ans =
    120
```

可见，prod(1：$N$)计算的也是 $N$ 的阶乘，与 factorial($N$)计算自然数的阶乘一样，而 factor($N$)是对 $N$ 作因式分解。

## 5.3 单变量函数的泰勒幂级数展开

一个函数如果具有 $n+1$ 阶导数，则该函数可以展成泰勒级数。

泰勒级数公式为

$$f(x)=f(x_0)+f'(x_0)(x-x_0)+\frac{f''(x_0)}{2!}(x-x_0)^2+\cdots+\frac{f^{(n)}(x_0)}{n!}(x-x_0)^n+R_n \tag{5-1}$$

其中，

$$R_n=\frac{f^{(n+1)}(\xi)}{(n+1)!}(x-x_0)^{n+1} \tag{5-2}$$

式(5-1)称为 $f(x)$ 按 $(x-x_0)$ 的幂展开到 $n$ 阶的泰勒公式，$R_n$ 的表达式(5-2)称为拉格朗日型的余项。$\xi$ 为 $x\sim x_0$ 的某值。

在式(5-1)中，若 $x_0=0$，就变为麦克劳林公式：

$$f(x)=f(0)+f'(0)x+\frac{f''(0)}{2!}x^2+\cdots+\frac{f^{(n)}(0)}{n!}x^n+\frac{f^{(n+1)}(\theta x)}{(n+1)!}x^{n+1} \tag{5-3}$$

由此得近似公式

$$f(x)\approx f(0)+f'(0)x+\frac{f''(0)}{2!}x^2+\cdots+\frac{f^{(n)}(0)}{n!}x^n+\cdots \tag{5-4}$$

在 MATLAB 中，使用函数 taylor()作泰勒幂级数展开。其调用格式为：

r=taylor(f,x,k)，按 $x=0$ 进行泰勒幂级数展开。其中，参数 $f$ 为原函数的符号表达式，$x$ 为自变量，$k$ 为展开的项数，默认值为 6 项。

r=taylor(f)，等价于 r=taylor(f,findsym(f),6)，findsym(f)表示寻找符号表达式中的自变量。

r=taylor(f,x,k,a)，按 $x=a$ 进行泰勒幂级数展开。

**【例 5.16】** 将 $\sin x$ 展开成泰勒级数。

代码如下：

```
syms x
y = sin(x);
r = taylor(y,x)
```

输出结果如下：

```
r =
    x - 1/6 * x^3 + 1/120 * x^5
```

所以，$\sin(x)=x-\frac{1}{6}x^3+\frac{1}{120}x^5$。

**【例 5.17】** 将 $\cos x$ 展开成泰勒级数。

代码如下：

```
syms x
y = cos(x);
r = taylor(y,x)
```

输出结果如下：

```
r =
    1 - 1/2 * x^2 + 1/24 * x^4
```

所以，$\cos(x)=1-\frac{1}{2}x^2+\frac{1}{24}x^4$。

**【例 5.18】** 将 $e^x$ 展开成泰勒级数。

代码如下：

```
syms x
y = exp(x);
r = taylor(y,x)
```

输出结果如下：

```
r =
    1 + x + 1/2 * x^2 + 1/6 * x^3 + 1/24 * x^4 + 1/120 * x^5
```

所以，$e^x=1+x+\frac{1}{2}x^2+\frac{1}{6}x^3+\frac{1}{24}x^4+\frac{1}{120}x^5$。

**【例 5.19】** 将$\frac{1}{x+1}$展开成泰勒级数。

代码如下：

```
syms x
y = 1/(1 + x);
r = taylor(y,x)
```

输出结果如下：

```
r =
    1 - x + x^2 - x^3 + x^4 - x^5
```

所以，$\frac{1}{x+1}=1-x+x^2-x^3+x^4-x^5$。

**【例 5.20】** 将 $\ln(1+x)$展开成泰勒级数。

代码如下：

```
syms x
y = log(1 + x);
r = taylor(y,x)
```

输出结果如下：

```
r =
    x - 1/2 * x^2 + 1/3 * x^3 - 1/4 * x^4 + 1/5 * x^5
```

所以，$\ln(1+x)=x-\frac{1}{2}x^2+\frac{1}{3}x^3-\frac{1}{4}x^4+\frac{1}{5}x^5$。

**【例 5.21】** 将$\frac{1}{(x+1)^2}$展开成泰勒级数。

代码如下：

```
syms x
y = 1/(1 + x)^2;
r = taylor(y,x)
```

输出结果如下：

```
r =
    1 - 2 * x + 3 * x^2 - 4 * x^3 + 5 * x^4 - 6 * x^5
```

所以，$\frac{1}{(x+1)^2}=1-2x+3x^2-4x^3+5x^4-6x^5$。

**【例 5.22】** 将 $x\cos x$ 展开成泰勒级数。

代码如下：

```
syms x
y = x * cos(x);
r = taylor(y,x)
```

输出结果如下：

```
r =
    x - 1/2 * x^3 + 1/24 * x^5
```

所以，$x\cos x=x-\frac{1}{2}x^3+\frac{1}{24}x^5$。

**【例 5.23】** 将 $\ln\frac{1+x}{1-x}$ 展开成泰勒级数。

代码如下：

```
syms x
y = log((1 + x)/(1 - x));
r = taylor(y,x)
```

输出结果如下：

```
r =
    2 * x + 2/3 * x^3 + 2/5 * x^5
```

所以，$\ln\frac{1+x}{1-x}=2\left(x+\frac{1}{3}x^3+\frac{1}{5}x^5\right)$。

**【例 5.24】** 将 $\ln(1+x)$ 按 $x=a$ 展开成泰勒级数。

代码如下：

```
syms k x a
y = log(1 + x);
k = 3;
r = taylor(y,x,k,a)
```

输出结果如下：

```
r =
    log(1 + a) + 1/(1 + a) * (x - a) - 1/2/(1 + a)^2 * (x - a)^2
```

所以，$\ln(1+x)=\ln(1+a)+\frac{1}{1+a}(x-a)-\frac{1}{2(1+a)^2}(x-a)^2$。

**【例 5.25】** 将 $(1+x)^a$ 展开成泰勒级数。

代码如下：

```
syms k x a
y = (1 + x)^a;
r = taylor(y, x)
```

输出结果如下：

```
r =
    1 + a * x + 1/2 * a * (a - 1) * x^2 + 1/6 * a * (a - 1) * (a - 2) * x^3 + 1/24 * a * (a - 1) * (a - 2)
 * (a - 3) * x^4 + 1/120 * a * (a - 1) * (a - 2) * (a - 3) * (a - 4) * x^5
```

所以，$(1+x)^a=1+ax+\frac{1}{2!}a(a-1)x^2+\frac{1}{3!}a(a-1)(a-2)x^3+\frac{1}{4!}a(a-1)(a-2)(a-3)x^4+\frac{1}{5!}a(a-1)(a-2)(a-3)(a-4)x^5$。

**【例 5.26】** 将$(1+x)^3$展开成泰勒级数。

代码如下：

```
syms k x a
y = (1 + x)^3;
r = taylor(y, x)
```

输出结果如下：

```
r =
    1 + 3 * x + 3 * x^2 + x^3
```

所以，$(1+x)^3=1+3x+3x^2+x^3$。

**【例 5.27】** 将 $\cos x$ 展开成 10 项的泰勒级数。

代码如下：

```
syms x
y = cos(x);
r = taylor(y, x, 10)
```

输出结果如下：

```
r =
    1 - 1/2 * x^2 + 1/24 * x^4 - 1/720 * x^6 + 1/40320 * x^8
```

所以，$\cos x=1-\frac{1}{2}x^2+\frac{1}{24}x^4-\frac{1}{720}x^6+\frac{1}{40320}x^8$。

## 5.4 泰勒级数计算器

在 MATLAB 中，有一个"泰勒级数计算器"。输入命令"taylortool"，泰勒级数计算器就会显示出来。显示函数 $f=x\cos x$ 在区间$[-2\pi,2\pi]$内的图形，同时显示函数 $f$ 的前 $N=7$ 项的泰勒多项式级数和图形。命令"taylortool('f')"则是显示函数 $f$ 在区间$[-2\pi,2\pi]$内的图形，如图 5-1 所示。

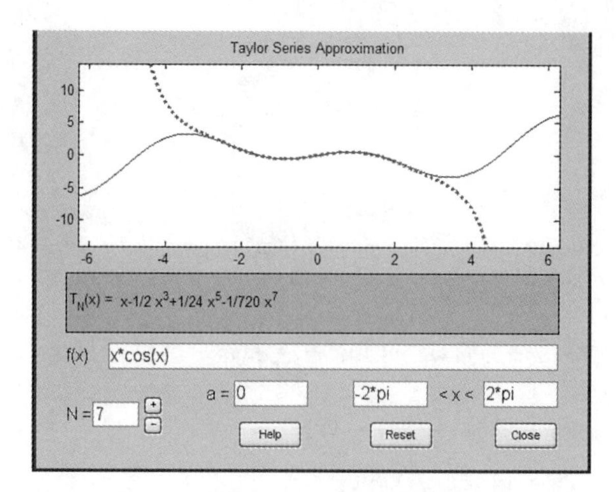


图 5-1 函数 $f(x)=x\cos x$ 泰勒展开式

该界面用于观察函数 $f(x)$ 在给定的区间上被 $N$ 阶泰勒多项式 $T_N(x)$逼近的情况。界面中 $N$ 的默认值为 7,可以用其右侧的按键改变阶次,也可以直接写入阶次；界面上的 $a$ 是级数的展开点,默认值为 0；函数的观察区默认设置值为$[-2\pi,2\pi]$。

图中,$f(x)=x\cos x$,其泰勒展开式为 $T_N(x)=x-\frac{1}{2}x^3+\frac{1}{24}x^5-\frac{1}{720}x^7$。$f(x)$的图形为实线,$T_N(x)$为虚线。

图 5-2 中,$f(x)=xe^x$,其泰勒展开式为 $T_N(x)=x+x^2+\frac{1}{2}x^3+\frac{1}{6}x^4+\frac{1}{24}x^5+\frac{1}{120}x^6+\frac{1}{720}x^7$。$f(x)$的图形为实线,$T_N(x)$为虚线。

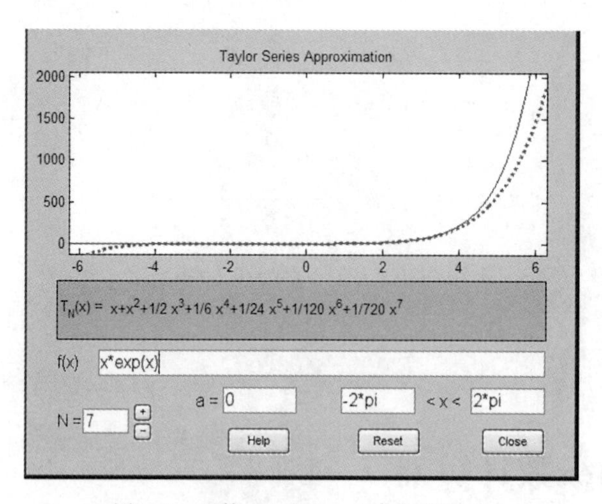


图 5-2 函数 $f(x)=xe^x$ 泰勒展开式

图 5-3 中,$f(x)=\frac{1}{x-1}$,其泰勒展开式为 $T_N(x)=-1-x-x^2-x^3-x^4-x^5-x^6-x^7$。$f(x)$的图形为实线,$T_N(x)$为虚线。

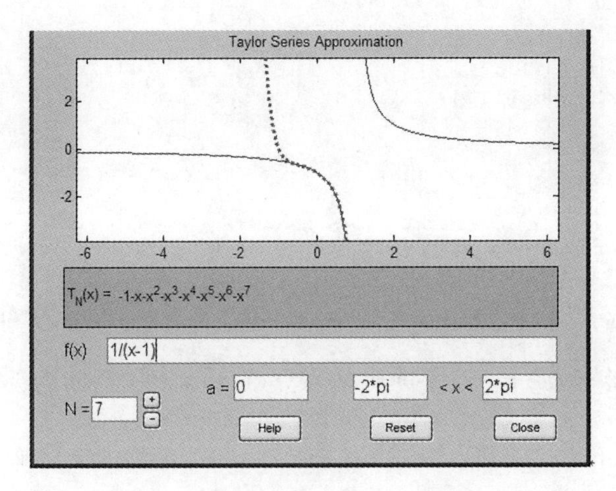


图 5-3 函数 $f(x)=\dfrac{1}{x-1}$ 泰勒展开式

## 5.5 多变量函数的泰勒级数

前面介绍过单变量的泰勒公式，本节讨论多变量的泰勒公式。二元函数的泰勒公式为

$$\begin{aligned}f(x_0+h,y_0+k)=f(x_0,y_0)+\left(h\frac{\partial}{\partial x}+k\frac{\partial}{\partial y}\right)f(x_0,y_0)+\\ \frac{1}{2!}\left(h\frac{\partial}{\partial x}+k\frac{\partial}{\partial y}\right)^2 f(x_0,y_0)+\cdots+\\ \frac{1}{n!}\left(h\frac{\partial}{\partial x}+k\frac{\partial}{\partial y}\right)^n f(x_0,y_0)+R_n\end{aligned} \tag{5-5}$$

其中，

$$R_n=\frac{1}{(n+1)!}\left(h\frac{\partial}{\partial x}+k\frac{\partial}{\partial y}\right)^{n+1} f(x_0+\theta h,y_0+\theta k)\quad (0<\theta<1) \tag{5-6}$$

$R_n$ 的表达式(5-6)称为拉格朗日型的余项。

在 MATLAB 中，调用 Maple 语言中的 mtaylor()函数求取多变量函数的泰勒幂级数展开。其调用格式为：

F=maple('mtaylor',f,'[x1,x2,…]',k)，按 $x_1=0,x_2=0,\cdots$进行泰勒幂级数展开。其中，参数 $f$ 为原函数的符号表达式，$x_1,x_2,\cdots$为自变量，$k$ 为展开的项数，默认值为 6 项。

F=maple('mtaylor',f,'[x1=a1,x2=a2,…,xn=an]',k)，按 $x_1=a_1,x_2=a_2,\cdots,x_n=a_n$ 进行泰勒幂级数展开。其中，$k-1$ 为泰勒幂级数展开的最高阶次，$f$ 为原多变量函数，$x_1,x_2,\cdots$为函数表达式中的自变量。maple 函数在调用时，自变量的引号不能省略，该调用格式完全将这些信息传递给 maple。

**【例 5.28】** 计算函数 $z=f(x,y)=(x^2-2x+3)\mathrm{e}^{-x^2-2y^2-2xy}\sin x$ 关于原点的前 5 项泰勒幂级数展开。

代码如下：

```
syms x y
f = (x.^2 - 2 * x + 3). * exp( - x.^2 - 2 * y.^2 - 2 * x. * y). * sin(x);
F = maple('mtaylor',f,'[x,y]',5)
```

输出结果如下：

```
F =
    3 * x - 2 * x^2 - 5/2 * x^3 - 6 * y * x^2 - 6 * y^2 * x + 7/3 * x^4 + 4 * y * x^3 + 4 * y^2 * x^2
```

所以，$z=f(x,y)=3x-2x^2-\frac{5}{2}x^3-6yx^2-6y^2x+\frac{7}{3}x^4+4yx^3+4y^2x^2$。

**【例 5.29】** 计算函数 $z=f(x,y)=x^y$ 在点(1,4)处的三阶泰勒级数展开。

代码如下：

```
syms x y
f = x.^y;
F = maple('mtaylor',f,'[x = 1,y = 4]',3)
```

输出结果如下：

```
F =
    - 3 + 4 * x + 6 * (x - 1)^2 + (y - 4) * (x - 1)
```

所以，$f(x,y)=x^y=-3+4x+6(x-1)^2+(y-4)(x-1)$。

**【例 5.30】** 计算函数 $z=f(x,y)=\sqrt{1+x^2+y^2}$ 在点(0,0)处的四阶泰勒级数展开。

代码如下：

```
syms x y
f = sqrt(1 + x.^2 + y.^2);
F = maple('mtaylor',f,'[x = 0,y = 0]',4)
```

输出结果如下：

```
F =
    1 + 1/2 * x^2 + 1/2 * y^2
```

所以，$z=f(x,y)=\sqrt{1+x^2+y^2}=1+\frac{1}{2}x^2+\frac{1}{2}y^2$。

**【例 5.31】** 计算函数 $z=f(x,y)=x^2+xy+y^2+3x-2y+4$ 在点(−1,1)处的四阶泰勒级数展开。

代码如下：

```
syms x y
f = x.^2 + x. * y + y.^2 + 3 * x - 2 * y + 4;
F = maple('mtaylor',f,'[x = - 1,y = 1]',4)
```

输出结果如下：

```
F =
    2 * x + 3 - y + (x + 1)^2 + (y - 1) * (x + 1) + (y - 1)^2
```

所以，$z=x^2+xy+y^2+3x-2y+4=2x+3-y+(x+1)^2+(y-1)(x+1)+(y-1)^2$。

【例 5.32】　计算函数 $z=f(x,y)=x^2+xy+y^2+3x-2y+4$ 在点(1,1)处的四阶泰勒级数展开。

代码如下：

```
syms x y
f = x * x + x * y + y * y + 3 * x - 2 * y + 4;
F = maple('mtaylor',f,'[x = 1,y = 1]',4)
```

输出结果如下：

```
F =
    1 + 6 * x + y + (x - 1)^2 + (x - 1)(y - 1) + (y - )^2
```

所以，$z=x^2+xy+y^2+3x-2y+4=1+6x+y+(x-1)^2+(x-1)(y-1)+(y-1)^2$。

# 5.6　傅里叶级数

有两类级数特别重要，一类是前面已经分析过的幂级数，另一类是本节要讨论的三角级数。幂级数是非负整幂函数的无穷和，三角级数则是三角函数的无穷和。傅里叶级数就是三角级数中的一类。

**收敛定理**：设 $f(x)$是以 $2\pi$ 为周期的周期函数，如果它满足：

(1) 在一个周期内连续或只有有限个第一类间断点；

(2) 在一个周期内至多只有有限个极值点。

那么，由傅里叶系数

$$a_n=\frac{1}{\pi}\int_{-\pi}^{\pi}f(x)\cos nx\,\mathrm{d}x\quad(n=0,1,2,\cdots)$$

$$b_n=\frac{2}{\pi}\int_{0}^{\pi}f(x)\sin nx\,\mathrm{d}x\quad(n=1,2,\cdots)$$

所定出的傅里叶级数

$$\frac{a_0}{2}+\sum_{n=1}^{+\infty}(a_n\cos nx+b_n\sin nx)$$

在区间$[-\pi,\pi]$收敛，并且它的和

(1) 当 $x$ 为 $f(x)$的连续点时，等于 $f(x)$；

(2) 当 $x$ 为 $f(x)$的间断点时，等于$\dfrac{f(x+0)+f(x-0)}{2}$；

(3) 当 $x$ 为区间的端点时，即当 $x=-\pi$ 或 $x=\pi$ 时，等于$\dfrac{f(-\pi+0)+f(\pi-0)}{2}$。

1. 周期为 $2\pi$ 的周期函数的傅里叶级数

**傅里叶级数定理**：设 $f(x)$是以 $2\pi$ 为周期的周期函数，$f(x)$在区间$(-\pi,\pi)$可以展开成如下的傅里叶级数：

$$f(x)=\frac{a_0}{2}+\sum_{n=1}^{+\infty}(a_n\cos nx+b_n\sin nx)\tag{5-7}$$

其中，

$$a_n=\frac{1}{\pi}\int_{-\pi}^{\pi}f(x)\cos nx\,\mathrm{d}x,\quad (n=1,2,\cdots)$$
$$b_n=\frac{2}{\pi}\int_{0}^{\pi}f(x)\sin nx\,\mathrm{d}x,\quad (n=1,2,\cdots) \tag{5-8}$$

正弦级数：当 $f(x)$是奇函数时，傅里叶级数为只含有正弦项的正弦级数，即

$$f(x)=\sum_{n=1}^{+\infty}b_n\sin nx \tag{5-9}$$

其中，

$$a_n=0,\quad (n=0,1,2,\cdots)$$
$$b_n=\frac{2}{\pi}\int_{0}^{\pi}f(x)\sin nx\,\mathrm{d}x\quad (n=1,2,\cdots) \tag{5-10}$$

余弦级数：当 $f(x)$是偶函数时，傅里叶级数为只含有余弦项的余弦级数，即

$$f(x)=\frac{a_0}{2}+\sum_{n=1}^{+\infty}a_n\cos nx \tag{5-11}$$

其中，

$$a_n=\frac{2}{\pi}\int_{0}^{\pi}f(x)\cos nx\,\mathrm{d}x\quad (n=0,1,2,\cdots)$$
$$b_n=0,\quad (n=1,2,\cdots) \tag{5-12}$$

由傅里叶级数定理可知，任何周期函数信号都可以看作不同振幅、不同相位的无穷多个正弦波的叠加。

**【例 5.33】** $f(x)$以 $2\pi$ 为周期，在$[-\pi,\pi]$有 $f(x)=x^2$，试求其傅里叶展开式。

**解**：先求傅里叶系数。由 $f(x)$在$[-\pi,\pi]$是偶函数(图 5-4)，知 $b_n=0$。

$$a_0=\frac{1}{\pi}\int_{-\pi}^{\pi}f(x)\mathrm{d}x=\frac{1}{\pi}\int_{-\pi}^{\pi}x^2\mathrm{d}x$$

$$a_n=\frac{1}{\pi}\int_{-\pi}^{\pi}f(x)\cos nx\,\mathrm{d}x=\frac{1}{\pi}\int_{-\pi}^{\pi}x^2\cos nx\,\mathrm{d}x$$

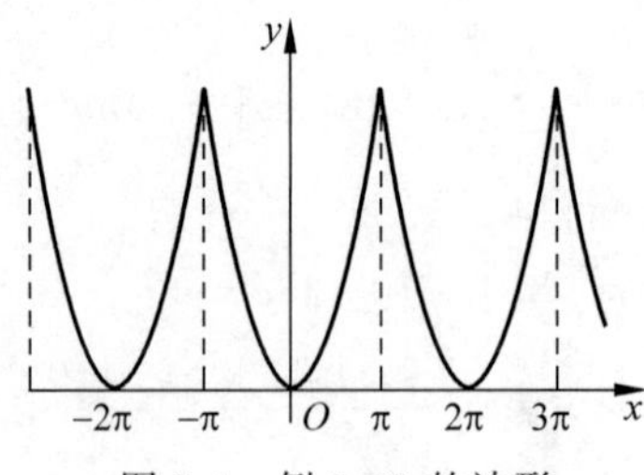


图 5-4 例 5.33 的波形

代码如下：

```
syms x n
f = x^2;
a0 = int(f,x, - pi,pi)/pi
an = int(f * cos(n * x),'x', - pi,pi)/pi
```

输出结果如下：

```
a0 =
    2/3 * pi^2
an =
    2 * ( - 2 * sin(pi * n) + n^2 * sin(pi * n) * pi^2 + 2 * n * cos(pi * n) * pi)/n^3/pi
```

即 $a_0=\dfrac{2\pi^2}{3}$

$$\begin{aligned}a_n&=\frac{2}{\pi n^3}(-2\sin(n\pi)+n^2\pi^2\sin(n\pi)+2n\pi\cos(n\pi))=\frac{4}{n^2}\cos(n\pi)\\&=(-1)^n\frac{4}{n^2}\end{aligned}$$

所以，$x^2=\dfrac{1}{3}\pi^2+4\sum\limits_{n=1}^{+\infty}(-1)^n\dfrac{\cos nx}{n^2},x\in[-\pi,\pi]$。

**【例 5.34】** 将函数

$$f(t)=E\left|\sin\frac{t}{2}\right|,\quad -\pi\leqslant t\leqslant\pi$$

展开成傅里叶级数。其中，$E$ 是正的常数。

**解**：求傅里叶系数。由 $f(t)$在$[-\pi,\pi]$是偶函数(图 5-5)，知 $b_n=0$。

$$a_n=\frac{1}{\pi}\int_{-\pi}^{\pi}f(t)\cos nt\,\mathrm{d}t=\frac{E}{\pi}\int_{-\pi}^{\pi}\left|\sin\frac{t}{2}\right|\cos nt\,\mathrm{d}t=\frac{2E}{\pi}\int_{0}^{\pi}\sin\frac{t}{2}\cos nt\,\mathrm{d}t$$

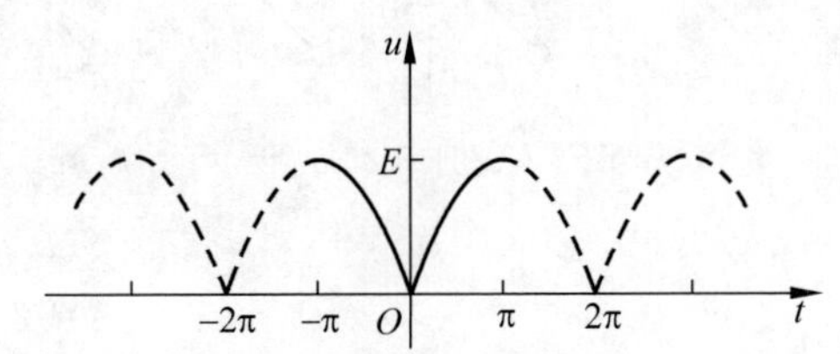


图 5-5　例 5.34 的波形

代码如下：

```
syms x n t E
f = sin(t/2);
an = (2 * E) * int(f * cos(n * t),t,0,pi)/pi
```

输出结果如下：

```
an =
    4 * E * (2 * n * sin(pi * n) - 1)/( - 1 + 4 * n^2)/pi
```

即

$$a_n=\frac{4E(2n\sin n\pi-1)}{\pi(4n^2-1)}=-\frac{4E}{\pi(4n^2-1)}\quad(n=0,1,2,\cdots)$$

将求得的系数代入式(5-7)，得 $f(x)$的傅里叶级数展开式为

$$f(t)=\frac{4E}{\pi}\left(\frac{1}{2}-\sum_{n=1}^{+\infty}\frac{\cos nt}{4n^2-1}\right),\quad(-\pi\leqslant t\leqslant\pi)$$

**【例 5.35】** 将以下周期函数展开成傅里叶级数：

$$f(x)=\begin{cases}x, & -\pi\leqslant x\leqslant 0\\ 0, & 0<x\leqslant\pi\end{cases}$$

**解**：这个函数满足收敛定理的条件，它在$[-\pi,\pi]$内连续，在端点不连续。函数图形如图 5-6 所示，所以，对应的傅里叶级数在区间$[-\pi,\pi]$内收敛于 $f(x)$，而在端点处收敛于 $\dfrac{f(-\pi+0)+f(\pi-0)}{2}=\dfrac{-\pi+0}{2}=-\dfrac{\pi}{2}$。

计算傅里叶系数如下：

$$a_0=\frac{1}{\pi}\int_{-\pi}^{\pi}f(x)\mathrm{d}x=\frac{1}{\pi}\int_{-\pi}^{0}x\,\mathrm{d}x$$

$$a_n=\frac{1}{\pi}\int_{-\pi}^{\pi}f(x)\cos nx\,\mathrm{d}x=\frac{1}{\pi}\int_{-\pi}^{0}x\cos nx\,\mathrm{d}x$$

$$b_n=\frac{1}{\pi}\int_{-\pi}^{\pi}f(x)\sin nx\,\mathrm{d}x=\frac{1}{\pi}\int_{-\pi}^{0}x\sin nx\,\mathrm{d}x$$

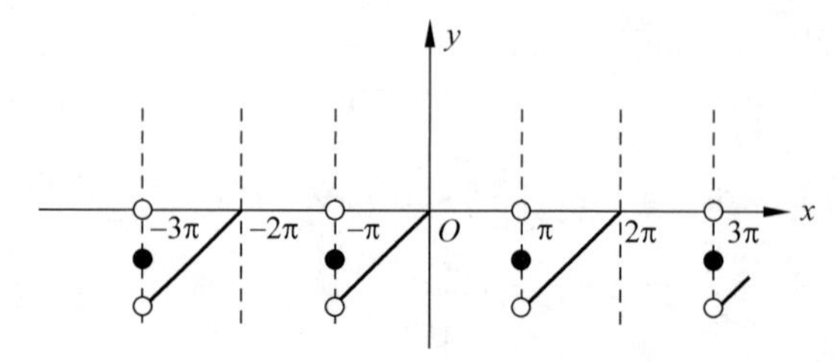


图 5-6　例 5.35 波形

代码如下：

```
syms x n
f = x;
a0 = int(f,x, - pi,0)/pi
an = int(f * cos(n * x),x, - pi,0)/pi
bn = int(f * sin(n * x),x, - pi,0)/pi
```

输出结果如下：

```
a0 =
     - 1/2 * pi
an =
     - (cos(pi * n) + n * sin(pi * n) * pi - 1)/n^2/pi
bn =
     - ( - sin(pi * n) + n * cos(pi * n) * pi)/n^2/pi
```

即 $a_0=-\dfrac{\pi}{2}$；

$$a_n=-\frac{\cos n\pi+n\pi\sin n\pi-1}{n^2\pi}=\frac{1-\cos n\pi}{n^2\pi}=\frac{1}{n^2\pi}[1-(-1)^n]$$

即 $a_2,a_4,a_6,\cdots$为 0，而 $a_1=\dfrac{2}{\pi 1^2},a_3=\dfrac{2}{\pi 3^2},a_5=\dfrac{2}{\pi 5^2},\cdots$；

$$b_n = \frac{\sin n\pi - n\pi\cos n\pi}{n^2\pi} = \frac{-\cos n\pi}{n} = -\frac{(-1)^n}{n}$$

即

$$b_1 = 1, \quad b_2 = -\frac{1}{2}, \quad b_3 = \frac{1}{3}, \cdots$$

将这些系数代入式(5-7)，就求得已给函数 $f(x)$ 的傅里叶级数为

$$f(x) = -\frac{\pi}{4} + \frac{2}{\pi}\left(\frac{1}{1^2}\cos x + \frac{1}{3^2}\cos 3x + \frac{1}{5^2}\cos 5x + \cdots\right) + \left(\sin x - \frac{1}{2}\sin 2x + \frac{1}{3}\sin 3x - \cdots\right)$$

$$(-\pi < x < \pi)$$

**【例 5.36】** 将周期函数

$$f(x) = \begin{cases} \cos x, & 0 < x < \dfrac{\pi}{2} \\ 0, & \dfrac{\pi}{2} < x < \pi \end{cases}$$

分别展开为正弦级数和余弦级数。

**解**：(1) 展开为正弦级数。对函数 $f(x)$ 作奇延拓(图 5-7)。

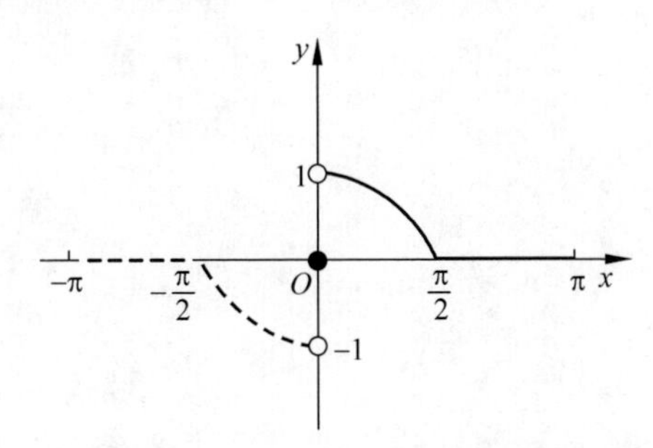


图 5-7 例 5.36 波形(正弦级数)

按照计算正弦函数的公式，有

$$b_n = \frac{2}{\pi}\int_0^{\pi} f(x)\sin nx\,\mathrm{d}x = \frac{2}{\pi}\int_0^{\frac{\pi}{2}} \cos x \sin nx\,\mathrm{d}x$$

代码如下：

```
syms x n a
f = cos(x);
bn = 2 * int(f * sin(n * x),x,0,pi/2)/pi
b1 = 2 * int(f * sin(x),x,0,pi/2)/pi
```

输出结果如下：

```
bn =
     2 * (n - sin(1/2 * pi * n))/( - 1 + n^2)/pi
b1 =
     1/pi
```

所以，$f(x) = \sum\limits_{n=1}^{+\infty} b_n \sin nx = \frac{1}{\pi}\left[\sin x + 2\sum\limits_{n=2}^{+\infty}\frac{1}{n^2-1}\left(n - \sin\frac{n\pi}{2}\right)\sin nx\right]$。

(2) 展开为余弦级数。对函数 $f(x)$作偶延拓(图 5-8)。

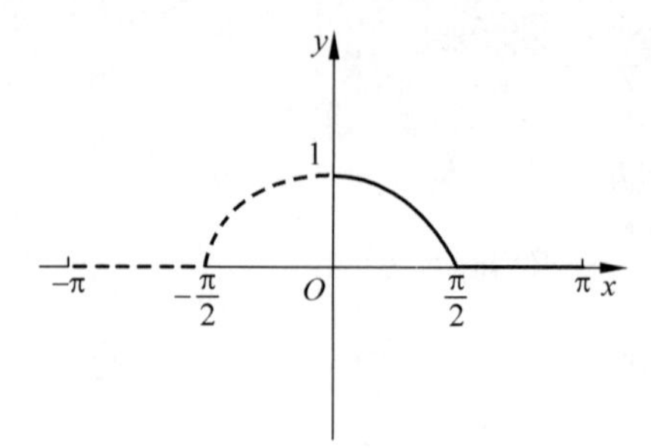


图 5-8 例 5.36 波形(余弦波形)

按照计算余弦函数的公式,有

$$a_n=\frac{2}{\pi}\int_0^{\pi}f(x)\cos nx\,\mathrm{d}x=\frac{2}{\pi}\int_0^{\frac{\pi}{2}}\cos x\cos nx\,\mathrm{d}x$$

代码如下:

```
syms x n a
f = cos(x);
an = 2 * int(f * cos(n * x),x,0,pi/2)/pi
a1 = 2 * int(f * cos(x),x,0,pi/2)/pi
```

输出结果如下:

```
an =
    - 2/( - 1 + n^2) * cos(1/2 * pi * n)/pi
a1 =
    1/2
```

所以,$f(x)=\frac{a_0}{2}+\sum_{n=1}^{+\infty}a_n\cos nx=\frac{1}{\pi}+\frac{1}{2}\cos x+\frac{2}{\pi}\sum_{k=1}^{+\infty}\frac{(-1)^{k-1}}{4k^2-1}\cos 2kx$。

2. 周期为 $2l$ 的周期函数的傅里叶级数

**傅里叶级数定理**:设 $f(x)$是以 $2l$ 为周期的周期函数,$f(x)$在区间$(-l,l)$可以展开成如下的傅里叶级数:

$$f(x)=\frac{a_0}{2}+\sum_{n=1}^{+\infty}\left(a_n\cos\frac{n\pi x}{l}+b_n\sin\frac{n\pi x}{l}\right)\quad(x\in\mathbb{C})\tag{5-13}$$

其中,

$$\begin{cases}a_n=\frac{1}{l}\int_{-l}^{l}f(x)\cos\frac{n\pi x}{l}\mathrm{d}x, & (n=0,1,2,\cdots)\\ b_n=\frac{1}{l}\int_{-l}^{l}f(x)\sin\frac{n\pi x}{l}\mathrm{d}x, & (n=1,2,\cdots)\end{cases}\tag{5-14}$$

当 $f(x)$是奇函数时,

$$f(x)=\sum_{n=1}^{+\infty}b_n\sin\frac{n\pi x}{l}\quad(x\in\mathbb{C})\tag{5-15}$$

其中,

$$b_n=\frac{2}{l}\int_0^{l}f(x)\sin\frac{n\pi x}{l}\mathrm{d}x\quad(n=1,2,\cdots)\tag{5-16}$$

当 $f(x)$是偶函数时，

$$f(x)=\frac{a_0}{2}+\sum_{n=1}^{+\infty}a_n\cos\frac{n\pi x}{l}\quad(x\in\mathbb{C})\tag{5-17}$$

其中，

$$a_n=\frac{2}{l}\int_0^l f(x)\cos\frac{n\pi x}{l}\mathrm{d}x\quad(n=0,1,2,\cdots)\tag{5-18}$$

**【例 5.37】** $f(x)$是周期为 4 的周期函数，它在$[-2,2)$上的表达式为

$$f(x)=\begin{cases}0, & -2\leqslant x<0\\ h, & 0\leqslant x<2\end{cases}\quad(\text{常数 } h\neq 0)$$

将 $f(x)$展开为傅里叶级数，并作出级数的和函数的图形。

**解**：这时 $l=2$，按照周期为 $2l$ 的函数的傅里叶级数公式[式(5-14)]，有

$$a_n=\frac{1}{2}\int_0^2 h\cos\frac{n\pi x}{2}\mathrm{d}x$$

$$b_n=\frac{1}{2}\int_0^2 h\sin\frac{n\pi x}{2}\mathrm{d}x$$

代码如下：

```
syms x n a h
f = h;
an = (1/2) * int(f * cos((n * pi * x)/2),x,0,2)
a0 = int(f,x,0,2)/2
bn = int(f * sin(n * pi * x/2),x,0,2)/2
```

输出结果如下：

```
an =
    sin(pi * n) * h/pi/n
a0 =
    h
bn =
   - h * ( - 1 + cos(pi * n))/pi/n
```

即 $a_n=\frac{h\sin n\pi}{n\pi}=0,a_0=0,b_n=\frac{h}{n\pi}(1-\cos n\pi)=\begin{cases}\frac{2h}{n\pi}, & n=1,3,5,\cdots\\ 0, & n=2,4,6,\cdots\end{cases}$

将 $a_n,b_n$ 代入式(5-13)，得

$$f(x)=\frac{h}{2}+\frac{2h}{\pi}\left(\sin\frac{\pi x}{2}+\frac{1}{3}\sin\frac{3\pi x}{2}+\frac{1}{5}\sin\frac{5\pi x}{2}+\cdots+\frac{1}{2n-1}\sin\frac{(2n-1)\pi x}{2}+\cdots\right)$$

$$(-\infty<x<+\infty;x\neq 0,\pm 2,\pm 4,\cdots)$$

级数的和函数图形如图 5-9 所示。

**【例 5.38】** 将周期函数

$$f(x)=\begin{cases}1, & 0<x<\frac{a}{2}\\ -1, & \frac{a}{2}<x<a\end{cases}$$

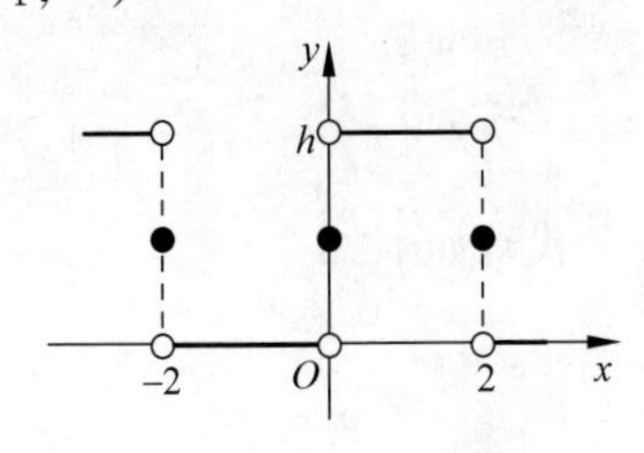

图 5-9　例 5.37 波形

展开为余弦傅里叶级数(图 5-10)。

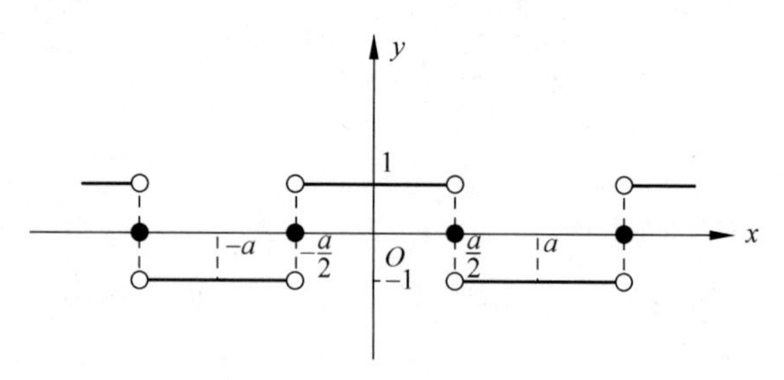


图 5-10　例 5.38 波形

**解**：这时 $l=a$，由式(5-18)得

$$a_0=\frac{2}{a}\int_0^{\frac{a}{2}}1\cdot \mathrm{d}x+\frac{2}{a}\int_{\frac{a}{2}}^{a}(-1)\cdot \mathrm{d}x$$

$$a_n=\frac{2}{a}\int_0^{\frac{a}{2}}1\cdot \cos\frac{n\pi x}{a}\mathrm{d}x+\frac{2}{a}\int_{\frac{a}{2}}^{a}(-1)\cdot \cos\frac{n\pi x}{a}\mathrm{d}x$$

代码如下：

```
syms x n a
f = 1;
a0 = (2/a) * int(f,x,0,a/2) + (2/a) * int(f * ( - 1),x,a/2,a)
an = (2/a) * int(f * cos(pi * n * x/a),x,0,a/2) + (2/a) * int( - 1 * f * cos(pi * n * x/a),x,a/2,a)
```

输出结果如下：

```
a0 =
    0
an =
    2 * sin(1/2 * pi * n)/pi/n + 2 * (sin(1/2 * pi * n) - sin(pi * n))/pi/n
```

即 $a_0=0, a_n=\frac{2}{n\pi}\sin\frac{n\pi}{2}+\frac{2}{n\pi}\left(\sin\frac{n\pi}{2}-\sin n\pi\right)=\frac{4}{n\pi}\sin\frac{n\pi}{2}$

代入式(5-17)，得

$$f(x)=\frac{4}{\pi}\left(\cos\frac{\pi x}{a}-\frac{1}{3}\cos\frac{3\pi x}{a}+\frac{1}{5}\cos\frac{5\pi x}{a}-\cdots\right)\quad\left(0<x<\frac{a}{2},\frac{a}{2}<x<a\right)$$

**【例 5.39】** 将 $f(x)=\frac{x^2}{4}-\frac{\pi x}{2}$ 在$[0,\pi]$展开成余弦级数。

**解**：根据偶延拓计算傅里叶系数

$$a_0=\frac{2}{\pi}\int_0^{\pi}f(x)\mathrm{d}x=\frac{2}{\pi}\int_0^{\pi}\left(\frac{x^2}{4}-\frac{\pi x}{2}\right)\mathrm{d}x$$

$$a_n=\frac{2}{\pi}\int_0^{\pi}f(x)\cos nx\,\mathrm{d}x=\frac{2}{\pi}\int_0^{\pi}\left(\frac{x^2}{4}-\frac{\pi x}{2}\right)\cos nx\,\mathrm{d}x$$

代码如下：

```
syms x n
f = x^2/4 - pi * x/2;
a0 = 2 * int(f,x,0,pi)/pi
```

```
an = 2 * int(f * cos(n * x), x, 0, pi)/pi
```

输出结果如下：

```
a0 =
    - 1/3 * pi^2
an =
    - 1/2 * ( - 2 * pi * n + n^2 * sin(pi * n) * pi^2 + 2 * sin(pi * n))/n^3/pi
```

即 $a_0=-\frac{\pi^2}{3}, a_n=-\frac{1}{2n^3\pi}(-2n\pi+n^2\pi^2\sin n\pi+2\sin n\pi)=\frac{1}{n^2}$

代入式(5-17)，得

$$f(x)=\frac{x^2}{4}-\frac{\pi x}{2}=-\frac{\pi^2}{6}+\sum_{n=1}^{+\infty}\frac{\cos nx}{n^2},\quad (0\leqslant x\leqslant \pi)$$

**【例 5.40】** 将 $f(x)=\frac{x^2}{4}-\frac{\pi x}{2}$ 在 $[0,\pi]$ 展开成正弦级数。

**解**：根据奇延拓计算傅里叶系数

$$b_n=\frac{2}{\pi}\int_0^{\pi}f(x)\sin nx\,\mathrm{d}x=\frac{2}{\pi}\int_0^{\pi}\left(\frac{x^2}{4}-\frac{\pi x}{2}\right)\sin nx\,\mathrm{d}x$$

代码如下：

```
syms x n
f = x^2/4 - pi * x/2;
bn = 2 * int(f * sin(n * x), x, 0, pi)/pi
```

输出结果如下：

```
bn =
    1/2 * ( - 2 + n^2 * cos(pi * n) * pi^2 + 2 * cos(pi * n))/n^3/pi
```

即 $b_n=\frac{1}{2n^3\pi}(-2+n^2\pi^2\cos n\pi+2\cos n\pi)=\frac{(-1)^n\pi}{2n}+\frac{1}{n^3\pi}((-1)^n-1), n=1,2,\cdots$

因此，

$$f(x)=\frac{x^2}{4}-\frac{\pi x}{2}=\pi\sum_{n=1}^{+\infty}\frac{(-1)^n}{2n}\sin nx-\frac{2}{\pi}\sum_{n=1}^{+\infty}\frac{\sin(2n-1)x}{(2n-1)^3}$$

3. 傅里叶级数的复数形式

傅里叶级数的复数形式为

$$f(x)=\sum_{n=-\infty}^{+\infty}c_n\mathrm{e}^{\frac{n\pi x}{l}\mathrm{i}}\quad (x\in\mathbb{C})\tag{5-19}$$

其中，

$$c_n=\frac{1}{2l}\int_{-l}^{l}f(x)\mathrm{e}^{-\frac{n\pi x}{l}\mathrm{i}}\mathrm{d}x,\quad (n=0,\pm1,\pm2,\cdots)\tag{5-20}$$

这就是傅里叶系数的复数形式。

**【例 5.41】** 把宽为 $\tau$、高为 $h$、周期为 $T$ 的矩形波(图 5-11)展开成复数形式的傅里叶级数。

**解**：在一个周期 $\left[-\frac{T}{2},\frac{T}{2}\right]$ 内矩形波的函数表达式为

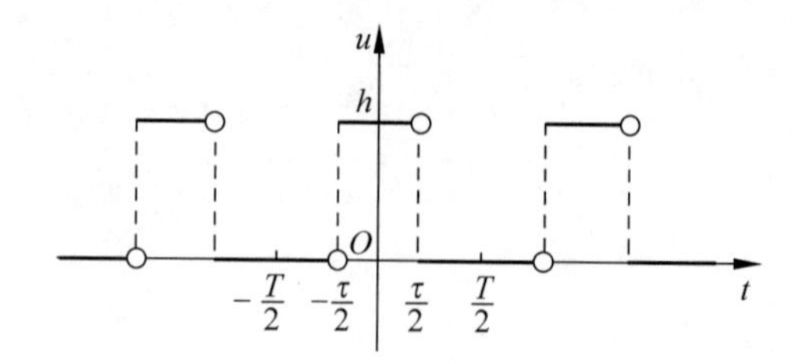


图 5-11　例 5.41 波形

$$f(t)=\begin{cases}0, & -\frac{T}{2}\leqslant t<-\frac{\tau}{2}\\ h, & -\frac{\tau}{2}\leqslant t<\frac{\tau}{2}\\ 0, & \frac{\tau}{2}\leqslant t<\frac{T}{2}\end{cases}$$

按照式(5-20)，有

$$c_n=\frac{1}{T}\int_{-T/2}^{T/2}f(t)\mathrm{e}^{-\frac{2n\pi t}{T}\mathrm{i}}\mathrm{d}t=\frac{1}{T}\int_{-\tau/2}^{\tau/2}h\mathrm{e}^{-\frac{2n\pi t}{T}\mathrm{i}}\mathrm{d}t$$

$$c_0=\frac{1}{T}\int_{-T/2}^{T/2}f(t)\mathrm{d}t=\frac{1}{T}\int_{-\tau/2}^{\tau/2}h\,\mathrm{d}t$$

代码如下：

```
syms x n t T tao
f = h;
cn = int(f * exp( - 2 * n * pi * t * i/T),t, - tao/2, tao/2)/T
c0 = int(f,t, - tao/2, tao/2)/T
```

输出结果如下：

```
cn =
     - 1/2 * i * h * (exp(i * n * pi * tao/T) - exp( - i * n * pi * tao/T))/n/pi
c0 =
     h * tao/T
```

即 $c_n=-\frac{\mathrm{i}h}{2n\pi}(\mathrm{e}^{\frac{\mathrm{i}n\pi\tau}{T}}-\mathrm{e}^{-\frac{\mathrm{i}n\pi\tau}{T}})=\frac{h}{n\pi}\sin\left(\frac{n\pi\tau}{T}\right)\quad(n=\pm1,\pm2,\cdots)$

$c_0=\frac{h\tau}{T}$

将系数 $c_n$ 代入式(5-19)，得

$$f(t)=\frac{h\tau}{T}+\frac{h}{\pi}\sum_{n=-\infty}^{+\infty}\frac{1}{n}\sin\frac{n\pi\tau}{T}\mathrm{e}^{\frac{2n\pi t}{T}\mathrm{i}}\quad\left(-\infty<t<+\infty;t\neq nT\pm\frac{\tau}{2},n=\pm1,\pm2,\cdots\right)$$

## 本章小结

本章无穷级数主要包括级数的求和、阶乘的计算、单变量函数的泰勒级数展开、多变量函数的泰勒级数展开和傅里叶级数等内容。

# 第6章

# 解常微分方程

## 6.1 解一阶常微分方程

1. 微分方程的基本概念

含有未知数的等式叫作方程。含有未知函数、未知函数导数的等式叫作微分方程。如果在一个微分方程中出现的未知函数只含一个自变量，这个方程就叫作常微分方程，例如$\frac{d^2y}{dx^2}=-ay^2$。如果在一个微分方程中出现多元函数的偏导数，这个方程就叫作偏微分方程，例如$\frac{\partial^2 z}{\partial x^2}=a^2\frac{\partial^2 z}{\partial y^2}$。

微分方程中出现的未知函数的最高阶导数的阶数，叫作微分方程的阶。如$\frac{dy}{dx}=2x$为一阶微分方程，$\frac{d^2y}{dx^2}=-ay^2$为二阶微分方程，以此类推。

找出满足微分方程的函数的过程称为解微分方程。这个函数就称为该微分方程的解。

如果微分方程的解中含有任意常数，且任意常数的个数与微分方程的阶数相同，这样的解叫作微分方程的通解。

确定了通解中的任意常数以后，就得到微分方程的特解。

确定通解中任意常数的办法是用初值条件。一阶微分方程的初值条件是$y|_{x=x_0}=y_0$；二阶微分方程的初值条件是$y|_{x=x_0}=y_0, y'|_{x=x_0}=y'_0$。

微分方程的解的图形是一条曲线，叫作微分方程的积分曲线。

求解一阶微分方程有多种方法，如对可分离变量的微分方程用两端积分法，对齐次方程用变量代换法，对一阶线性微分方程用常数变易法等。

2. 解微分方程的MATLAB命令

微分方程的求解。在MATLAB中，命令solve用来求解代数方程，命令dsolve用来求解微分方程。在方程中，用大写字母D表示一次微分，D2、D3分别表示二次、三次微分运算，以此类推。符号 Dy、D2y 分别表示$\frac{dy}{dt}$、$\frac{d^2y}{dt^2}$。函数 dsolve 把 d 后面的字符当作因变量，并默认所有这些变量对符号 $t$ 进行求导。函数 dsolve 的调用方式为：

r=dsolve('eq1,eq2,…','cond1,cond2,…','v')：求由 eq1,eq2,…指定的常微分方程的符号解。常微分方程以变量 $v$ 作为自变量，参数 cond1,cond2,…用于指定方程的边界条件或者初始条件。如果 $v$ 不指定，将默认 $t$ 为自变量。

r=dsolve('eq1','eq2',…,'cond1','cond2',…,'v')：求由 eq1,eq2,…指定的常微分方程的符号解。这些常微分方程都以 $v$ 作为自变量。这些单独输入的方程的最大允许个数为 12，其他参数与上一种调用方式相同。

3. 用 MATLAB 解一阶微分方程的例子

**【例 6.1】** 求微分方程 $y'=2ty$ 在初始条件 $y|_{t=1}=2$ 下的解。

代码如下：

```
dsolve('Dy = 2 * t * y','y(1) = 2')
```

输出结果如下：

```
ans =
    2/exp(1) * exp(t^2)
```

所以，$y=\frac{2}{e}e^{t^2}$。

**【例 6.2】** 求微分方程 $y'=2y/(t+1)$ 在初始条件 $y|_{t=0}=2$ 下的解。

代码如下：

```
dsolve('Dy = 2 * y/(t + 1)','y(0) = 2')
```

输出结果如下：

```
ans =
    2 * (t + 1)^2
```

所以，$y=2(t+1)^2$。

**【例 6.3】** 求微分方程 $y'=-t/y$ 在初始条件 $y|_{t=2}=4$ 下的解。

代码如下：

```
dsolve('Dy = - t/y','y(2) = 4')
```

输出结果如下：

```
ans =
    ( - t^2 + 20)^(1/2)
```

所以，$y=\sqrt{20-t^2}$。

**【例 6.4】** 求微分方程 $y'=2t$ 在初始条件 $y|_{t=1}=2$ 下的解。

代码如下：

```
dsolve('Dy = 2 * t','y(1) = 2')
```

输出结果如下：

```
ans =
   t^2 + 1
```

所以，$y=t^2+1$。

**【例 6.5】** 求微分方程 $3t^2+25t-5y'=0$ 的通解。

代码如下：

```
dsolve('Dy = (1/5) * 3 * t^2 + 5 * t')
```

输出结果如下：

```
ans =
    1/5 * t^3 + 5/2 * t^2 + C1
```

因此，所求通解为

$$y=\frac{1}{5}t^3+\frac{5}{2}t^2+C_1$$

**【例 6.6】** 求微分方程 $y'-\frac{2y}{(t+1)}=(t+1)^{\frac{5}{2}}$ 的通解。

代码如下：

```
dsolve('Dy - 2 * y/(t + 1) = (t + 1)^(5/2) ')
```

输出结果如下：

```
ans =
    1/3 * (2 * (t + 1)^(3/2) + 3 * C1) * (t + 1)^2
```

因此，所求通解为

$$y=\frac{1}{3}\left(2\sqrt{(t+1)^3}+3C_1\right)(t+1)^2=(t+1)^2\left[\frac{2}{3}(t+1)^{\frac{3}{2}}+C_1\right]$$

**【例 6.7】** 求微分方程 $ty'=-2y$ 在初始条件 $y|_{t=2}=1$ 下的解。

代码如下：

```
dsolve('t * Dy = - 2 * y','y(2) = 1')
```

输出结果如下：

```
ans =
    4/t^2
```

所以，$y=\frac{4}{t^2}$。

**【例 6.8】** 求微分方程 $y'-y^2t=0$ 的通解。

代码如下：

```
dsolve('Dy = y^2 * t')
```

输出结果如下：

```
ans =
    - 2/(t^2 - 2 * C1)
```

所以，$y=-\frac{2}{t^2-2C_1}$。

**【例 6.9】** 求微分方程 $y'=\frac{2t+y-4}{t+y-1}$的通解。

代码如下：

```
dsolve('Dy = - (2 * t + y - 4)/(t + y - 1)')
```

输出结果如下：

```
ans =
    - 2 - ((t - 3) * C1 + ( - (t - 3)^2 * C1^2 + 1)^(1/2))/C1
```

所以，$y=-2-((t-3)C_1+\sqrt{-(t-3)^2C_1^2+1}/C_1$。

**【例 6.10】** 求微分方程 $y'=\frac{2y-4}{t+1}+(t+1)^{\frac{5}{2}}$的通解。

代码如下：

```
dsolve('Dy = (2 * y - 4)/(t + 1) + (t + 1)^2.5')
```

输出结果如下：

```
ans =
    2/3 * (t + 1)^(7/2) + 2 + C1 * t^2 + 2 * C1 * t + C1
```

所以，$y=\frac{2}{3}\sqrt{(t+1)^7}+2+t^2C_1+2tC_1+C_1$。

## 6.2 解伯努利方程

方程

$$\frac{\mathrm{d}y}{\mathrm{d}x}+P(x)y=Q(x)y^n \quad (n\neq 0,1)$$

称为伯努利(Bernoulli)方程。当 $n=0$ 或 1 时，方程是线性方程；当 $n\neq 0, n\neq 1$ 时，方程不是线性方程，但是通过变量的代换，可把它化为线性的。

**【例 6.11】** 求伯努利方程$\frac{\mathrm{d}y}{\mathrm{d}t}+\frac{y}{t}=a(\ln t)y^2$ 的通解。

代码如下：

```
dsolve('Dy = a * log(t) * y^2 - y/t')
```

输出结果如下：

```
ans =
    - 2/(a * log(t)^2 - 2 * C1)/t
```

因此，所求通解为

$$y=\frac{-2}{at\ln t^{2}-2tC_{1}}$$

【例 6.12】 求伯努利方程$\frac{dy}{dt}-3ty=ty^{2}$ 的通解。

代码如下：

```
dsolve('Dy - 3 * t * y = t * y^2')
```

输出结果如下：

```
ans =
     3/( - 1 + 3 * exp( - 3/2 * t^2) * C1)
```

因此，所求通解为

$$y=\frac{3}{3e^{-\frac{3t^{2}}{2}}C_{1}-1}$$

【例 6.13】 求伯努利方程$\frac{dy}{dt}+y=(\cos t-\sin t)y^{2}$ 的通解。

代码如下：

```
dsolve('Dy + y = (cos(t) - sin(t)) * y^2')
```

输出结果如下：

```
ans =
     1/( - sin(t) + C1 * exp(t))
```

因此，所求通解为

$$y=\frac{1}{-\sin t+C_{1}e^{t}}$$

【例 6.14】 求伯努利方程 $t\frac{dy}{dt}-[y+ty^{3}(1+\ln(t))]$的通解。

代码如下：

```
syms y t
dsolve('t * Dy = y + t * y^3 * (1 + log(t))')
```

输出结果如下：

```
ans =
     - 3/( - 4 * t^3 - 6 * t^3 * log(t) + 9 * C1)^(1/2) * t
     3/( - 4 * t^3 - 6 * t^3 * log(t) + 9 * C1)^(1/2) * t
```

所以，$y^{2}=\frac{9t^{2}}{-4t^{3}-6t^{3}\ln t+9C_{1}}=\frac{t^{2}}{-\frac{2}{3}t^{3}\left(\frac{2}{3}+\ln t\right)+C_{1}}$。

## 6.3 解二阶以上常系数齐次微分方程

二阶常系数齐次线性微分方程的一般形式是

$$y''-py'+qy=0$$

其中，$p$、$q$ 是常数。如果 $p$、$q$ 不全是常数，则称为二阶变系数齐次线性微分方程。由二阶可以推广到 $n$ 阶。

$n$ 阶常系数齐次线性微分方程的一般形式是

$$y^{(n)}+p_1y^{(n-1)}+p_2y^{(n-2)}+\cdots+p_{n-1}y'+p_ny=0$$

其中，$p_1,p_2,\cdots,p_{n-1},p_n$ 都是常数。

**【例 6.15】** 求微分方程 $y''-2y'-3y=0$ 的通解。

代码如下：

```
dsolve('D2y - 2 * Dy - 3 * y = 0')
```

输出结果如下：

```
ans =
    C1 * exp(3 * t) + C2 * exp( - t)
```

因此，所求通解为

$$y=C_1e^{3t}+C_2e^{-t}$$

**【例 6.16】** 求微分方程 $y''-2y'+5y=0$ 的通解。

代码如下：

```
dsolve('D2y - 2 * Dy + 5 * y = 0')
```

输出结果如下：

```
ans =
    exp(t) * (C1 * sin(2 * t) + C2 * cos(2 * t))
```

因此，所求通解为

$$e^t(C_1\sin(2t)+C_2\cos(2t))$$

**【例 6.17】** 求微分方程 $y''+2y'+y=0$ 满足初值条件 $y|_{t=0}=4,y'|_{t=0}=-2$ 下的特解。

代码如下：

```
dsolve('D2y + 2 * Dy + y = 0','y(0) = 4','Dy(0) = - 2')
```

输出结果如下：

```
ans =
    4 * exp( - t) + 2 * exp( - t) * t
```

因此，所求特解为

$$y=4e^{-t}+2te^{-t}=(4+2t)e^{-t}$$

【例 6.18】 求微分方程 $y^{(4)}-2y'''+5y''=0$ 的通解。

代码如下：

```
dsolve('D4y - 2 * D3y + 5 * D2y = 0')
```

输出结果如下：

```
ans =
    C1 + C2 * t + C3 * exp(t) * sin(2 * t) + C4 * exp(t) * cos(2 * t)
```

因此,所求通解为

$$y=C_1+tC_2+C_3\mathrm{e}^t\sin(2t)+C_4\mathrm{e}^t\cos(2t)$$

【例 6.19】 求微分方程 $y^{(4)}+by=0$ 的通解。

代码如下：

```
dsolve('D4y + b * y = 0')
```

输出结果如下：

```
ans =
    C1 * exp( - i * ( - b)^(1/4) * t) + C2 * exp( - ( - b)^(1/4) * t) + C3 * exp(i * ( - b)^(1/4) * t)
 + C4 * exp(( - b)^(1/4) * t)
```

因此,所求通解为

$$y=C_1\mathrm{e}^{-it\sqrt[4]{-b}}+tC_2\mathrm{e}^{-t\sqrt[4]{-b}}+C_3\mathrm{e}^{it\sqrt[4]{-b}}+C_4\mathrm{e}^{t\sqrt[4]{-b}}$$

【例 6.20】 求微分方程 $y^{(4)}+5y''-36y=0$ 的通解。

代码如下：

```
dsolve('D4y + 5 * D2y - 36 * y = 0')
```

输出结果如下：

```
ans =
    C1 * exp( - 2 * t) + exp(2 * t) * C2 + C3 * sin(3 * t) + C4 * cos(3 * t)
```

因此,所求通解为

$$y=C_1\mathrm{e}^{-2t}+C_2\mathrm{e}^{2t}+C_3\sin(3t)+C_4\cos(3t)$$

## 6.4 解二阶常系数非齐次线性微分方程

二阶常系数非齐次线性微分方程的一般形式是

$$y''-py'+qy=f(x)$$

其中,$p$、$q$ 是常数。

【例 6.21】 求微分方程 $y''-5y'+6y=t\mathrm{e}^{2t}$ 的通解。

代码如下：

```
dsolve('D2y - 5 * Dy + 6 * y = t * exp(2 * t)')
```

```
ans =
    exp(2 * t) * C2 + C1 * exp(3 * t) - t * exp(2 * t) - 1/2 * t^2 * exp(2 * t)
```

因此,所求通解为

$$y = C_2 e^{2t} + C_1 e^{3t} - t e^{2t} - \frac{1}{2} t^2 e^{2t}$$

**【例 6.22】** 求微分方程 $y'' - 2y' - 3y = 3t + 1$ 的通解。

代码如下:

```
dsolve('D2y - 2 * Dy - 3 * y = 3 * t + 1')
```

输出结果如下:

```
ans =
    C2 * exp( - t) + C1 * exp(3 * t) + 1/3 - t
```

因此,所求通解为

$$y = C_2 e^{-t} + C_1 e^{3t} + \frac{1}{3} - t$$

**【例 6.23】** 求以下微分方程在所给初值条件下的特解:

$$y'' - 3y' + 2y = 5, \quad y\Big|_{t=0} = 1, \quad y'\Big|_{t=0} = 2$$

代码如下:

```
A = dsolve('D2y - 3 * Dy + 2 * y = 5 ','y(0) = 1, Dy(0) = 2')
```

输出结果如下:

```
A =
    5/2 + 7/2 * exp(2 * t) - 5 * exp(t)
```

因此,所求特解为

$$y = \frac{5}{2} + \frac{7}{2} e^{2t} - 5e^{t}$$

**【例 6.24】** 求以下微分方程在所给初值条件下的特解:

$$y'' - 10y' + 9y = e^{2t}, \quad y\Big|_{t=0} = \frac{6}{7}, \quad y'\Big|_{t=0} = \frac{33}{7}$$

代码如下:

```
A = dsolve('D2y - 10 * Dy + 9 * y = exp(2 * t) ','y(0) = 6/7, Dy(0) = 33/7')
```

输出结果如下:

```
A =
    1/2 * exp(t) + 1/2 * exp(9 * t) - 1/7 * exp(2 * t)
```

因此,所求特解为

$$y = \frac{1}{2} e^{t} + \frac{1}{2} e^{9t} - \frac{1}{7} e^{2t}$$

## 6.5 解欧拉方程

形如

$$x^n y^{(n)} + p_1 x^{n-1} y^{(n-1)} + \cdots + p_{n-1} x y' + p_n y = f(x)$$

的方程(其中 $p_1, p_2, \cdots, p_n$ 为常数),称为欧拉(Euler)方程。虽然变系数的线性微分方程不易求解,但某些特殊的变系数的线性微分方程,如欧拉方程却可以解。

**【例 6.25】** 求微分方程 $t^2 y'' + t y' - y = 0$ 的通解。

代码如下:

```
dsolve('t^2 * D2y + t * Dy - y = 0')
```

输出结果如下:

```
ans =
    (C1 + C2 * t^2)/t
```

因此,所求通解为

$$y = \frac{1}{t}(C_1 + t^2 C_2)$$

**【例 6.26】** 求微分方程 $t^3 y''' + t^2 y'' - 4 t y' = 3t^2$ 的通解。

代码如下:

```
dsolve('t^3 * D3y + t^2 * D2y - 4 * t * Dy = 3 * t^2')
```

输出结果如下:

```
ans =
    1/6 * (2 * C1 * t^4 - 3 * t^3 - 6 * C2 + 6 * C3 * t)/t
```

因此,所求通解为

$$y = \frac{1}{6t}(2t^4 C_1 - 3t^3 - 6C_2 + 6tC_3)$$

**【例 6.27】** 求微分方程 $t^2 y'' + t y' - 4y = t^3$ 的通解。

代码如下:

```
dsolve('t^2 * D2y + t * Dy - 4 * y = t^3')
```

输出结果如下:

```
ans =
    1/5 * (5 * t^4 * C2 + 5 * C1 + t^5)/t^2
```

因此,所求通解为

$$y = \frac{1}{5t^2}(5t^4 C_2 + 5C_1 + t^5)$$

**【例 6.28】** 求微分方程 $y''-\frac{y'}{t}+\frac{y}{t^2}=\frac{2}{t}$ 的通解。

代码如下：

```
dsolve('D2y - Dy/t + y/t^2 = 2/t')
```

输出结果如下：

```
ans =
    t * (C2 + C1 * log(t) + log(t)^2)
```

因此，所求通解为

$$y=t(C_2+C_1\ln t+\ln t^2)$$

## 6.6 解常系数线性微分方程组

由两个以上的单个微分方程可以构成微分方程组。如果微分方程组中的每一个微分方程都是常系数微分方程，那么，这种微分方程组就称为常系数线性微分方程组。二阶常系数线性微分方程组的一般形式是

$$\begin{cases} y''+p_1y'+q_1y=f_1(x) \\ z''+p_2z'+q_2z=f_2(x) \end{cases}$$

其中，$p_1$、$q_1$、$p_2$、$q_2$ 是常数。

**【例 6.29】** 求以下微分方程组的通解：

$$\begin{cases} y'=3y-2z \\ z'=2y-z \end{cases}$$

代码如下：

```
A = dsolve('Dy = 3 * y - 2 * z, Dz = 2 * y - z')
```

输出结果如下：

```
A =
    y: [1x1 sym]
    z: [1x1 sym]
>> Ay = A.y
Ay =
    exp(t) * (C1 + C2 * t)
>> Az = A.z
Az =
    1/2 * exp(t) * (2 * C1 + 2 * C2 * t - C2)
```

因此，原方程组的通解为

$$\begin{cases} y=e^t(C_1+tC_2) \\ z=\frac{1}{2}e^2(2C_1+2tC_2-C_2) \end{cases}$$

【例 6.30】 求以下微分方程组在所给初值条件下的特解：

$$\begin{cases} x' = y, & x|_{t=0} = 0 \\ y' = -x, & y|_{t=0} = 1 \end{cases}$$

代码如下：

```
A = dsolve('Dx = y, Dy = - x ','x(0) = 0, y(0) = 1')
```

输出结果如下：

```
A =
    x: [1x1 sym]
    y: [1x1 sym]
>> Ax = A.x
Ax =
    sin(t)
>> Ay = A.y
Ay =
    cos(t)
```

因此，原方程组的特解为

$$\begin{cases} x = \sin t \\ y = \cos t \end{cases}$$

【例 6.31】 求以下微分方程组在所给初值条件下的特解：

$$\begin{cases} x' + 3x - y = 0, & x\Big|_{t=0} = 1 \\ y' - 8x + y = 0, & y\Big|_{t=0} = 4 \end{cases}$$

代码如下：

```
A = dsolve('Dx + 3 * x - y = 0, Dy - 8 * x + y = 0 ','x(0) = 1, y(0) = 4')
```

输出结果如下：

```
A =
    x: [1x1 sym]
    y: [1x1 sym]
>> Ax = A.x
Ax =
    exp(t)
>> Ay = A.y
Ay =
    4 * exp(t)
```

因此，原方程组的特解为

$$\begin{cases} x = e^t \\ y = 4e^t \end{cases}$$

【例 6.32】 求以下微分方程组的通解：

$$\begin{cases}\dfrac{\mathrm{d}x}{\mathrm{d}t}+\dfrac{\mathrm{d}y}{\mathrm{d}t}=-x+y+3\\ \dfrac{\mathrm{d}x}{\mathrm{d}t}-\dfrac{\mathrm{d}y}{\mathrm{d}t}=x+y-3\end{cases}$$

代码如下：

```
A = dsolve('Dx + Dy = - x + y + 3, Dx - Dy = x + y - 3 ')
```

输出结果如下：

```
A =
    x: [1x1 sym]
    y: [1x1 sym]
>> Ax = A.x
Ax =
     3 - C1 * cos(t) + C2 * sin(t)
>> Ay = A.y
Ay =
    C1 * sin(t) + C2 * cos(t)
```

因此，原方程组的通解为

$$\begin{cases}x=3-C_1\cos t+C_2\sin t\\ y=C_1\sin t+C_2\cos t\end{cases}$$

**【例 6.33】** 求以下微分方程组的通解：

$$\begin{cases}x'-3x+2y'+4y=2\sin t\\ 2x'+2x+y'-y=\cos t\end{cases}$$

代码如下：

```
A = dsolve('Dx - 3 * x + 2 * Dy + 4 * y = 2 * sin(t),2 * Dx + 2 * x + Dy - y = cos(t)')
```

输出结果如下：

```
A =
    x: [1x1 sym]
    y: [1x1 sym]
>> Ax = A.x
Ax =
    8/65 * sin(t) - 3/4 * C2 * exp( - 5 * t) + exp( - 1/3 * t) * C1 + 1/65 * cos(t)
>> Ay = A.y
Ay =
    C2 * exp( - 5 * t) + exp( - 1/3 * t) * C1 - 33/130 * cos(t) + 61/130 * sin(t)
```

因此，原方程组的通解为

$$\begin{cases}x=\dfrac{8}{65}\sin t-\dfrac{3}{4}\mathrm{e}^{-5t}C_2+\mathrm{e}^{-\frac{1}{3}t}C_1+\dfrac{1}{65}\cos t\\ y=\mathrm{e}^{-5t}C_2+\mathrm{e}^{-\frac{1}{3}t}C_1-\dfrac{33}{130}\cos t+\dfrac{61}{130}\sin t\end{cases}$$

**【例 6.34】** 求以下微分方程组在所给初值条件下的特解：

$$\begin{cases} y'' - x'' + x' - y = e^t - 2 \\ 2y'' - x'' - 2y' + x = -t \end{cases}$$

初始条件：

$$\begin{cases} x\mid_{t=0} = 0, & x'\mid_{t=0} = 0 \\ y\mid_{t=0} = 0, & y'\mid_{t=0} = 0 \end{cases}$$

**解：**

代码如下：

```
A = dsolve('D2y - D2x + Dx - y = exp(t) - 2,2 * D2y - D2x - 2 * Dy + x = - t','Dy(0) = 0, y(0) = 0', 'Dx
(0) = 0, x(0) = 0')
```

输出结果如下：

```
A =
    x: [1x1 sym]
    y: [1x1 sym]
>> Ax = A.x
Ax =
    (t * exp( - t * 2^(1/2) + (1 + 2^(1/2)) * t) - t)/(1 + 2^(1/2))^2/(2^(1/2) - 1)^2
>> Ay = A.y
Ay =
    1/(1 + 2^(1/2))^2/(2^(1/2) - 1)^2 + 1/2 * (2 * exp(t) * t - 3 * exp(t) + exp( - t * 2^(1/2) +
(1 + 2^(1/2)) * t))/(1 + 2^(1/2))^2/(2^(1/2) - 1)^2
>> simplify(Ax)
ans =
    t * (exp(t) - 1)/(1 + 2^(1/2))^2/(2^(1/2) - 1)^2
>> simplify(Ay)
ans =
    (1 + exp(t) * t - exp(t))/(1 + 2^(1/2))^2/(2^(1/2) - 1)^2
```

因此，原方程组的特解为

$$x = \frac{t(e^t - 1)}{(1+\sqrt{2})^2(\sqrt{2}-1)^2}$$

$$y = \frac{1 + te^t - e^t}{(1+\sqrt{2})^2(\sqrt{2}-1)^2}$$

或

$$\begin{cases} x = t(e^t - 1) \\ y = 1 + te^t - e^t \end{cases}$$

# 本章小结

本章解常微分方程主要包括一阶常微分方程、二阶常微分方程、伯努利方程、欧拉方程以及常微分方程组等内容。

# 第7章

# 积 分 变 换

常用的积分变换有傅里叶变换、拉普拉斯变换、Z 变换和小波变换等。本章中主要介绍傅里叶变换、拉普拉斯变换和 Z 变换。

## 7.1 傅里叶变换的概念

对信号进行分析通常在时域中进行，也可以在频域中进行。时域分析和频域分析各有其优缺点。傅里叶变换能把信号从时域变换到频域，因此，它在信号分析中占有极其重要的地位。

傅里叶变换的定义：

前面我们讨论过傅里叶级数的指数形式，以 $T$ 为周期的周期函数 $f_T(x)$ 的傅里叶级数的指数形式为

$$f_T(x)=\sum_{n=-\infty}^{+\infty}c_n\mathrm{e}^{\mathrm{j}\omega_n t}$$

其中，

$$\omega_n=n\omega,\quad c_n=\frac{1}{T}\int_{-\frac{T}{2}}^{\frac{T}{2}}f_T(x)\mathrm{e}^{-\mathrm{j}\omega_n t}\mathrm{d}x,\quad (n=0,\pm1,\pm2,\cdots)$$

上述傅里叶系数的指数形式还可以写为

$$f_T(x)=\frac{1}{T}\sum_{n=-\infty}^{+\infty}\left[\int_{-\frac{T}{2}}^{\frac{T}{2}}f_T(\tau)\mathrm{e}^{-\mathrm{j}\omega_n \tau}\mathrm{d}\tau\right]\mathrm{e}^{\mathrm{j}\omega_n t}$$

由于非周期函数 $f(x)$ 可以看成某个周期函数 $f_T(x)$ 当 $T\to+\infty$ 时转化而来的，故对上式取 $T\to+\infty$ 时的极限，从形式上不难推出下面定理。

若函数 $f(x)$ 在 $(-\infty,+\infty)$ 上满足下列条件：

(1) $f(x)$ 在任一有限区间上满足狄利克雷(Dirichlet)条件；

(2) $f(x)$ 在 $(-\infty,+\infty)$ 上绝对可积，即积分 $\int_{-\infty}^{+\infty}|f(x)|\mathrm{d}x$ 收敛，则有

$$f(x)=\frac{1}{2\pi}\int_{-\infty}^{+\infty}\left[\int_{-\infty}^{+\infty}f(\tau)\mathrm{e}^{-\mathrm{j}\omega\tau}\mathrm{d}\tau\right]\mathrm{e}^{\mathrm{j}\omega x}\mathrm{d}\omega$$
$$=\frac{1}{2\pi}\int_{-\infty}^{+\infty}\left[\int_{-\infty}^{+\infty}f(\tau)\cos\omega(x-\tau)\mathrm{d}\tau\right]\mathrm{d}\omega$$

成立,而左端的 $f(t)$在它的断点处,应以$\dfrac{f(t+0)+f(t-0)}{2}$来代替。

在上述积分公式中,我们称积分运算

$$F(\omega)=\int_{-\infty}^{+\infty}f(x)\mathrm{e}^{-\mathrm{j}\omega x}\mathrm{d}x \tag{7-1}$$

为函数 $f(x)$的傅里叶变换,记为 $F[f(x)]$,即

$$F[f(x)]=F(\omega)=\int_{-\infty}^{+\infty}f(x)\mathrm{e}^{-\mathrm{j}\omega x}\mathrm{d}x$$

其中,$F(\omega)$称为 $f(x)$的像函数,此时有

$$f(x)=\frac{1}{2\pi}\int_{-\infty}^{+\infty}F(\omega)\mathrm{e}^{\mathrm{j}\omega x}\mathrm{d}\omega \tag{7-2}$$

称该积分运算为函数 $F(\omega)$的傅里叶逆变换,记为 $F^{-1}[F(\omega)]$,即

$$F^{-1}[F(\omega)]=f(x)=\frac{1}{2\pi}\int_{-\infty}^{+\infty}F(\omega)\mathrm{e}^{\mathrm{j}\omega x}\mathrm{d}\omega$$

而 $F(\omega)$称为 $f(x)$的像原函数。

当 $f(x)$是奇函数时,傅里叶积分公式为

$$f(x)=\frac{2}{\pi}\int_{0}^{+\infty}\left[\int_{0}^{+\infty}f(\tau)\sin\omega\tau\mathrm{d}\tau\right]\sin\omega x\mathrm{d}\omega$$

称

$$F_s(\omega)=\int_{0}^{+\infty}f(x)\sin\omega x\mathrm{d}x \tag{7-3}$$

为函数 $f(x)$的傅里叶正弦变换,记为 $F_s[f(x)]$,即

$$F_s[f(x)]=F_s(\omega)=\int_{0}^{+\infty}f(x)\sin\omega x\mathrm{d}x$$

相应地,称

$$f(x)=\frac{2}{\pi}\int_{0}^{+\infty}F_s(\omega)\sin\omega x\mathrm{d}\omega \tag{7-4}$$

为 $F_s(\omega)$的正弦逆变换,记为 $F_s^{-1}[F_s(\omega)]$,即

$$F_s^{-1}[F_s(\omega)]=f(x)=\frac{2}{\pi}\int_{0}^{+\infty}F_s(\omega)\sin\omega x\mathrm{d}\omega$$

当 $f(x)$是偶函数时,傅里叶积分公式为

$$f(x)=\frac{2}{\pi}\int_{0}^{+\infty}\left[\int_{0}^{+\infty}f(\tau)\cos\omega\tau\mathrm{d}\tau\right]\cos\omega x\mathrm{d}\omega$$

称

$$F_c(\omega)=\int_{0}^{+\infty}f(x)\cos\omega x\mathrm{d}x \tag{7-5}$$

为函数 $f(x)$的傅里叶余弦变换,记为 $F_c[f(x)]$,即

$$F_c[f(x)]=F_c(\omega)=\int_{0}^{+\infty}f(x)\cos\omega x\mathrm{d}x$$

相应地，称

$$f(x)=\frac{2}{\pi}\int_{0}^{+\infty}F_c(\omega)\cos\omega x\,d\omega \tag{7-6}$$

为 $F_c(\omega)$的余弦逆变换，记为 $F_c^{-1}[F_c(\omega)]$，即

$$F_c^{-1}[F_c(\omega)]=f(x)=\frac{2}{\pi}\int_{0}^{+\infty}F_c(\omega)\cos\omega x\,d\omega$$

**【手工计算例 7.1】** 求指数衰减函数 $f(t)=\begin{cases}0, & t<0\\ e^{-\beta t}, & t\geqslant 0\end{cases}$ 的傅里叶变换，其中，$\beta>0$。

**解**：根据式(7-1)，有

$$F(\omega)=F[f(t)]=\int_{-\infty}^{+\infty}f(t)e^{-j\omega t}\,dt=\int_{0}^{+\infty}e^{-\beta t}e^{-j\omega t}\,dt$$

$$=\int_{0}^{+\infty}e^{-(\beta+j\omega)t}\,dt=\frac{1}{\beta+j\omega}=\frac{\beta-j\omega}{\beta^2+\omega^2}$$

这就是指数衰减函数 $f(t)$的傅里叶变换结果。

**【手工计算例 7.2】** 求单位函数 $u(t)=\begin{cases}0, & t<0\\ 1, & t\geqslant 0\end{cases}$ 的傅里叶变换。

**解**：将单位函数 $u(t)$看成

$$u(t)=\lim_{\beta\to 0}u(t)e^{-\beta t},\quad \beta>0$$

而 $u(t)$的傅里叶变换看成函数 $u(t)e^{-\beta t}$ 的傅里叶变换在 $\beta\to 0$ 时的极限，由手工计算例 7.1 可知

$$F[u(t)e^{-\beta t}]=\frac{1}{\beta+j\omega}$$

所以，

$$F[u(t)]=\lim_{\beta\to 0}\frac{1}{\beta+j\omega}=\frac{1}{j\omega}$$

即得单位函数的傅里叶变换为

$$F(\omega)=\frac{1}{j\omega}$$

**【手工计算例 7.3】** 求狄拉克函数 $\delta(t)=\begin{cases}0, & t\neq 0\\ \infty, & t=0\end{cases}$ 的傅里叶变换。

**解**：$G(\omega)=F[\delta(t)]=\int_{-\infty}^{+\infty}\delta(t)e^{-j\omega t}\,dt=e^{-j\omega t}\Big|_{t=0}=1\left(因为\int_{-\infty}^{+\infty}f(t)\delta(t)\,dt=f(0)\right)$

**注**：狄拉克函数 $\delta(t)$，又叫单位脉冲函数，是由以下两个式子共同定义的：

$$\delta(t)=\begin{cases}0, & t\neq 0\\ \infty, & t=0\end{cases},\quad \int_{-\infty}^{+\infty}\delta(t)\,dt=1$$

后一式子表示该函数包围的面积是 1。$\delta(t)$函数有一个重要性质：若 $f(x)$为连续函数，则有

$$\int_{-\infty}^{+\infty}f(t)\delta(t)\,dt=f(0)$$

$$\int_{-\infty}^{+\infty} f(t)\delta(t-t_0)\mathrm{d}t = f(t_0)$$

**【手工计算例 7.4】** 求狄拉克函数 $\delta(t-t_0)$的傅里叶变换。

**解**：$G(\omega)=F[\delta(t-t_0)]=\int_{-\infty}^{+\infty}\delta(t-t_0)\mathrm{e}^{-\mathrm{j}\omega t}\mathrm{d}t=\mathrm{e}^{-\mathrm{j}\omega t_0}\left(因为\int_{-\infty}^{+\infty}f(t-t_0)\delta(t)\mathrm{d}t=f(t_0)\right)$

# 7.2 傅里叶变换的性质

傅里叶变换揭示了信号时域和频域的联系，傅里叶变换有若干重要性质。

1. 线性性质

设 $G_1(\omega)=F[f_1(x)]$，$G_2(\omega)=F[f_2(x)]$，$\alpha,\beta$ 是常数，则

$$F[\alpha f_1(x)+\beta f_2(x)]=\alpha G_1(\omega)+\beta G_2(\omega)$$

同样，傅里叶逆变换也具有类似的线性性质，即

$$F^{-1}[\alpha G_1(\omega)+\beta G_2(\omega)]=\alpha f_1(x)+\beta f_2(x)$$

2. 位移性质

$$F[f(t\pm t_0)]=\mathrm{e}^{\pm\mathrm{j}\omega t_0}F[f(t)]$$

这表明，时间函数 $f(t)$沿 $t$ 轴位移 $t_0$，相当于它的傅里叶变换乘以因子 $\mathrm{e}^{-\mathrm{j}\omega t_0}$。

同样，傅里叶逆变换亦具有类似的位移性质，即

$$F^{-1}[G(\omega\mp\omega_0)]=f(t)\mathrm{e}^{\pm\mathrm{j}\omega_0 t}$$

这表明，频谱函数 $G(\omega)$沿 $\omega$ 轴位移 $\omega_0$，相当于原来的函数乘以因子 $\mathrm{e}^{\mathrm{j}\omega_0 t}$。

3. 展缩性质

若 $G(\omega)=F[f(x)]$，则

$$\frac{1}{|a|}G\left(\frac{\omega}{a}\right)=F[f(at)]$$

式中，$a$ 为不等于零的实数。

展缩特性表明，时域波形的压缩($|a|>1$)，对应其频谱函数扩展；反之，时域波形的扩展($|a|<1$)，对应其频谱函数的压缩。由此可见，信号的持续时间与其有效带宽成反比。图 7-1 表示不同宽度的矩形信号对应的频谱函数。

4. 微分性质

$$F[f'(t)]=\mathrm{j}\omega F[f(t)]$$

它表明，一个函数的导数的傅里叶变换等于这个函数的傅里叶变换乘以因子 $\mathrm{j}\omega$。

5. 积分性质

$$F\left[\int_{-\infty}^{t}f(t)\mathrm{d}t\right]=\frac{1}{\mathrm{j}\omega}F[f(t)]$$

它表明，一个函数的积分后的傅里叶变换等于这个函数的傅里叶变换除以因子 $\mathrm{j}\omega$。

6. 卷积定理

设 $G_1(\omega)=F[f_1(x)]$，$G_2(\omega)=F[f_2(x)]$，则

$$F[f_1(x)*f_2(x)]=G_1(\omega)\times G_2(\omega)$$

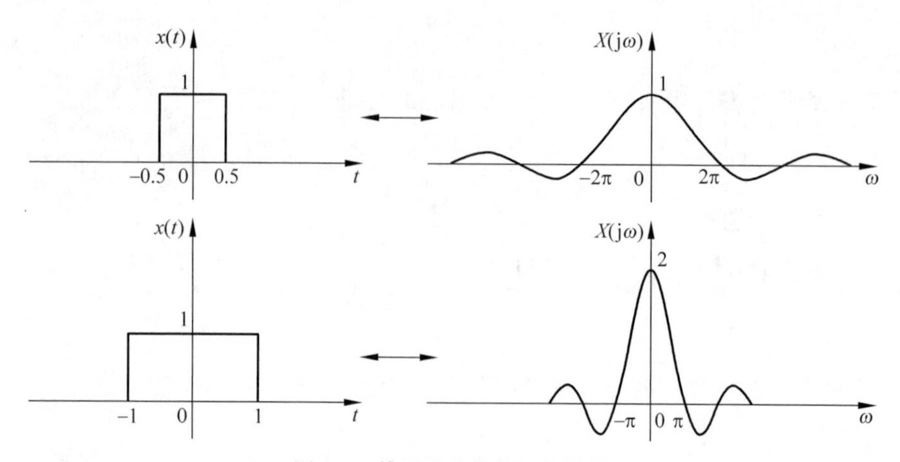


图 7-1 傅里叶变换的展缩特性

这表明，两个函数卷积的傅里叶变换等于这两个函数傅里叶变换的乘积。

7. 乘积定理

设 $G_1(\omega)=F[f_1(x)]$，$G_2(\omega)=F[f_2(x)]$，则

$$F[f_1(x)\times f_2(x)]=\frac{1}{2\pi}G_1(\omega)*G_2(\omega)$$

这表明，两信号在时域中的乘积等于其在频域中的卷积。

8. 能量积分

若 $G(\omega)=F[f(x)]$，则

$$\int_{-\infty}^{+\infty}[f(t)]^2\mathrm{d}t=\frac{1}{2\pi}\int_{-\infty}^{+\infty}|G(\omega)|^2\mathrm{d}\omega$$

上式又称为帕塞瓦尔(Parseval)等式。它表明，信号在时域的总能量和在频域的总能量完全相等。

## 7.3 求符号傅里叶变换

傅里叶变换的作用是将时域的信号变换为对应的频域信号。我们在高低频信号发生器或示波器上看见的是电压或电流随时间变化的信号，在频谱分析仪上看到的是信号的频率分布。而信号的傅里叶变换及逆变换就是从理论上告诉你时域的某信号在频域是什么样子，或者反过来，在频域的某信号在时域是什么样子。

求函数的傅里叶变换有三个办法，一是像前面那样手工计算积分式，二是查表，三是利用 MATLAB 中的傅里叶变换命令 fourier()。

fourier 函数用于实现傅里叶变换，其调用格式如下：

F=fourier(f)——对符号单值函数 $f$ 中的默认变量 $t$(或 $x$)计算其傅里叶变换，输出结果 $F$ 的默认自变量为 $w$，即 $F=F(w)$。

F=fourier(f,v)——对符号单值函数 $f$ 中的默认变量 $t$(或 $x$)计算其傅里叶变换。输出结果 $F$ 的自变量为 $v$，即 $F=F(v)$。

F=fourier(f,u,v)——求时域函数 $f$ 的傅里叶变换函数 $F$,其中,$f$ 的自变量为 $u$,$F$ 的自变量为 $v$。

**【例 7.1】** 求 $f(t)=\cos(xt)$的傅里叶变换 $F(\omega)$。

代码如下:

```
syms t w x
f = cos(x * t);
F = fourier(f)
```

输出结果如下:

```
F =
  1/2 * fourier(exp(i * x * t),x,w) + 1/2 * fourier(exp( - i * x * t),x,w)
```

所以,$F(\omega)=\frac{1}{2}\text{fourier}(\mathrm{e}^{\mathrm{i}xt},x,w)+\frac{1}{2}\text{fourier}(\mathrm{e}^{-\mathrm{i}xt},x,w)$

**【例 7.2】** 求 $f(t)=\mathrm{e}^{-t^2}\sin(t)$的傅里叶变换 $F(\omega)$。

代码如下:

```
syms t n
f =  exp( - t^2) * sin(t);
Fw = fourier(f)
```

输出结果如下:

```
Fw =
    - i * pi^(1/2) * sinh(1/2 * w) * exp( - 1/4 - 1/4 * w^2)
```

所以,$F(\omega)=-\mathrm{i}\sqrt{\pi}\sinh\left(\frac{\omega}{2}\right)\mathrm{e}^{\left(-\frac{1}{4}-\frac{1}{4}\omega^2\right)}$

**【例 7.3】** 求 $f(t)=\delta(t)$的傅里叶变换 $F(\omega)$。

代码如下:

```
syms t n
f =  dirac(t);
Fw = fourier(f)
```

输出结果如下:

```
Fw =
    1
```

所以,$F(\omega)=1$。

**【例 7.4】** 求 $f(t)=t^2+v^2$ 的傅里叶变换 $F(\omega)$。

代码如下:

```
syms t w
fourier(t^2 + v^2)
```

输出结果如下:

```
ans =
    2 * pi * (v^2 * dirac(w) - dirac(2,w))
```

所以，$F(\omega)=2\pi(v^2\delta(\omega)-\delta(2,\omega))$。

**注**：dirac 为狄拉克函数，即 $\delta(x)$。

**【例 7.5】** 求 $f(t)=\text{Heaviside}(t)$的傅里叶变换 $F(\omega)$。

代码如下：

```
syms t w
f = Heaviside(t);
Fw = fourier(f)
```

输出结果如下：

```
Fw =
    pi * dirac(w) - i/w
```

所以，$F(\omega)=\pi\delta(\omega)-\mathrm{i}/\omega$。

**【例 7.6】** 求 $f(t)=\dfrac{4\sin 3t}{t}$的傅里叶变换 $F(\omega)$。

代码如下：

```
syms t
fourier(4 * sin(3 * t)/t)
```

输出结果如下：

```
ans =
    4 * pi * (heaviside(w + 3) - heaviside(w - 3))
```

**注**：heaviside 为单位阶跃函数。

**【例 7.7】** 求 $f(t)=\cos^2(2t)$的傅里叶变换 $F(\omega)$。

代码如下：

```
syms t w
fourier(cos(2 * t)^2,t,w)
```

输出结果如下：

```
ans =
    1/2 * pi * (dirac(w - 4) + 2 * dirac(w) + dirac(w + 4))
```

所以，$F(\omega)=\dfrac{\pi}{2}[2\delta(\omega)+\delta(\omega+4)+\delta(\omega-4)]$。

**【例 7.8】** 求 $f(t)=\mathrm{e}^{-2|t|}$ 的傅里叶变换 $F(\omega)$。

代码如下：

```
syms t
fourier(exp( - 2 * abs(t)))
```

输出结果如下：

```
ans =
    4/(4 + w^2)
```

所以，$F(\omega)=\frac{4}{4+\omega^2}$。

## 7.4　求符号傅里叶逆变换

ifourier 函数用于实现傅里叶逆变换，其调用格式如下：

f=ifourier(F)——求频域函数 $F$ 的傅里叶逆变换 $f$，$F$ 的默认自变量为 $w$，$f$ 的默认自变量为 $t$（或 $x$），即 $F=F(w)\rightarrow f=f(t)$ 或 $f=f(x)$。

f =fourier(F,u)——求频域函数 $F$ 的傅里叶逆变换 $f$，$F$ 的默认自变量为 $w$，$f$ 的默认自变量为 $u$，即 $F=F(w)\rightarrow f=f(u)$。

f =fourier(F,v,u)——求频域函数 $F$ 的傅里叶逆变换 $f$，$F$ 的自变量为 $v$，$f$ 的自变量为 $u$，即 $F=F(v)\rightarrow f=f(u)$。

**【例 7.9】** 求 $F(\omega)=\frac{1}{2}[\delta(\omega-2)+\delta(\omega-2)]$的傅里叶逆变换 $f(x)$。

代码如下：

```
syms w a
F = (dirac(w - 2) + dirac(w + 2))/2;
f = ifourier(F)
```

输出结果如下：

```
f =
    1/2 * cos(2 * x)/pi
```

所以，$f(x)=\frac{\cos(2x)}{2\pi}$。

**【例 7.10】** 求 $F(\omega)=\frac{1}{\pi\omega}\sin(2\omega)$的傅里叶逆变换 $f(x)$。

代码如下：

```
syms w a
F = (sin(2 * w)/(pi * w));
f = ifourier(F)
```

输出结果如下：

```
f =
    1/2/pi * ( - heaviside(x - 2) + heaviside(x + 2))
```

所以，$f(x)=\frac{1}{2\pi}(-\text{heaviside}(x-2)+\text{heaviside}(x+2))$。

**【例 7.11】** 求 $F(\omega)=\frac{1}{2\pi}\left[\frac{4\sin(\omega-3)}{\omega-3}+\frac{4\sin(\omega+3)}{\omega+3}\right]$的傅里叶逆变换 $f(x)$。

代码如下：

```
syms w a
F = (sin(3 - w) * 4/(3 - w) + sin(3 + w) * 4/(3 + w))/2/pi;
f = ifourier(F)
```

输出结果如下：

```
f =
    2 * cos(3 * x) * (heaviside(x + 1) - heaviside(x - 1))/pi
```

所以，$f(x)=\frac{2\cos(3x)}{\pi}(\text{heaviside}(x+1)-\text{heaviside}(x-1))$。

**【例 7.12】** 求 $F(\omega)=1+\omega$ 的傅里叶逆变换 $f(x)$。

代码如下：

```
syms w a
ifourier(1 + w)
```

输出结果如下：

```
ans =
    dirac(x) - i * dirac(1,x)
```

所以，$f(x)=\delta(x)-\mathrm{i}\delta(1,x)$。

**【例 7.13】** 求 $F(\omega)=\frac{1}{1+\omega^2}$的傅里叶逆变换 $f(t)$。

代码如下：

```
syms w t
F = 1/(1 + w^2);
f = ifourier(F,t)
```

输出结果如下：

```
f =
    1/2 * exp( - t) * heaviside(t) + 1/2 * exp(t) * heaviside( - t)
```

所以，$f(t)=\frac{1}{2}\mathrm{e}^{-t}\text{heaviside}(t)+\frac{1}{2}\mathrm{e}^{t}\text{heaviside}(-t)$。

**【例 7.14】** 求 $F(\omega)=\pi\delta(\omega)-\frac{\mathrm{i}}{\omega}$的傅里叶逆变换 $f(t)$。

代码如下：

```
syms w t
UT =  pi * dirac(w) - i/w;
Ut =  ifourier(UT,w,t)
```

输出结果如下：

```
Ut =
    heaviside(t)
```

所以，$f(t)=\text{heaviside}(t)$。

## 7.5 离散傅里叶变换

傅里叶变换既可以对连续信号进行分析，也可以对离散信号进行分析。

离散傅里叶变换(Discrete Fourier Transform，DFT)是信号分析的最基本方法，傅里叶变换是傅里叶分析的核心，通过它把信号从时间域变换到频率域，进而研究信号的频谱结构和变化规律。

为了在科学计算和数字信号处理等领域使用计算机进行傅里叶变换，必须将函数定义在离散点上而非连续域内，且须满足有限性和周期性条件。在这种情况下，序列$\{x_n\}_{n=0}^{N-1}$的离散傅里叶变换为

$$X[k]=\sum_{n=0}^{N-1}x_n\mathrm{e}^{-\mathrm{i}2\pi kn/N}$$

其逆变换为

$$x_n=\frac{1}{N}\sum_{k=0}^{N-1}X[k]\mathrm{e}^{\mathrm{i}2\pi kn/N}$$

**【例 7.15】** 若$x(n)=\cos\left(\frac{n\pi}{6}\right)$是一个$n$为12的序列，求其DFT。

代码如下：

```
N = 12;
n = 0:N - 1;
xn = cos(pi * n/6);
k = 0:N - 1;
wn = exp( - j * 2 * pi/N);
nk = n' * k;
wnnk = wn. ^nk;
xk = xn * wnnk % 计算 DFT
figure(1)
stem(n,xn)
figure(2)
stem(k,abs(xk))
```

输出结果如下：

```
xk =
     Columns 1 through 4
   - 0.0000          6.0000 + 0.0000i   - 0.0000 + 0.0000i   - 0.0000 - 0.0000i

     Columns 5 through 8
   - 0.0000 - 0.0000i   - 0.0000 - 0.0000i            0 - 0.0000i   0.0000 - 0.0000i
     Columns 9 through 12
     0.0000 - 0.0000i   0.0000 - 0.0000i   0.0000 - 0.0000i   6.0000 + 0.0000i
```

图7-2是原函数$x(n)=\cos\left(\frac{n\pi}{6}\right)$图，图7-3是DFT结果图。

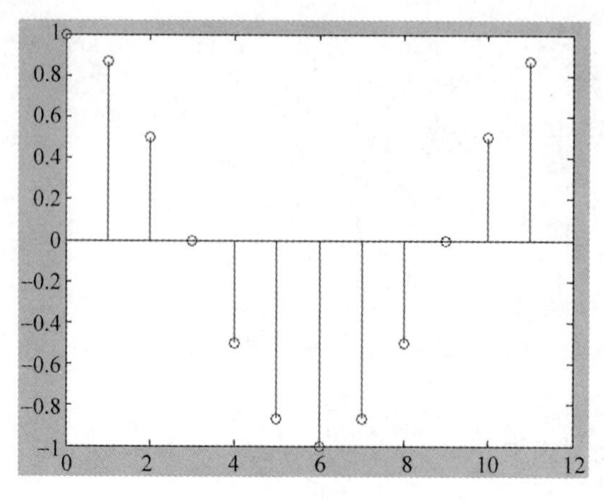


图 7-2 函数 $x(n)=\cos\left(\frac{n\pi}{6}\right)$ 图

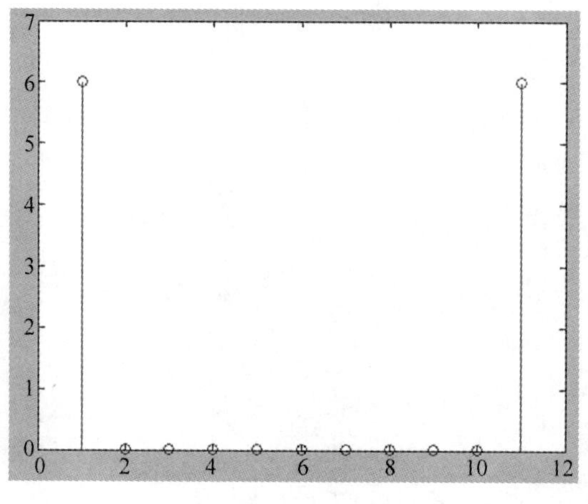


图 7-3 DFT 结果图

**【例 7.16】** 若 $x(n)=\exp\left(-\frac{n\pi}{6}\right)$ 是一个 $n$ 为 12 的序列，求其 DFT。

代码如下：

```
N = 12;
n = 0:N-1;
xn = exp( - pi * n/6);
k = 0:N-1;
wn = exp( - j * 2 * pi/N);
nk = n' * k;
wnnk = wn.^nk;
xk = xn * wnnk
figure(1)
stem(n,xn)
figure(2)
stem(k,abs(xk))
```

输出结果如下：

```
xk =
   Columns 1 through 4
   2.4487              1.4962 - 0.9100i   0.9261 - 0.6751i   0.7389 - 0.4377i
  Columns 5 through 8
   0.6658 - 0.2635i   0.6353 - 0.1244i   0.6268 - 0.0000i   0.6353 + 0.1244i
  Columns 9 through 12
   0.6658 + 0.2635i   0.7389 + 0.4377i   0.9261 + 0.6751i   1.4962 + 0.9100i
```

图 7-4 是原函数 $x(n)=\exp\left(-\frac{n\pi}{6}\right)$图，图 7-5 是对应的 DFT 结果图。

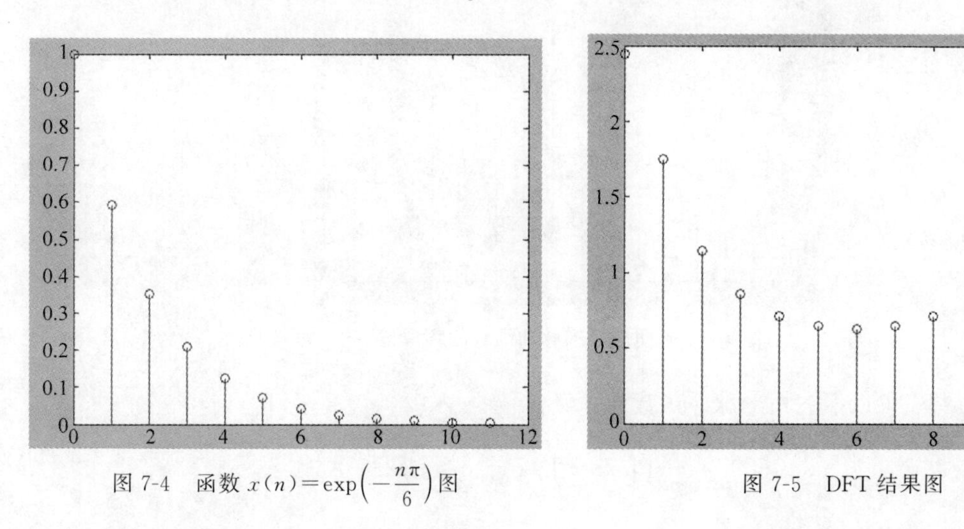

图 7-4　函数 $x(n)=\exp\left(-\frac{n\pi}{6}\right)$图　　图 7-5　DFT 结果图

**【例 7.17】**　求以下周期性矩形脉冲函数 $f_T(x)$的离散谱，如图 7-6 所示。

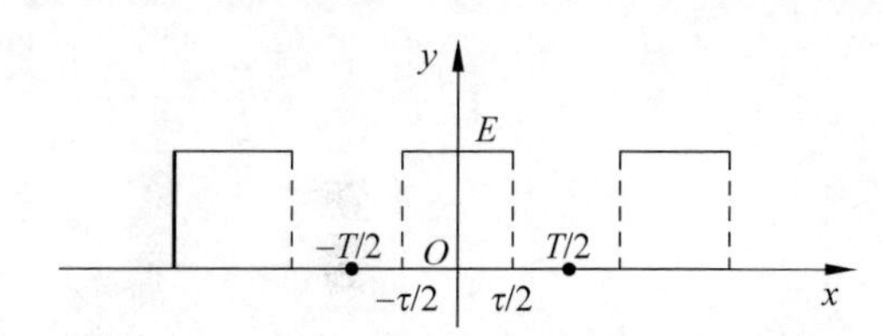


图 7-6　周期性矩形脉冲函数

**解**：由图 7-6 知，函数在其一个周期内的表达式为

$$f_T(x)=\begin{cases}E, & -\frac{\tau}{2}\leqslant x<\frac{\tau}{2}\\ 0, & \left(-\frac{T}{2}\leqslant x<\frac{\tau}{2}\right)\cup\left(\frac{\tau}{2}\leqslant x\leqslant\frac{T}{2}\right)\end{cases}$$

取 $\tau=1,T=4,E=2$，编写以下程序：

```
syms x n
T = 4;tao = 1;E = 2;
f = E * (heaviside(x + tao/2) - heaviside(x - tao/2));
Cn1 = simple(int(f * cos(n * 2 * pi/T * x),x, - T/2,T/2));
Cn2 = simple(int(f * sin(n * 2 * pi/T * x),x, - T/2,T/2));
A0 = limit(Cn1,n,0);
```

```
n = - 8:8;
An = sqrt(subs(Cn1).^2 + subs(Cn2).^2);
An(isnan(An)) = A0;
stem(n,An)
```

运行结果如图 7-7 所示。

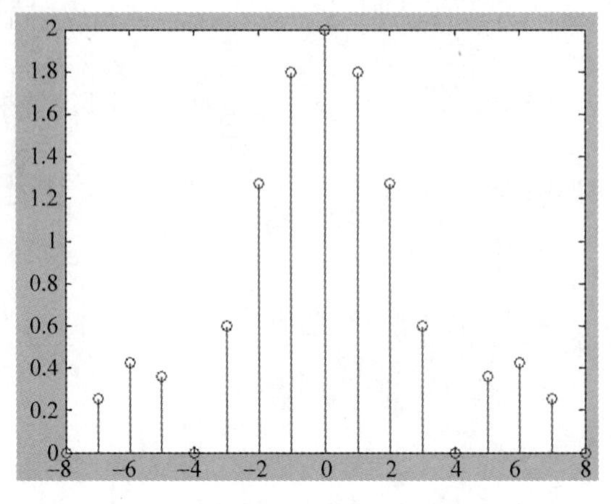


图 7-7 周期性矩形脉冲函数的离散谱

**【例 7.18】** 求以下三角形脉冲函数的连续谱：

$$f(x)=\begin{cases}\dfrac{2E}{\tau}\left(x+\dfrac{\tau}{2}\right), & -\dfrac{\tau}{2}<x<0\\ 0, & |x|\geqslant\dfrac{\tau}{2}\\ \dfrac{2E}{\tau}\left(x-\dfrac{\tau}{2}\right), & 0\leqslant x<\dfrac{\tau}{2}\end{cases}$$

代码如下：

```
syms x w tao E real
f = 2 * E/tao * (tao/2 + x) * (heaviside(x + tao/2) - heaviside(x)) + ...
  2 * E/tao * (tao/2 - x) * (heaviside(x) - heaviside(x - tao/2));
Fw = simple(fourier(f,x,w));
f = subs(f,{E,tao},{2,1});
Fw = subs(Fw,{E,tao},{2,1});
F = abs(Fw);
Phi = atan(imag(Fw)/real(Fw));
Subplot 211
Ezplot(f,[ - 1,1])
Title('三角形脉冲波')
Subplot 212
Ezplot(F,[ - 6 * pi,6 * pi])
Title('非周期函数的连续谱')
```

运行结果如图 7-8 所示。

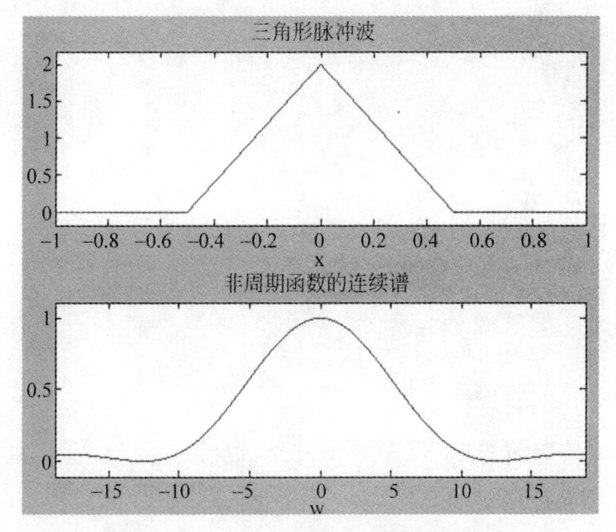


图 7-8 三角形脉冲函数及其频谱图形

## 7.6 快速傅里叶变换

快速傅里叶变换(Fast Fourier Transform,FFT),即利用计算机计算离散傅里叶变换(DFT)的高效、快速计算方法的统称。快速傅里叶变换是 1965 年由 J. W. 库利和 T. W. 图基提出的。采用这种算法能使计算机计算离散傅里叶变换所需要的乘法次数大为减少,特别是被变换的抽样点数 $N$ 越多,FFT 算法计算量的节省就越显著。

关于快速傅里叶变换的 MATLAB 命令有 fft 和 ifft。这两个函数的调用格式类似,以 fft 为例,其调用格式为:

```
Y = fft(X)
Y = fft(X,n)
Y = fft(X,[],dim)
Y = fft(X,n,dim)
```

$\boldsymbol{X}$ 是所要进行 FFT 变换的数据,它可以是向量或矩阵,$n$ 用于指定 FFT 变换的点数。dim 用于指定对矩阵 $\boldsymbol{X}$ 的行或列进行 FFT 变换。当 $\boldsymbol{X}$ 为向量时,若其幂的长度为 2,则 MATLAB 将自动采用基 2 的 FFT 算法,否则,将采用较慢的分裂基算法;若 $\boldsymbol{X}$ 的长度小于 $n$,则将在 $\boldsymbol{X}$ 的后面补零,再进行 $n$ 点 FFT 变换,若 $\boldsymbol{X}$ 的长度大于 $n$,则将对 $\boldsymbol{X}$ 进行 $n$ 点截断,再进行 $n$ 点 FFT 变换。当 $\boldsymbol{X}$ 为矩阵时,则 FFT 结果 $\boldsymbol{Y}$ 的每一列(行)对应 $\boldsymbol{X}$ 矩阵每一列(行)的傅里叶变换结果。

**【例 7.19】** 若干快速傅里叶变换 FFT 的例子。

(1) 两个元素组成的数组的 FFT。

代码如下:

```
x = [1,2];
X = fft(x)
```

输出结果如下：

```
X =
    3     -1
```

代码如下：

```
x = [1,2];
X = fft(x,2)
```

输出结果如下：

```
X =
    3     -1
```

(2) 4个元素组成的数组的FFT。

代码如下：

```
x = [1,2,0,1];
X = fft(x)
```

输出结果如下：

```
X =
    4.0000        1.0000 - 1.0000i   - 2.0000       1.0000 + 1.0000i
```

(3) 8个元素组成的数组的FFT。

代码如下：

```
x = [1,7,5,2,1,0,5,6];
X = fft(x)
```

输出结果如下：

```
X =
    Columns 1 through 4
    27.0000         7.7782 - 2.1213i   - 8.0000 + 1.0000i   - 7.7782 - 2.1213i
    Columns 5 through 8
    - 3.0000          - 7.7782 + 2.1213i   - 8.0000 - 1.0000i    7.7782 + 2.1213i
```

代码如下：

```
x = [1,7,5,2,1,0,5,6];
X = fft(x,7)
```

输出结果如下：

```
X =
    Columns 1 through 4
    21.0000      4.6664 - 6.8722i     - 4.3046 + 1.0014i   - 7.3617 + 2.0665i
    Columns 5 through 7
    - 7.3617 - 2.0665i   - 4.3046 - 1.0014i    4.6664  +  6.8722i
```

代码如下：

```
x = [1,7,5,2,1,0,5,6];
X = fft(x,9)
```

输出结果如下：

```
X =
    Columns 1 through 4
    27.0000              3.8327 - 1.2586i    - 10.8550 - 8.5069i   - 1.5000 - 7.7942i
    Columns 5 through 8
    - 0.4777 + 0.5460i   - 0.4777 - 0.5460i   - 1.5000 + 7.7942i  - 10.8550 + 8.5069i
    Column 9
    3.8327 + 1.2586i
```

（4）二阶方阵的 FFT。

代码如下：

```
x = [1,2;0,1];
X = fft(x)
```

输出结果如下：

```
X =
    1     3
    1     1
```

代码如下：

```
x = [1,2;0,1];
X = fft(x,1)
```

输出结果如下：

```
X =
    1     2
```

代码如下：

```
x = [1,2;0,1];
X = fft(x,2)
```

输出结果如下：

```
X =
    1     3
    1     1
```

代码如下：

```
x = [1,2;0,1];
X = fft(x,3)
```

输出结果如下：

```
X =
   1.0000                3.0000
```

```
   1.0000            1.5000 - 0.8660i
   1.0000            1.5000 + 0.8660i
```

代码如下：

```
x = [1,2;0,1];
X = fft(x,4)
```

输出结果如下：

```
X =
   1.0000            3.0000
   1.0000            2.0000 - 1.0000i
   1.0000            1.0000
   1.0000            2.0000 + 1.0000i
```

(5) 三阶方阵的 FFT。

代码如下：

```
x = [1,2,3;4,5,6;7,8,9];
X = fft(x)
```

输出结果如下：

```
X =
  12.0000              15.0000              18.0000
  - 4.5000 + 2.5981i  - 4.5000 + 2.5981i  - 4.5000 + 2.5981i
  - 4.5000 - 2.5981i  - 4.5000 - 2.5981i  - 4.5000 - 2.5981i
```

**【例 7.20】** 若 $x(n)=\cos\left(\frac{n\pi}{6}\right)$是一个 $n$ 为 12 的序列，求其 FFT。

代码如下：

```
N = 12;
n = 0:N - 1;
xn = cos(pi * n/6);
xk = fft(xn)
k = 0:N - 1;
figure(1)
stem(n,xn)
figure(2)
stem(k,abs(xk))
```

输出结果如下：

```
xk =
    Columns 1 through 4
    - 0.0000           6.0000 - 0.0000i   - 0.0000 + 0.0000i   - 0.0000 - 0.0000i
    Columns 5 through 8
    0.0000 - 0.0000i   0.0000 + 0.0000i       0.0000                 0.0000 - 0.0000i
    Columns 9 through 12
    0.0000 + 0.0000i   - 0.0000 + 0.0000i   - 0.0000 - 0.0000i   6.0000 + 0.0000i
```

图 7-9 是原函数 $x(n)=\cos\left(\frac{n\pi}{6}\right)$ 图，图 7-10 是 FFT 结果图。

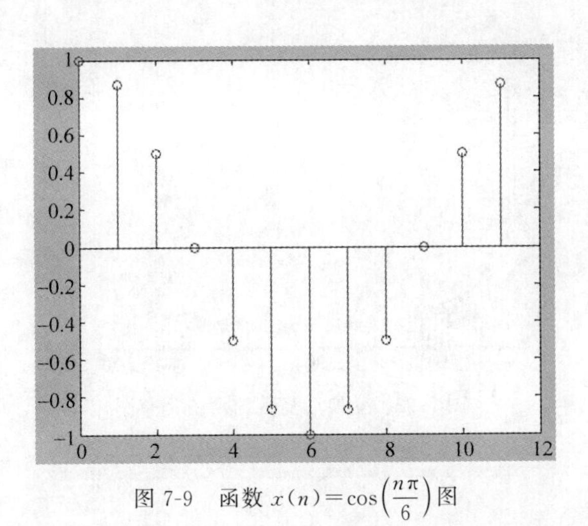


图 7-9　函数 $x(n)=\cos\left(\frac{n\pi}{6}\right)$ 图

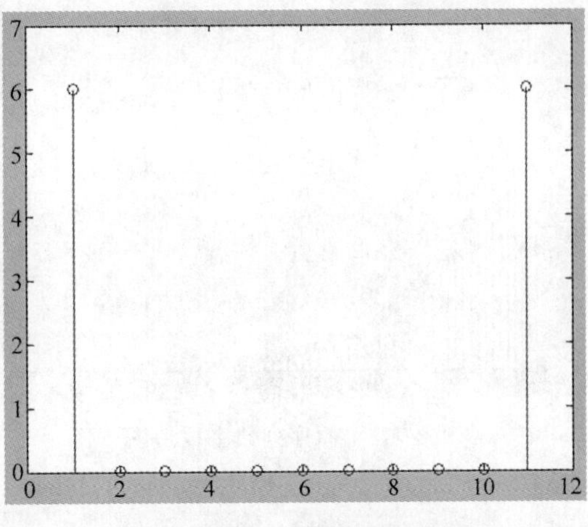


图 7-10　FFT 结果图

本例与例 7.15 的区别是本例为离散快速傅里叶变换，例 7.15 是离散普通傅里叶变换，所得结果完全相同。程序运行唯一的区别是快速傅里叶变换运行速度快。当计算的点数不多时，速度快慢不明显。随着数据点的增多，快速傅里叶变换的快速优势就会显示出来。

**【例 7.21】** 若 $x(n)=e^{-0.1(n+0.5)}$ 是一个 $n$ 为 64 的序列，求其 FFT。

代码如下：

```
syms n N
N = 64;
n = 0:N - 1
xn = exp( - 0.1 * (n + 0.5))
xk = fft(xn)
k = 0:N - 1;
figure(1)
stem(n,xn)
figure(2)
stem(k,abs(xk))
figure(3)
stem(n,real(xk))
figure(4)
stem(n,imag(xk))
```

以下是程序运行结果。

$n=1,2,\cdots,64$；$x_n$ 是原序列数字，共 64 个，全为实数；$x_k$ 是变换后的数字，也是 64 个，大部分是复数。图 7-11 是原序列数字取值图，图 7-12 是变换后复数的模的分布图，图 7-13 是变换后复数的实部的数字分布图，图 7-14 是变换后复数的虚部的数字分布图。

```
n =

      Columns 1 through 14
 0    1    2    3    4    5    6    7    8    9    10   11   12   13
```

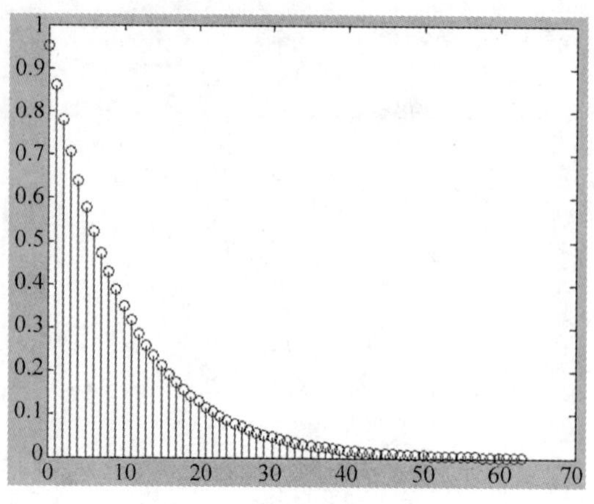


图 7-11 原序列数字取值图

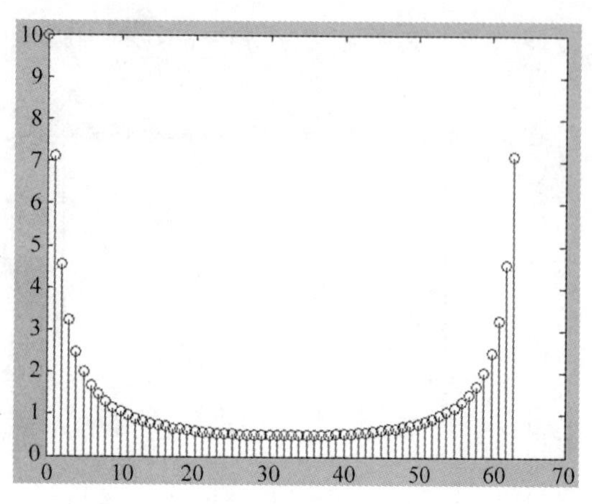


图 7-12 变换后复数的模的分布图

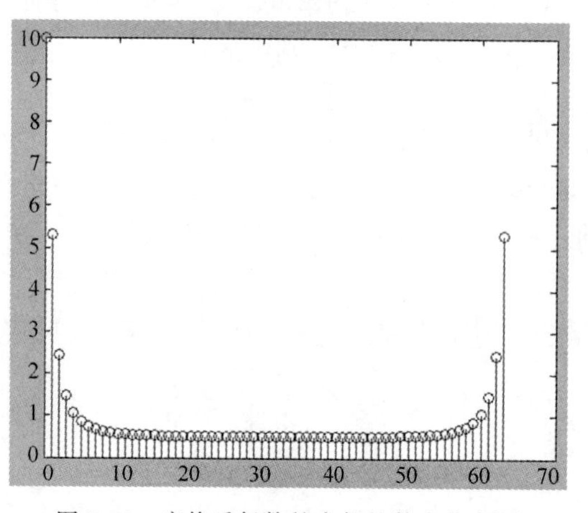


图 7-13 变换后复数的实部的数字分布图

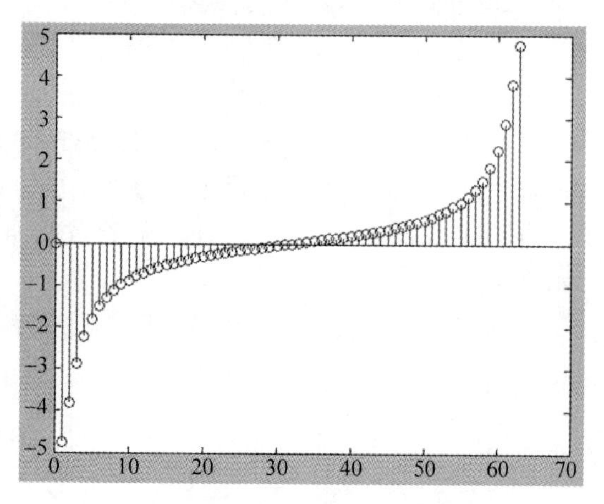


图 7-14 变换后复数的虚部的数字分布图

```
      Columns 15 through 28
14    15    16    17    18    19    20    21    22    23    24    25    26    27
      Columns 29 through 42
28    29    30    31    32    33    34    35    36    37    38    39    40    41
      Columns 43 through 56
42    43    44    45    46    47    48    49    50    51    52    53    54    55
      Columns 57 through 64
56    57    58    59    60    61    62    63
xn =
    Columns 1 through 8
0.9512    0.8607    0.7788    0.7047    0.6376    0.5769    0.5220    0.4724
    Columns 9 through 16
0.4274    0.3867    0.3499    0.3166    0.2865    0.2592    0.2346    0.2122
    Columns 17 through 24
0.1920    0.1738    0.1572    0.1423    0.1287    0.1165    0.1054    0.0954
    Columns 25 through 32
0.0863    0.0781    0.0707    0.0639    0.0578    0.0523    0.0474    0.0429
    Columns 33 through 40
0.0388    0.0351    0.0317    0.0287    0.0260    0.0235    0.0213    0.0193
    Columns 41 through 48
```

```
0.0174    0.0158    0.0143    0.0129    0.0117    0.0106    0.0096    0.0087
    Columns 49 through 56
0.0078    0.0071    0.0064    0.0058    0.0052    0.0047    0.0043    0.0039
    Columns 57 through 64
0.0035    0.0032    0.0029    0.0026    0.0024    0.0021    0.0019    0.0017
xk =
    Columns 1 through 4
    9.9792              5.3184 - 4.7397i   2.4386 - 3.8249i   1.4644 - 2.8677i
    Columns 5 through 8
    1.0611 - 2.2399i  0.8612 - 1.8185i   0.7489 - 1.5201i   0.6798 - 1.2984i
    Columns 9 through 12
    0.6345 - 1.1271i  0.6032 - 0.9904i   0.5807 - 0.8784i   0.5640 - 0.7848i
    Columns 13 through 16
    0.5513 - 0.7049i  0.5414 - 0.6357i   0.5335 - 0.5750i   0.5273 - 0.5210i
    Columns 17 through 20
    0.5221 - 0.4725i  0.5179 - 0.4284i   0.5145 - 0.3881i   0.5115 - 0.3508i
    Columns 21 through 24
    0.5091 - 0.3161i  0.5070 - 0.2836i   0.5053 - 0.2530i   0.5038 - 0.2239i
    Columns 25 through 28
    0.5026 - 0.1961i  0.5016 - 0.1694i   0.5007 - 0.1436i   0.5000 - 0.1186i
    Columns 29 through 32
    0.4995 - 0.0942i  0.4991 - 0.0703i   0.4988 - 0.0466i   0.4986 - 0.0233i
    Columns 33 through 36
    0.4985            0.4986 + 0.0233i   0.4988 + 0.0466i   0.4991 + 0.0703i
    Columns 37 through 40
    0.4995 + 0.0942i  0.5000 + 0.1186i   0.5007 + 0.1436i   0.5016 + 0.1694i

    Columns 41 through 44
    0.5026 + 0.1961i   0.5038 + 0.2239i   0.5053 + 0.2530i   0.5070 + 0.2836i
    Columns 45 through 48
    0.5091 + 0.3161i   0.5115 + 0.3508i   0.5145 + 0.3881i   0.5179 + 0.4284i
    Columns 49 through 52
    0.5221 + 0.4725i   0.5273 + 0.5210i   0.5335 + 0.5750i   0.5414 + 0.6357i
    Columns 53 through 56
    0.5513 + 0.7049i   0.5640 + 0.7848i   0.5807 + 0.8784i   0.6032 + 0.9904i
    Columns 57 through 60
    0.6345 + 1.1271i   0.6798 + 1.2984i   0.7489 + 1.5201i   0.8612 + 1.8185i
    Columns 61 through 64
    1.0611 + 2.2399i   1.4644 + 2.8677i   2.4386 + 3.8249i   5.3184 + 4.7397i
```

## 7.7　卷积积分

1. 卷积的概念

若已知函数 $f_1(t)$和 $f_2(t)$，则积分

$$\int_{-\infty}^{+\infty} f_1(\tau) f_2(t-\tau) \mathrm{d}\tau$$

称为函数 $f_1(t)$和 $f_2(t)$的卷积，记为 $f_1(t) * f_2(t)$，即

$$\int_{-\infty}^{+\infty} f_1(\tau) f_2(t-\tau) \mathrm{d}\tau = f_1(t) * f_2(t)$$

2. 卷积的例子

**【手工计算例 7.5】** 若 $f_1(t)=\begin{cases}0, & t<0\\1, & t\geqslant 1\end{cases}$，$f_2(t)=\begin{cases}0, & t<0\\e^{-t}, & t\geqslant 0\end{cases}$。求 $f_1(t)*f_2(t)$。

**解**：根据卷积积分的定义，

$$f_1(t)*f_2(t)=\int_{-\infty}^{+\infty}f_1(\tau)f_2(t-\tau)\mathrm{d}\tau=\int_0^t f_1(\tau)f_2(t-\tau)\mathrm{d}\tau$$

$$=\int_0^t 1\times e^{-(t-\tau)}\mathrm{d}\tau=e^{-t}\int_0^t e^{\tau}\mathrm{d}\tau=e^{-t}(e^t-1)=1-e^{-t}$$

**【手工计算例 7.6】** 已知 $u_1(t)=e^{-3t}u(t)$，$u_2(t)=e^{-5t}u(t)$。试计算卷积 $u_1(t)*u_2(t)$。

**解**：根据卷积积分的定义，

$$f_1(t)*f_2(t)=\int_{-\infty}^{+\infty}f_1(\tau)f_2(t-\tau)\mathrm{d}\tau=\int_{-\infty}^{+\infty}e^{-3\tau}u(\tau)\cdot e^{-5(t-\tau)}u(t-\tau)\mathrm{d}\tau$$

$$=\begin{cases}\int_0^t e^{-3\tau}\cdot e^{-5(t-\tau)}\mathrm{d}\tau, & t>0\\0, & t\leqslant 0\end{cases}=\begin{cases}\frac{1}{2}(e^{-3t}-e^{-5t}), & t>0\\0, & t\leqslant 0\end{cases}$$

$$=\frac{1}{2}(e^{-3t}-e^{-5t})u(t)$$

# 7.8 实现两个单位三角函数的卷积

**【例 7.22】** 实现两个相同三角函数的卷积。

代码如下：

```
Ts = 0.01;
nx = [ - 100:99]';nh = nx;
x = tripuls(nh * Ts); h = tripuls(nh * Ts);
ny = [nx(1) + nh(1):nx(end) + nh(end)]';
y = Ts * conv(x,h);p = plot(ny * Ts,y,'k');
xlabel('时间 t/s');ylabel('y(t)'); grid on;
```

运行结果如图 7-15 所示。

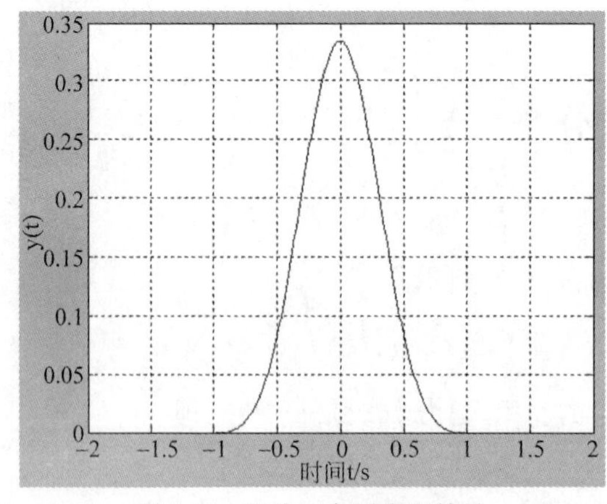


图 7-15 两个三角形卷积结果

# 7.9 用 FFT 计算卷积

**【例 7.23】** 若 $x(n)=[2,3,1,4,5]$，长度 $N_1=5$，$h(n)=[2,1,7,4,5,7,2,3]$，长度 $N_2=8$，计算两者的线性卷积。

**解**：① 将 $x(n)$和 $h(n)$通过增加零值延长到 $N=N_1+N_2-1$；

② 利用 FFT 计算 $x(n)$和 $h(n)$各自 $N$ 点的 DFT；

③ 计算 $Y(k)=X(k)H(k)$；

④ 利用 IFFT 计算 $Y(k)$便可得到卷积结果 $y(n)$。

代码如下：

```
x = [2,3,1,4,5];
h = [2,1,7,4,5,7,2,3];
lenx = length(x);
lenh = length(h);
N = lenx + lenh - 1;
xk = fft(x,N);
hk = fft(h,N);
yk = xk. * hk;
y = real(ifft(yk));
plot(y);
xlabel('n');
ylabel('y(n)');
title('x(n) * h(n)');
grid
```

运行结果如图 7-16 所示。

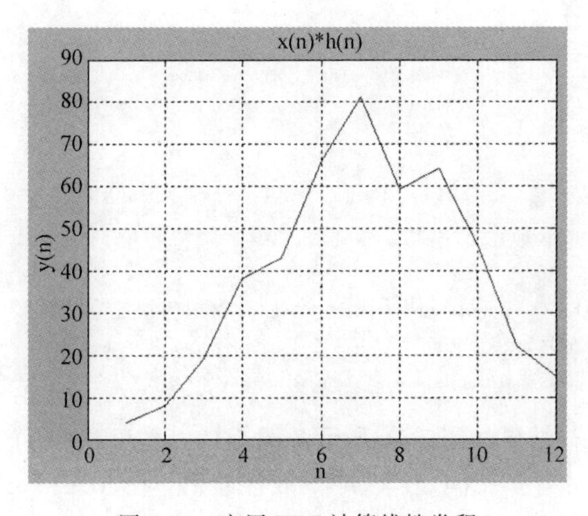


图 7-16 应用 FFT 计算线性卷积

**【例 7.24】** 用快速卷积法计算下面两个序列的卷积，并测试直接卷积和快速卷积的时间。

$$x(n)=0.9^n R_M(n)$$

$$h(n)=R_N(n)$$

快速卷积就是根据 DFT 的循环卷积性质，将时域卷积转换为频域相乘，最后再进行 IDFT 得到时域卷积序列 $y(n)$。其中，时域和频域之间的变换均用 FFT 实现，所以使卷积速度大大提高。快速卷积框图如图 7-17 所示。

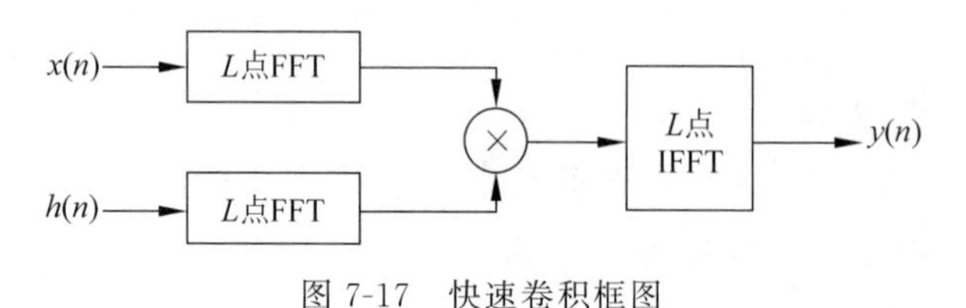


图 7-17　快速卷积框图

输入 $x(n)$序列，xn=sin(0.4 * [1: 15])，输入 $h(n)$序列，hn=0.9.^[1: 20]。

代码如下：

```
clear;
xn = sin(0.4 * [1:15]);
hn = 0.9.^[1:20];
M = length(xn); N = length(hn);
nx = 1:M;
nh = 1:N;
L = pow2(nextpow2(M + N - 1));
tic, % 快速卷积计时开始
Xk = fft(xn,L);
Hk = fft(hn,L);
Yk = Xk. * Hk;
yn = ifft(Yk,L);
toc % 快速卷积计时结束
subplot(2,2,1),stem(nx,xn,'.');
ylabel('x(n)')
subplot(2,2,2),stem(nh,hn,'.');
ylabel('h(n)')
subplot(2,1,2);ny = 1:L;
stem(ny,real(yn),'.');
ylabel('y(n)')
tic,yn = conv(xn,hn);toc % 直接调用函数 conv 计算卷积与快速卷积比较
Elapsed time is 0.024545 seconds.
Elapsed time is 0.000094 seconds.
```

执行以上程序，运行结果如图 7-18 所示。图 7-18 中，FFT 变换的长度 $L$ 必须满足 $L \geq N+M-1$，输出 $y(n)$才等于 $x(n)$和 $h(n)$的线性卷积。在 MATLAB 中，要比较这两种算法的运行时间，必须取较大的 $M$ 和 $N$。在作者的笔记本电脑上，当 $N=M=16384$ 时，快速卷积的执行时间为 0.026s，直接调用卷积函数 conv 计算卷积的时间为 2.807s。也就是说，当取较大的 $M$ 和 $N$ 时，快速卷积的优越性才会充分体现出来。

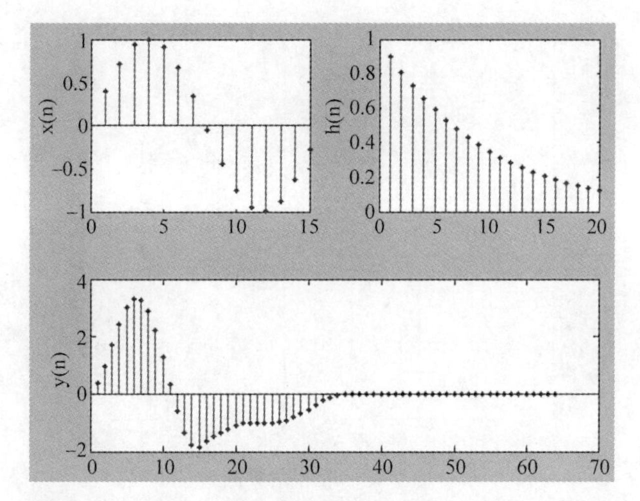


图 7-18 $x(n)$、$h(n)$及其线性卷积波形($N=15$,$M=20$)

# 7.10 离散卷积的计算

在 MATLAB 中,计算两个离散序列卷积和的函数为 conv(),其调用格式为:

c=conv(a,b),其中 $a$,$b$ 为待卷积两个序列的向量表示,$c$ 是卷积结果。向量 $c$ 的长度为向量 $a$,$b$ 长度之和减一,即 length(c)=length(a)+length(b)−1。

这个计算卷积的函数,还可以用来计算多项式的乘积。此时,$a$,$b$ 分别为待相乘的两个多项式系数的向量表示,$c$ 为两个多项式乘积的结果。

1. 离散卷积

**【例 7.25】** 若两个序列分别为 $x(n)=[1,2,3,4]$,$y(n)=[1,1,1,1,1]$,计算两者的卷积。

代码如下:

```
x = [1,2,3,4];
y = [1,1,1,1,1];
z = conv(x, y);
N = length(z);
Stem(0:N - 1,z);
```

输出结果如下:

```
z =
     1     3     6    10    10     9     7     4
```

运行结果是 1 3 6 10 10 9 7 4,其分布图如图 7-19 所示。

**【例 7.26】** 若两个序列分别为 $x(n)=[2,3]$,$y(n)=[3,1]$,计算两者的卷积。

代码如下:

```
x = [2,3];
y = [3,1];
```

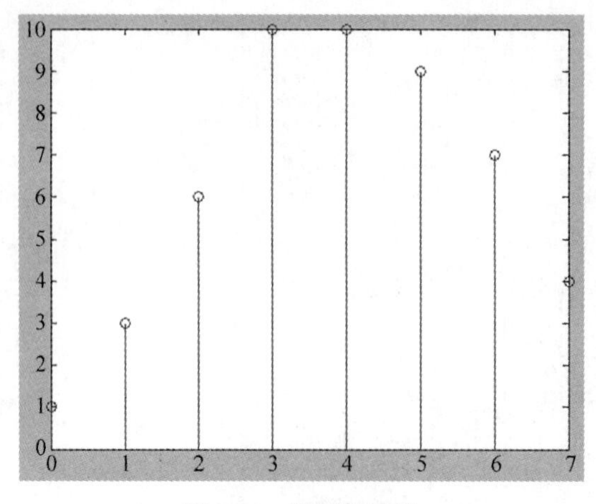


图 7-19　卷积结果图

```
z = conv(x,y)
N = length(z);
stem(0:N - 1,z);
```

输出结果如下：

```
z =
   6    11     3
```

运行结果是 6　11　3，其分布图如图 7-20 所示。

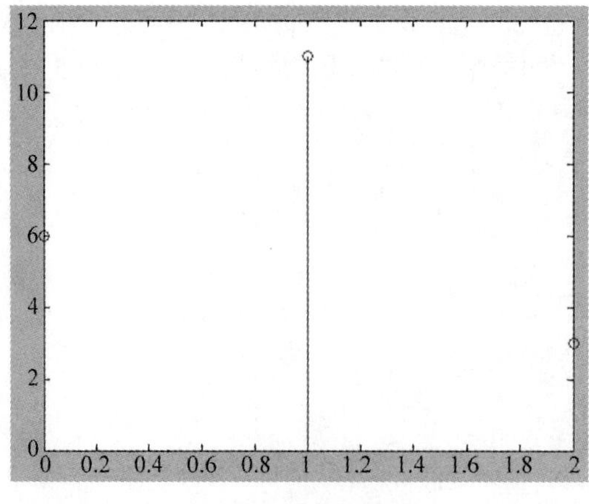


图 7-20　卷积结果图

**【例 7.27】** 求阶跃信号序列和一个线性信号序列的卷积。

代码如下：

```
u = ones(1,15);                  % 阶跃信号序列
v = zeros(1,25);
v(5:25) = 0:1/20:1;              % 线性信号序列
w = conv(u,v);
subplot(3,1,1);
stem(u);
```

```
title('u');
subplot(3,1,2);
stem(v);
title('v');
subplot(3,1,3);
stem(w);
title('w');
```

程序运行后,将得到如图 7-21 所示的离散信号卷积图。

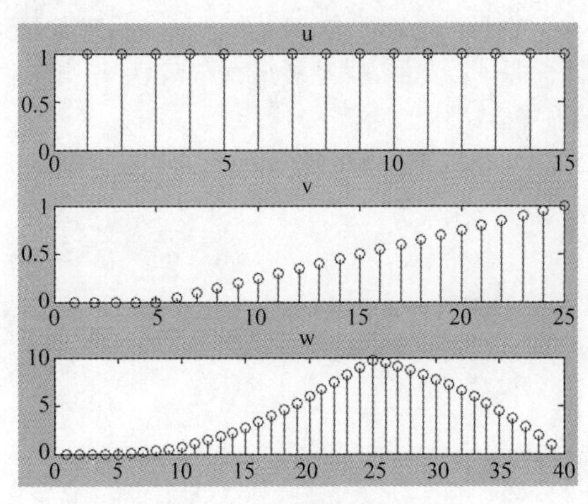


图 7-21　离散信号卷积图

2. 多项式相乘

**【例 7.28】** 若两个多项式分别为 $a=s^3+2s+3$,$b=s^2+3s+2$,计算它们的乘积。

代码如下:

```
a = [1,0,2,3];
b = [1,3,2];
c = conv(a,b);
```

输出结果如下:

```
c =
    1     3     4     9    13     6
```

即

$$ab=(s^3+2s+3)(s^2+3s+2)=s^5+3s^4+4s^3+9s^2+13s+6$$

**【例 7.29】** 若两个多项式分别为 $a=2s+3$,$b=3s+1$,计算它们的乘积。

代码如下:

```
a = [2,3];
b = [3,1];
c = conv(a,b)
```

输出结果如下:

```
c =
    6    11     3
```

所以，$ab=(2s+3)(3s+1)=6s^2+11s+3$。

# 7.11 离散反卷积计算

反卷积是卷积运算的逆运算，如同除法是乘法的逆运算一样。

在 MATLAB 中，计算两个离散序列反卷积的函数为 deconv()，其调用格式为：

[q,r]=deconv(D,C)，进行两个多项式的反卷积和多项式除法运算，返回商多项式的系数向量 $q$ 和余数多项式向量 $r$。其中，$D$ 是被反卷积函数（相当于除法中的被除数），$C$ 为卷积前的任一个序列（相当于除法中的除数）。

两个数相除，有时除不尽，就会有商和余数。两个多项式相除，也会除不尽，就会有商多项式和余数多项式。

1. 离散反卷积计算

**【例 7.30】** 若被除数序列为 $d(n)=[1,3,6,10,10,9,7,4]$，除数序列为 $c(n)=[1,2,3,4]$，求反卷积结果。

代码如下：

```
C = [1,2,3,4];
D = [1,3,6,10,10,9,7,4];
[q,r] = deconv(D,C)
```

输出结果如下：

```
q =
     1     1     1     1     1
r =
     0     0     0     0     0     0     0     0
```

因此，所得反卷积函数为[1 1 1 1 1]。

**【例 7.31】** 若被除数序列为 $d(n)=[6,11,3]$，除数序列为 $c(n)=[2,3]$，求反卷积结果。

代码如下：

```
C = [2,3];
D = [6,11,3];
[q,r] = deconv(D,C)
```

输出结果如下：

```
q =
     3     1
r =
     0     0     0
```

因此，所得反卷积函数为[3 1]。

2. 多项式相除

**【例 7.32】** 若被除数多项式系数向量为 $d(n)=[6,17,29,48,44,27]$，除数多项式系

数向量为 $c(n)=[1,2,3,4]$，求商和余数多项式。

代码如下：

```
C = [1,2,3,4];
D = [6,17,29,48,44,27];
[q,r] = deconv(D,C)
```

输出结果如下：

```
q =
    6     5     1
r =
    0     0     0     7    21    23
```

因此，商为 $6x^2+5x+1$，余式为 $7x^2+21x+23$。

**【例 7.33】** 若被除数多项式系数向量为 $d(n)=[6,11,3]$，除数多项式系数向量为 $c(n)=[2,3]$，求商和余数多项式。

代码如下：

```
C = [2,3];
D = [6,11,3];
[q,r] = deconv(D,C)
```

输出结果如下：

```
q =
    3     1
r =
    0     0     0
```

因此，$(6x^2+11x+3)/(2x+3)=3x+1$，恰好除尽，余式为 0。

## 7.12 二维傅里叶变换

前面介绍的傅里叶变换都是一维傅里叶变换，而二维傅里叶变换是一维傅里叶变换的推广。一维傅里叶变换适用于电学上时间信号的处理，二维傅里叶变换适用于光学上空间信号的处理以及图像信号处理。

假设 $\boldsymbol{X}$ 是一个 $M\times N$ 的矩阵

$$\boldsymbol{X}=\begin{bmatrix} f(0,0) & f(0,1) & f(0,2) & \cdots & f(0,N-1) \\ f(1,0) & f(1,1) & f(1,2) & \cdots & f(1,N-1) \\ f(2,0) & f(2,1) & f(2,2) & \cdots & f(2,N-1) \\ \vdots & \vdots & \vdots & \ddots & \vdots \\ f(M-1,0) & f(M-1,1) & f(M-1,2) & \cdots & f(M-1,N-1) \end{bmatrix}$$

则其二维离散傅里叶变换的定义如下：

$$F(k,l)=\sum_{m=0}^{M-1}\sum_{n=0}^{N-1}f(m,n)\mathrm{e}^{-\mathrm{j}2\pi\left(\frac{mk}{M}+\frac{nl}{N}\right)}$$

其对应的逆变换为

$$f(m,n)=\sum_{m=0}^{M-1}\sum_{n=0}^{N-1}F(k,l)\mathrm{e}^{\mathrm{j}2\pi\left(\frac{mk}{M}+\frac{nl}{N}\right)}$$

式中，$\mathrm{e}^{-\mathrm{j}2\pi\left(\frac{mk}{M}+\frac{nl}{N}\right)}$ 和 $\mathrm{e}^{\mathrm{j}2\pi\left(\frac{mk}{M}+\frac{nl}{N}\right)}$ 分别为正变换核和逆变换核；$m,n$ 为空间域采样值；$k,l$ 为频率采样值。

二维快速傅里叶变换的 MATLAB 命令有 fft2 和 ifft2。这两个函数的调用格式类似，以 fft2 为例，其调用格式为：

B=fft2(X)——$X$ 是所要进行 FFT2 变换的数据，它一般是矩阵；$B$ 为变换后的数据，$B$ 矩阵和 $X$ 矩阵大小相同。

B=fft2(X,m,n)——$m\times n$ 是返回的矩阵 $B$ 的大小。若矩阵 $X$ 的行数和列数不为 $m\times n$，则在变换前对矩阵 $X$ 作相应的截断或补零。$B$ 矩阵的数一般为复数，观察它的方法之一是对变换后的结果取模，方法是对变换后的结果调用 abs 函数。

**【例 7.34】** 分别求五阶魔方阵 $\boldsymbol{A}$ 和五阶 1 方阵 $\boldsymbol{B}$ 的二维离散傅里叶变换，并将所得结果再求二维离散傅里叶逆变换。

代码如下：

```
A = magic(5)
B = ones(5)
C = fft2(A)
D = fft2(B)
E = ifft2(C)
F = ifft2(D)
```

输出结果如下：

```
A =
    17    24     1     8    15
    23     5     7    14    16
     4     6    13    20    22
    10    12    19    21     3
    11    18    25     2     9
B =
     1     1     1     1     1
     1     1     1     1     1
     1     1     1     1     1
     1     1     1     1     1
     1     1     1     1     1
C =
   1.0e + 002 *
   Columns 1 through 4
    3.2500                  0                  0                  0
   - 0.0000 - 0.0000i   1.0113 - 0.3286i   - 0.2023 - 0.0657i         0 + 0.0000i
         0              0.0000 - 0.0000i   - 0.3863 - 0.5317i   - 0.0000
         0              0.0773 + 0.1063i   - 0.0000              - 0.3863 + 0.5317i
   - 0.0000 + 0.0000i   0.0000 + 0.0000i          0 - 0.0000i   - 0.2023 + 0.0657i
   Column 5
         0
```

```
   0.0000 - 0.0000i
   0.0773 - 0.1063i
   0.0000 + 0.0000i
   1.0113 + 0.3286i
D =
    25     0     0     0     0
     0     0     0     0     0
     0     0     0     0     0
     0     0     0     0     0
     0     0     0     0     0
E =
   17.0000   24.0000    1.0000    8.0000   15.0000
   23.0000    5.0000    7.0000   14.0000   16.0000
    4.0000    6.0000   13.0000   20.0000   22.0000
   10.0000   12.0000   19.0000   21.0000    3.0000
   11.0000   18.0000   25.0000    2.0000    9.0000
F =
     1     1     1     1     1
     1     1     1     1     1
     1     1     1     1     1
     1     1     1     1     1
     1     1     1     1     1
```

以上矩阵 $\boldsymbol{C}$、$\boldsymbol{D}$ 分别是矩阵 $\boldsymbol{A}$、$\boldsymbol{B}$ 的二维傅里叶变换，矩阵 $\boldsymbol{E}$、$\boldsymbol{F}$ 分别是矩阵 $\boldsymbol{C}$、$\boldsymbol{D}$ 的二维傅里叶逆变换。矩阵 $\boldsymbol{E}$、$\boldsymbol{F}$ 分别和原矩阵 $\boldsymbol{A}$、$\boldsymbol{B}$ 相同。这表明，一个矩阵经变换和逆变换后就变回原来的矩阵。

**【例 7.35】** 分别求四阶魔方阵 $\boldsymbol{A}$ 和四阶帕斯卡方阵 $\boldsymbol{B}$ 的二维离散傅里叶变换，并将所得结果再求二维离散傅里叶逆变换。并观察命令 B=fft2(X,m,n)中 $m$ 和 $n$ 不同取值对结果的影响。

代码如下：

```
A = magic(4)
B = pascal(4)
C = fft2(A,2,2)
D = fft2(B)
E = ifft2(C)
F = ifft2(D,2,2)
```

输出结果如下：

```
A =
    16     2     3    13
     5    11    10     8
     9     7     6    12
     4    14    15     1
B =
     1     1     1     1
     1     2     3     4
     1     3     6    10
     1     4    10    20
```

```
C =
    34     8
     2    20
D =
   69.0000                -16.0000 +25.0000i -21.0000                -16.0000 -25.0000i
  -16.0000 +25.0000i  -9.0000 -14.0000i   6.0000 -11.0000i  19.0000
  -21.0000               6.0000 -11.0000i   9.0000                 6.0000 +11.0000i
  -16.0000 -25.0000i  19.0000                6.0000 +11.0000i  -9.0000 +14.0000i
E =
    16     2
     5    11
F =
   7.0000 + 9.0000i  19.5000 + 3.5000i
  19.5000 + 3.5000i  23.0000 -16.0000i
```

以上矩阵 ***C***、***D*** 分别是矩阵 ***A***、***B*** 的二维傅里叶变换，矩阵 ***E***、***F*** 分别是矩阵 ***C***、***D*** 的二维傅里叶逆变换。由于 $m$ 和 $n$ 不同取值，矩阵 ***E***、***F*** 和原矩阵 ***A***、***B*** 只有部分相同或完全不同。

**【例 7.36】** 分别求四阶魔方阵 ***A*** 和四阶帕斯卡方阵 ***B*** 的二维离散傅里叶变换，并将所得结果再求二维离散傅里叶逆变换。并观察命令 B=fft2(X,m,n)中 $m$ 和 $n$ 不同取值对结果的影响。

代码如下：

```
A = magic(4)
B = pascal(4)
C = fft2(A,4,5)
D = fft2(B,4,3)
E = ifft2(C)
F = ifft2(D)
```

输出结果如下：

```
A =
    16     2     3    13
     5    11    10     8
     9     7     6    12
     4    14    15     1
B =
     1     1     1     1
     1     2     3     4
     1     3     6    10
     1     4    10    20
C =
  1.0e+002 *
  Columns 1 through 4
   1.3600              -0.1051 - 0.3234i   0.2751 - 0.1998i   0.2751 + 0.1998i
        0               0.1698 + 0.0865i   0.0078 - 0.0491i   0.2008 - 0.0318i
        0               0.1106 + 0.3403i   0.2894 - 0.2103i   0.2894 + 0.2103i
        0              -0.0283 + 0.0556i   0.2008 + 0.0318i   0.0078 + 0.0491i
  Column 5
```

```
  - 0.1051 + 0.3234i
  - 0.0283 - 0.0556i
    0.1106 - 0.3403i
    0.1698 - 0.0865i
D =
   34.0000                 - 11.0000 + 8.6603i  - 11.0000 - 8.6603i
  - 7.0000 + 9.0000i    - 0.8301 - 7.0981i      7.8301 - 1.9019i
  - 8.0000                   4.0000 - 3.4641i      4.0000 + 3.4641i
  - 7.0000 - 9.0000i      7.8301 + 1.9019i    - 0.8301 + 7.0981i
E =
   16.0000    2.0000    3.0000   13.0000         0
    5.0000   11.0000   10.0000    8.0000    0.0000
    9.0000    7.0000    6.0000   12.0000    0.0000
    4.0000   14.0000   15.0000    1.0000    0.0000
F =
    1.0000    1.0000    1.0000
    1.0000    2.0000    3.0000
    1.0000    3.0000    6.0000
    1.0000    4.0000   10.0000
```

以上矩阵 $\boldsymbol{C}$、$\boldsymbol{D}$ 分别是矩阵 $\boldsymbol{A}$、$\boldsymbol{B}$ 的二维傅里叶变换，矩阵 $\boldsymbol{E}$、$\boldsymbol{F}$ 分别是矩阵 $\boldsymbol{C}$、$\boldsymbol{D}$ 的二维傅里叶逆变换。由于 $m$ 和 $n$ 不同取值，矩阵 $\boldsymbol{E}$ 除多一列 0 外与原矩阵 $\boldsymbol{A}$ 相同，矩阵 $\boldsymbol{F}$ 除少了一列外与矩阵 $\boldsymbol{B}$ 相同。

**【例 7.37】** 分别求四阶魔方阵 $\boldsymbol{A}$ 和四阶帕斯卡方阵 $\boldsymbol{B}$ 的二维离散傅里叶变换，并将所得结果求模。

代码如下：

```
A = magic(4)
B = pascal(4)
C = fft2(A)
C1 = abs(C)
D = fft2(B)
D1 = abs(D)
```

输出结果如下：

```
A =
    16     2     3    13
     5    11    10     8
     9     7     6    12
     4    14    15     1
B =
     1     1     1     1
     1     2     3     4
     1     3     6    10
     1     4    10    20
C =
   1.0e + 002 *
   1.3600                  0                    0                    0
        0             0.2000          0.0800 + 0.0800i        0 - 0.1200i
```

```
         0            0.3200 + 0.3200i        0             0.3200 - 0.3200i
         0                 0 + 0.1200i   0.0800 - 0.0800i   0.2000
C1 =
  136.0000         0         0         0
         0   20.0000   11.3137   12.0000
         0   45.2548         0   45.2548
         0   12.0000   11.3137   20.0000
D =
  69.0000              -16.0000 + 25.0000i -21.0000              -16.0000 - 25.0000i
-16.0000 + 25.0000i   -9.0000 - 14.0000i   6.0000 - 11.0000i   19.0000
-21.0000               6.0000 - 11.0000i   9.0000               6.0000 + 11.0000i
-16.0000 - 25.0000i   19.0000              6.0000 + 11.0000i   -9.0000 + 14.0000i
D1 =
   69.0000   29.6816   21.0000   29.6816
   29.6816   16.6433   12.5300   19.0000
   21.0000   12.5300    9.0000   12.5300
   29.6816   19.0000   12.5300   16.6433
```

以上矩阵 **C**、**D** 分别是矩阵 **A**、**B** 的二维傅里叶变换，矩阵 $\boldsymbol{C}_1$、$\boldsymbol{D}_1$ 中的各元素分别是矩阵 **C**、**D** 中各元素的模。

**【例 7.38】** 用快速傅里叶变换可以实现快速卷积。根据卷积定理，两个函数卷积的傅里叶变换等于这两个函数傅里叶变换的乘积。此特性和快速二维傅里叶变换相结合，可以快速计算函数的二维卷积。假设 **A** 是一个 $M \times N$ 的矩阵，**B** 是一个 $P \times Q$ 的矩阵，则快速计算卷积的方法如下：

① 对 **A**、**B** 进行零填充，将 **A**、**B** 填充为 2 的幂次矩阵；

② 使用 fft2 计算 **A**、**B** 的二维 DFT；

③ 将两个 DFT 计算结果相乘；

④ 使用 ifft2 计算上一步所得的二维 DFT 的逆变换。

下面是计算 3 阶魔方阵 **A** 和一个 3 阶 1 方阵 **B** 的二维卷积的程序。

代码如下：

```
A = magic(3)
B = ones(3)
A(8,8) = 0                              % 对 A 进行零填充,使之成为 8 矩阵
B(8,8) = 0                              % 对 B 进行零填充,使之成为 8 矩阵
C = ifft2(fft2(A). * fft2(B))
C = C(1:5,1:5);                         % 抽取矩阵中非零部分
C1 = real(C)
```

输出结果如下：

```
A =
     8     1     6
     3     5     7
     4     9     2
B =
     1     1     1
     1     1     1
```

```
    1     1     1
A =
    8     1     6     0     0     0     0     0
    3     5     7     0     0     0     0     0
    4     9     2     0     0     0     0     0
    0     0     0     0     0     0     0     0
    0     0     0     0     0     0     0     0
    0     0     0     0     0     0     0     0
    0     0     0     0     0     0     0     0
    0     0     0     0     0     0     0     0
B =
    1     1     1     0     0     0     0     0
    1     1     1     0     0     0     0     0
    1     1     1     0     0     0     0     0
    0     0     0     0     0     0     0     0
    0     0     0     0     0     0     0     0
    0     0     0     0     0     0     0     0
    0     0     0     0     0     0     0     0
    0     0     0     0     0     0     0     0
C =
 8.0000     9.0000    15.0000     7.0000     6.0000          0          0     0.0000
11.0000    17.0000    30.0000    19.0000    13.0000    -0.0000    -0.0000    -0.0000
15.0000    30.0000    45.0000    30.0000    15.0000    -0.0000          0    -0.0000
 7.0000    21.0000    30.0000    23.0000     9.0000    -0.0000          0          0
 4.0000    13.0000    15.0000    11.0000     2.0000    -0.0000    -0.0000    -0.0000
 0.0000     0.0000    -0.0000     0.0000     0.0000     0.0000     0.0000     0.0000
 0.0000     0.0000     0.0000     0.0000     0.0000     0.0000     0.0000     0.0000
 0.0000     0.0000     0.0000     0.0000     0.0000     0.0000     0.0000     0.0000
C1 =
    8.0000     9.0000    15.0000     7.0000     6.0000
   11.0000    17.0000    30.0000    19.0000    13.0000
   15.0000    30.0000    45.0000    30.0000    15.0000
    7.0000    21.0000    30.0000    23.0000     9.0000
    4.0000    13.0000    15.0000    11.0000     2.0000
```

以上矩阵 $\boldsymbol{A}$、$\boldsymbol{B}$ 分别是待求卷积的 3×3 矩阵，跟在后面的矩阵 $\boldsymbol{A}$、$\boldsymbol{B}$ 是填充后的 8×8 矩阵，矩阵 $\boldsymbol{C}$ 也是 8×8 矩阵，它是卷积的结果。矩阵 $\boldsymbol{C}_1$ 是 5×5 矩阵，它是 $\boldsymbol{C}$ 中的非零部分。

## 7.13　拉氏变换的概念

拉普拉斯(Laplace)变换是工程数学中常用的一种积分变换，简称拉氏变换。拉氏变换是一个线性变换，可将一个有参数实数 $t(t\geqslant 0)$的函数转换为一个参数为复数 $s$ 的函数。拉普拉斯变换在许多工程技术和科学研究领域中有着广泛的应用，特别是在力学系统、电学系统、自动控制系统、可靠性系统以及随机服务系统等系统科学中都起着重要作用。$f(t)$的拉普拉斯变换由下式给出：

$$F(s)=\int_{0}^{+\infty} f(t)\mathrm{e}^{-st}\,\mathrm{d}t$$

称为函数 $f(t)$的拉普拉斯变换，简称为 $f(t)$的拉氏变换，并记为 $L[f(t)]$，即

$$F(s)=L[f(t)]=\int_0^{+\infty} f(t)\mathrm{e}^{-st}\mathrm{d}t$$

式中，$F(s)$称为 $f(t)$的像函数，$f(t)$称为 $F(s)$的像原函数。

若 $F(s)$是 $f(t)$的拉氏变换，则称 $f(t)$为 $F(s)$的拉氏逆变换，记为

$$f(t)=L^{-1}[F(s)]$$

**【手工计算例 7.7】** 求单位函数 $u(t)=\begin{cases}0, & t<0\\ 1, & t\geqslant 0\end{cases}$ 的拉氏变换。

根据拉氏变换的定义，有

$$L[u(t)]=\int_0^{+\infty} f(t)\mathrm{e}^{-st}\mathrm{d}t=\int_0^{+\infty}\mathrm{e}^{-st}\mathrm{d}t$$

这个积分在 $\mathrm{Re}(s)>0$ 时收敛，而且有

$$\int_0^{+\infty}\mathrm{e}^{-st}\mathrm{d}t=-\frac{1}{s}\mathrm{e}^{-st}\bigg|_0^{+\infty}=\frac{1}{s}$$

所以，$L[u(t)]=\dfrac{1}{s}$ $(\mathrm{Re}(s)>0)$。

**【手工计算例 7.8】** 求指数函数 $u(t)=\mathrm{e}^{kt}$ 的拉氏变换（$k$ 为实数）。

根据拉氏变换的定义，有

$$L[u(t)]=\int_0^{+\infty} f(t)\mathrm{e}^{-st}\mathrm{d}t=\int_0^{+\infty}\mathrm{e}^{kt}\mathrm{e}^{-st}\mathrm{d}t=\int_0^{+\infty}\mathrm{e}^{-(s-k)t}\mathrm{d}t$$

这个积分在 $\mathrm{Re}(s)>k$ 时收敛，而且有

$$\int_0^{+\infty}\mathrm{e}^{-(s-k)t}\mathrm{d}t=\frac{1}{s-k}$$

所以，$L[\mathrm{e}^{kt}]=\dfrac{1}{s-k}$ $(\mathrm{Re}(s)>k)$。

## 7.14 拉氏变换的性质

拉氏变换建立了信号时域和复频域之间的关系，拉氏变换的性质反映了它们之间的关系。由于拉氏变换是傅里叶变换的推广，所以两种变换的性质存在许多相似性。现将拉氏变换的若干重要性质，简述于下。

1. 线性性质

若 $\alpha,\beta$ 是常数，$F_1(s)=L[f_1(t)]$，$F_2(s)=L[f_2(t)]$，则

$$L[\alpha f_1(t)+\beta f_2(t)]=\alpha L[f_1(t)]+\beta L[f_2(t)]$$

$$L^{-1}[\alpha F_1(s)+\beta F_2(s)]=\alpha L^{-1}[F_1(s)]+\beta L^{-1}[F_2(s)]$$

2. 微分性质

若 $L[f(t)]=F(s)$，则有

$$L[f'(t)]=sF(s)-f(0)$$

这个性质表明，一个函数的导数的拉氏变换等于这个函数的拉氏变换乘以参变数 $s$，再

减去函数的初值。

3. 积分性质

若 $L[f(t)]=F(s)$，则

$$L\left[\int_0^t f(t)\,\mathrm{d}t\right]=\frac{1}{s}F(s)$$

它表明，一个函数的积分后再取拉氏变换等于这个函数的拉氏变换除以复参数 $s$。

4. 位移性质

若 $L[f(t)]=F(s)$，则有

$$L[\mathrm{e}^{at}f(t)]=F[s-a]\quad (\mathrm{Re}(s-a)>0)$$

这表明，一个像函数乘以指数函数 $\mathrm{e}^{at}$ 等于其像函数作位移 $a$。

5. 延迟性质

若 $L[f(t)]=F(s)$，又 $t<0$ 时 $f(t)=0$，则对于任一实数 $\tau$，有

$$L[f(t-\tau)]=\mathrm{e}^{-s\tau}F(s)$$

$$L^{-1}[\mathrm{e}^{-s\tau}F(s)]=f(t-\tau)$$

函数 $f(t-\tau)$ 与 $f(t)$ 相比，$f(t)$ 是从 $t=0$ 开始有非零数值，而 $f(t-\tau)$ 是从 $t=\tau$ 开始才有非零数值，即延时了一个时间 $\tau$，从它的图像来讲，$f(t-\tau)$ 的图像是由 $f(t)$ 的图像沿 $t$ 轴向右平移距离 $\tau$ 而得，如图 7-22 所示。这个性质表明，时间函数延迟 $\tau$ 相当于它的像函数乘以指数因子 $\mathrm{e}^{-s\tau}$。

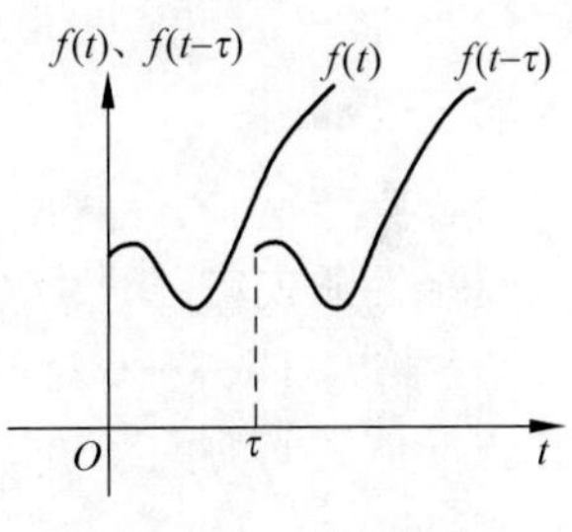

图 7-22 延迟性质

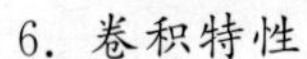

6. 卷积特性

若 $F_1(s)=L[f_1(t)]$，$F_2(s)=L[f_2(t)]$，则

$$L[f_1(t)*f_2(t)]=F_1(s)F_2(s)$$

这表明，两个函数卷积的拉氏变换等于这两个函数各自拉氏变换的乘积。利用拉氏变换的卷积特性，可将时域的卷积运算转换为 $s$ 域的乘积运算。以下通过一个例子验证卷积特性。

**【手工计算例 7.9】** 已知 $f_1(t)=t$，$f_2(t)=\sin t$，求 $f_1(t)*f_2(t)$。

**解**：$f_1(t)^*f_2(t)=t^*\sin t=\int_0^t f_1(\tau)f_2(t-\tau)\mathrm{d}\tau=\int_0^t \tau\sin(t-\tau)\mathrm{d}\tau$

$$=\tau\cos(t-\tau)\Big|_0^t-\int_0^t\cos(t-\tau)\mathrm{d}\tau=t-\sin t$$

$$L(t-\sin t)=\frac{1}{s^2}-\frac{1}{s^2+1}=\frac{1}{s^2(s^2+1)}$$

而

$$F_1(s)=L(t)=\frac{1}{s^2},\quad F_2(s)=L(\sin t)=\frac{1}{s^2+1}$$

所以，$F_1(s)\cdot F_2(s)=\frac{1}{s^2(s^2+1)}$。

由此可见，$L[f_1(t)^*f_2(t)]=F_1(s)\cdot F_2(s)$ 成立。

7. 乘积特性

若 $F_1(s)=L[f_1(t)]$，$F_2(s)=L[f_2(t)]$，则

$$f_1(t)f_2(t)=\frac{1}{2\pi \mathrm{j}}F_1(s)F_2(s)$$

这表明，两信号在时域中的乘积等于其在复频域 $s$ 中的卷积。

8. 初值定理

若 $L[f(t)]=F(s)$，且 $\lim\limits_{s\to\infty}sF(s)$ 存在，则

$$\lim_{t\to 0}f(t)=\lim_{s\to\infty}sF(s)$$

或写为

$$f(0)=\lim_{s\to\infty}sF(s)$$

这个性质表明，函数 $f(t)$ 在 $t=0$ 时的函数值可以通过 $f(t)$ 的拉氏变换 $F(s)$ 乘以 $s$（取 $s\to\infty$ 时的极限值）得到，它建立了函数 $f(t)$ 在坐标原点的值与函数 $sF(s)$ 在无限远点的值之间的关系。

9. 终值定理

若 $L[f(t)]=F(s)$，且 $\lim\limits_{s\to\infty}sF(s)$ 存在，则

$$\lim_{t\to+\infty}f(t)=\lim_{s\to 0}sF(s)$$

或写为

$$f(\infty)=\lim_{s\to 0}sF(s)$$

这个性质表明，函数 $f(t)$ 在 $t\to+\infty=0$ 时的数值（即稳定值），可以通过 $f(t)$ 的拉氏变换 $F(s)$ 乘以 $s$（取 $s\to 0$ 时的极限值）得到。它建立了函数 $f(t)$ 在无限远的值与函数 $sF(s)$ 在原点的值之间的关系。

## 7.15 手工计算拉氏变换

**【手工计算例 7.10】** 求 $f_1=\sin(kt)$、$f_2=\cos(kt)$ 的拉氏变换 $F(s)$。

$$F(s)=\int_0^{+\infty}f(t)\mathrm{e}^{-st}\mathrm{d}t=\int_0^{+\infty}\sin kt\,\mathrm{e}^{-st}\mathrm{d}t=\frac{\mathrm{e}^{-st}}{s^2+k^2}(s\sin kt-k\cos kt)\Big|_0^{+\infty}=\frac{k}{s^2+k^2}$$

所以，$L(\sin kt)=\dfrac{k}{s^2+k^2}$。同理，$L(\cos kt)=\dfrac{s}{s^2+k^2}$。

**【手工计算例 7.11】** 求 $f(t)=t^m(m>-1)$ 的拉氏变换 $F(s)$。

$F(s)=\int_0^{+\infty}f(t)\mathrm{e}^{-st}\mathrm{d}t=\int_0^{+\infty}t^m\mathrm{e}^{-st}\mathrm{d}t$，令 $st=u$，$\mathrm{d}t=\dfrac{1}{s}\mathrm{d}u$，从而有

$$\int_0^{+\infty}t^m\mathrm{e}^{-st}\mathrm{d}t=\int_0^{+\infty}\frac{u^m}{s^m}\mathrm{e}^{-u}\frac{1}{s}\mathrm{d}u=\frac{1}{s^{m+1}}\int_0^{+\infty}u^m\mathrm{e}^{-u}\mathrm{d}u=\frac{1}{s^{m+1}}\Gamma(m+1)$$

所以，$L(t^m)=\dfrac{1}{s^{m+1}}\Gamma(m+1)$。

当 $m$ 为正整数时，有 $L(t^m)=\dfrac{m!}{s^{m+1}}$（因为 $\Gamma(m+1)=m!$）

所以，$L(t^0)=\dfrac{1}{s}$，$L(t^1)=\dfrac{1}{s^2}$，$L(t^2)=\dfrac{2}{s^3}$，$L(t^3)=\dfrac{6}{s^4}$。

(因为 $\Gamma(1)=1,\Gamma(2)=1,\Gamma(3)=2$)

以上计算中出现 Γ 函数,Γ 函数的定义是

$$\Gamma(s)=\int_{0}^{+\infty} e^{-x}x^{s-1}dx \quad (s>0)$$

**【手工计算例 7.12】** 已知 $x(t)=\delta(t)-\frac{4}{3}e^{-t}u(t)+\frac{1}{3}e^{2t}u(t)$,求其拉氏变换 $X(s)$。

**解**:$X(s)=1-\frac{4}{3}\frac{1}{s+1}+\frac{1}{3}\frac{1}{s-2}$

$$=\frac{(s-1)^2}{(s+1)(s-2)}$$

**【手工计算例 7.13】** 已知 $x(t)=3e^{-2t}u(t)-2e^{-t}u(t)$,求其拉氏变换 $X(s)$。

因为$e^{-t}u(t)\leftrightarrow\frac{1}{s+1}$

$$e^{-2t}u(t)\leftrightarrow\frac{1}{s+2}$$

所以,$X(s)=3\frac{1}{s+2}-2\frac{1}{s+1}=\frac{3}{s+2}-\frac{2}{s+1}=\frac{3s+3-2s-4}{(s+1)(s+2)}=\frac{s-1}{(s+1)(s+2)}$。

**【手工计算例 7.14】** 已知 $x(t)=e^{-2t}u(t)+e^{-t}\cos(3t)u(t)$,求其拉氏变换 $X(s)$。

**解**:$x(t)=\left[e^{-2t}+\frac{1}{2}e^{-(1-3j)t}+\frac{1}{2}e^{-(1+3j)t}\right]u(t)$

因为$e^{-2t}u(t)\leftrightarrow\frac{1}{s+2}$

$$e^{-(1-3j)t}u(t)\leftrightarrow\frac{1}{s+(1-3j)}$$

$$e^{-(1+3j)t}u(t)\leftrightarrow\frac{1}{s+(1+3j)}$$

所以,$X(s)=\frac{1}{s+2}+\frac{1}{2}\left(\frac{1}{s+(1-3j)}\right)+\frac{1}{2}\left(\frac{1}{s+(1+3j)}\right)$

$$=\frac{1}{s+2}+\frac{1}{2}\left(\frac{s+1+3j+s+1-3j}{(s+1)^2+3^2}\right)$$

$$=\frac{1}{s+2}+\frac{s+1}{(s+1)^2+3^2}=\frac{s^2+2s+10+(s+2)(s+1)}{(s+2)(s^2+2s+10)}=\frac{2s^2+5s+12}{(s^2+2s+10)(s+2)}$$

## 7.16 手工计算拉氏逆变换

1. 用部分分式展开法

**【手工计算例 7.15】** 求 $X(s)=\frac{s+2}{s^2+4s+3}$的拉氏逆变换 $x(t)$。

**解**:$X(s)=\frac{s+2}{s^2+4s+3}=\frac{s+2}{(s+1)(s+3)}=\frac{k_1}{s+1}+\frac{k_2}{s+3}$

$$k_1=(s+1)X(s)\Big|_{s=-1}=\frac{s+2}{s+3}\Big|_{s=-1}=\frac{1}{2}$$

$$k_2=(s+3)X(s)\Big|_{s=-3}=\frac{s+2}{s+1}\Big|_{s=-3}=\frac{1}{2}$$

所以，$x(t)=\frac{1}{2}e^{-t}u(t)+\frac{1}{2}e^{-3t}u(t)$。

**【手工计算例 7.16】** 求 $X(s)=\frac{s+2}{s(s+1)^2}$的拉氏逆变换。

**解**：$X(s)=\frac{k_1}{(s+1)^2}+\frac{k_2}{s+1}+\frac{k_3}{s}$

$$k_1=(s+1)^2X(s)\Big|_{s=-1}=\frac{s+2}{s}\Big|_{s=-1}=-1$$

$$k_2=\frac{d}{ds}(s+1)X(s)\Big|_{s=-1}=\frac{d}{ds}\frac{s+2}{s}\Big|_{s=-1}=-2$$

$$k_3=sX(s)\Big|_{s=0}=\frac{s+2}{(s+1)^2}\Big|_{s=0}=2$$

所以，$x(t)=(2-2e^{-t}-te^{-t})u(t)$。

**【手工计算例 7.17】** 求 $X(s)=\frac{s^3+3s^2+2}{s^2+4s+3}$的拉氏逆变换。

**解**：由多项式除法可得

$$X(s)=s-1+\frac{s+5}{s^2+4s+3}$$

设 $X_1(s)=\frac{s+5}{s^2+4s+3}=\frac{s+5}{(s+1)(s+3)}=\frac{k_1}{s+1}+\frac{k_2}{s+3}$

$$k_1=(s+1)X(s)\Big|_{s=-1}=\frac{s+5}{s+3}\Big|_{s=-1}=2$$

$$k_2=(s+3)X(s)\Big|_{s=-3}=\frac{s+5}{s+1}\Big|_{s=-3}=-1$$

$$X(s)=s-1+\frac{2}{s+1}-\frac{1}{s+3}$$

所以，$x(t)=\delta'(t)-\delta(t)+2e^{-t}u(t)-e^{-3t}u(t)$。

2. 用留数法

拉氏逆变换可以直接从其定义计算，即

$$L^{-1}\{X(s)\}=x(t)=\frac{1}{2\pi j}\int_{\sigma-j\infty}^{\sigma+\infty}X(s)e^{st}ds$$

可推得

$$x(t)=\frac{1}{2\pi j}\int_{\sigma-j\infty}^{\sigma+\infty}X(s)e^{st}ds=\sum_{k=0}^{n}\underset{s=p_k}{\mathrm{Res}}\{X(s)e^{st}\},\quad t>0 \tag{7-7}$$

上式右边是留数之和。

计算式(7-7)的留数时，若极点 $p_k$ 为 $X(s)e^{st}$ 的单极点，其留数为

$$\sum_{k=0}^{n}\operatorname*{Res}_{s=p_k}\{X(s)e^{st}\}=[(s-p_k)X(s)e^{st}]_{s=p_k} \tag{7-8}$$

若极点 $p_k$ 为 $X(s)e^{st}$ 的 $m$ 阶重极点，其留数为

$$\sum_{k=0}^{n}\operatorname*{Res}_{s=p_k}\{X(s)e^{st}\}=\frac{1}{(m-1)!}\left[\frac{d^{m-1}}{ds^{m-1}}(s-p_k)X(s)e^{st}\right]_{s=p_k} \tag{7-9}$$

这里要求 $X(s)$为真分式。

**【手工计算例 7.18】** 求 $X(s)=\dfrac{s+2}{s(s+3)(s+1)^2}$的拉氏逆变换。

**解**：$X(s)$具有两个单极点 $p_1=0,p_2=-3$，一个二阶极点 $p_3=-1$，

$$\operatorname*{Res}_{s=0}\{X(s)e^{st}\}=s\,\frac{s+2}{s(s+3)(s+1)^2}e^{st}\bigg|_{s=0}=\frac{2}{3}$$

$$\operatorname*{Res}_{s=-3}\{X(s)e^{st}\}=(s+3)\frac{s+2}{s(s+3)(s+1)^2}e^{st}\bigg|_{s=-3}=\frac{1}{12}e^{-3t}$$

$$\operatorname*{Res}_{s=-1}\{X(s)e^{st}\}=\frac{1}{(2-1)!}\frac{d}{ds}(s+1)^2X(s)e^{st}\bigg|_{s=-1}$$

$$=\frac{d}{ds}\frac{s+2}{s(s+3)}e^{st}\bigg|_{s=-1}=-\frac{1}{2}te^{-t}-\frac{3}{4}e^{-t}$$

所以，$x(t)=L^{-1}\left(\dfrac{s+2}{s(s+3)(s+1)^2}\right)=\left(\dfrac{2}{3}+\dfrac{1}{12}e^{-3t}-\dfrac{1}{2}te^{-t}-\dfrac{3}{4}e^{-t}\right)u(t)$。

**【手工计算例 7.19】** 求 $X(s)=\dfrac{s+2}{s(s+1)^2}$的拉氏逆变换。

**解**：$X(s)$具有一个单极点 $p_1=0$，一个二阶极点 $P_2=-1$，

$$\operatorname*{Res}_{s=0}\{X(s)e^{st}\}=s\,\frac{s+2}{s(s+1)^2}e^{st}\bigg|_{s=0}=2$$

$$\operatorname*{Res}_{s=-1}\{X(s)e^{st}\}=\frac{1}{(2-1)!}\frac{d}{ds}(s+1)^2X(s)e^{st}\bigg|_{s=-1}$$

$$=\frac{d}{ds}\frac{s+2}{s}e^{st}\bigg|_{s=-1}=\frac{1}{s}e^{st}-\frac{s+2}{s^2}e^{st}+\frac{s+2}{s}te^{st}\bigg|_{s=-1}=-2e^{-t}-te^{-t}$$

所以，$x(t)=L^{-1}\left(\dfrac{s+2}{s(s+1)^2}\right)=(2-2e^{-t}-te^{-t})u(t)$。

## 7.17　求符号拉氏变换

laplace 函数用于实现拉氏变换，其调用格式如下：

L=laplace(F)——求时域函数 $F$ 的拉氏变换函数 $L$，$L$ 的默认自变量为 $s$，$F$ 的默认自变量为 $t$。

L=laplace(F,v)——求时域函数 $F$ 的拉氏变换函数 $L$，$L$ 的自变量为 $v$，$F$ 的默认自变量为 $t$。

L=laplace(F,u,v)——求时域函数 $F$ 的拉氏变换函数 $L$，$L$ 的自变量为 $v$，$F$ 的自变

量为 $u$。

**【例 7.39】** 求 $x(t)=\cos t$ 的拉氏变换 $X(s)$。

代码如下：

```
syms s t
laplace(cos(t))
```

输出结果如下：

```
ans =
    s/(s^2 + 1)
```

所以，$X(s)=\dfrac{s}{s^2+1}$。

**【例 7.40】** 求 $x(t)=-\dfrac{1}{a^3}\sin t+\dfrac{1}{a^2}t$ 的拉氏变换 $X(s)$。

代码如下：

```
laplace( - 1/a^3 * sin(a * t) + 1/a^2 * t)
```

输出结果如下：

```
ans =
    1/s^2/(s^2 + a^2)
```

所以，$X(s)=\dfrac{1}{s^2(s^2+a^2)}$。

**【例 7.41】** 求 $x(t)=\dfrac{1}{a^2}(1-\cos(at))$的拉氏变换 $X(s)$。

代码如下：

```
laplace(1/a^2 * ( - cos(a * t) + 1))
```

输出结果如下：

```
ans =
    1/s/(s^2 + a^2)
```

所以，$X(s)=\dfrac{1}{s(s^2+a^2)}$。

**【例 7.42】** 求 $x(t)=\delta(t)+\mathrm{e}^{-t}$ 的拉氏变换 $X(s)$。

代码如下：

```
laplace(dirac(t) + exp( - t))
```

输出结果如下：

```
ans =
    (s + 2)/(s + 1)
```

所以，$X(s)=\dfrac{s+2}{s+1}$。

**【例 7.43】** 求 $x(t)=\int_0^t \frac{\sin t}{t}\mathrm{d}t$ 的拉氏变换 $X(s)$。

代码如下：

```
syms s t tao
ft2 = int(sin(tao)/tao,0,t);
Fs2 = simple(laplace(ft2,t,s))
```

输出结果如下：

```
Fs2 =
    1/s * acot(s)
```

所以，$X(s)=\frac{1}{s}a\cot s$。

**【例 7.44】** 求 $f(t)=1(t)$、$A^* t$，$t^2$，$A^* \mathrm{e}^{at}$、$\cos\omega t$，$\delta(t)$、$\mathrm{e}^{at}\sin\omega t$ 的拉氏变换 $X(s)$。
代码如下：

```
syms t s A B a omega;
F = Laplace(1,s)
F = Laplace(A * t,s)
F = Laplace(t^2,s)
F = Laplace(A * exp(a * t),s)
F = Laplace(cos(omega * t),s)
F = Laplace('Dirac(t)',s)
F = Laplace(exp(a * t) * sin(omega * t),s)
```

输出结果如下：

```
F = 1/s
F = A/s^2
F = 2/s^3
F = A/(s - a)
F = s/(s^2 + omega^2)
F = 1
F = omega/((s - a)^2 + omega^2)
```

所以，$X(s)=\frac{1}{s},\frac{A}{s^2},\frac{2}{s^3},\frac{A}{s-a},\frac{s}{s^2+\omega^2},1,\frac{\omega}{(s-a)^2+\omega^2}$。

**【例 7.45】** 求符号函数 $f(t)=\sqrt{t}$，$1/\sqrt{t}$，$\mathrm{e}^{-at}$，$1-\sin(tv)$的拉氏变换 $X(s)$。
代码如下：

```
syms t s a v;
f1 = sqrt(t);
F1 = Laplace(f1)
f2 = 1/sqrt(t);
F2 = Laplace(f2)
f3 = exp( - a * t);
F3 = Laplace(f3)
f4 = 1 - sin(t * v);
F4 = Laplace(f4)
```

输出结果如下：

```
F1 =
    1/2 * pi^(1/2)/s^(3/2)
F2 =
    pi^(1/2)/s^(1/2)
F3 =
    1/(s + a)
F4 =
    1/s - v/(s^2 + v^2)
```

所以，$X(s)=\frac{1}{2}\frac{\sqrt{\pi}}{\sqrt{s^3}},\frac{\sqrt{\pi}}{\sqrt{s}},\frac{1}{s+a},\frac{1}{s}\frac{v}{s^2+v^2}$。

## 7.18 求符号拉氏逆变换

ilaplace 函数用于实现拉氏逆变换，其调用格式如下：

F=ilaplace(L)——求频域函数 $L$ 的拉氏逆变换 $F$，$L$ 的默认自变量为 $s$，$F$ 的默认自变量为 $t$。

F=ilaplace(L,u)——求频域函数 $L$ 的拉氏逆变换 $F$，$L$ 的默认自变量为 $s$，$F$ 的自变量为 $u$。

F=ilaplace(L,v,u)——求频域函数 $L$ 的拉氏逆变换 $F$，$L$ 的自变量为 $v$，$F$ 的自变量为 $u$。

**【例 7.46】** 求 $X(s)=\frac{10}{s(s^2+6s+73)}$ 的拉氏逆变换 $x(t)$。

代码如下：

```
syms s
X = 10/(s * (s^2 + 6 * s + 73));
x = ilaplace(X)
```

输出结果如下：

```
x =
    10/73 - 5/292 * exp( - 3 * t) * (8 * cos(8 * t) + 3 * sin(8 * t))
```

因此，$x(t)=\frac{10}{73}-\frac{5}{292}e^{-3t}[8\cos(8t)+3\sin(8t)]$。

**【例 7.47】** 求 $X(s)=\frac{4s+5}{s^2+5s+6}$ 的拉氏逆变换 $x(t)$。

代码如下：

```
syms s
X = (4 * s + 5)/(s^2 + 5 * s + 6);
x = ilaplace(X)
```

输出结果如下：

```
x =
    7 * exp( - 3 * t) - 3 * exp( - 2 * t)
```

因此，$x(t)=7\mathrm{e}^{-3t}-3\mathrm{e}^{-2t}$。

**【例 7.48】** 求 $X(s)=\dfrac{s}{(s-3)(s^2-4s+5)}$的拉氏逆变换 $x(t)$。

代码如下：

```
syms s
X = s/((s - 3) * (s^2 - 4 * s + 5));
x = ilaplace(X)
```

输出结果如下：

```
x =
    3/2 * exp(3 * t) - 1/2 * exp(2 * t) * (3 * cos(t) + sin(t))
```

因此，$x(t)=\dfrac{3}{2}\mathrm{e}^{3t}-\dfrac{1}{2}\mathrm{e}^{2t}[3\cos(t)+\sin(t)]$。

**【例 7.49】** 求 $X(s)=\dfrac{1}{(s^2+4s+13)^2}$的拉氏逆变换 $x(t)$。

代码如下：

```
syms s
X = 1/(s^2 + 4 * s + 13)^2;
x = ilaplace(X)
```

输出结果如下：

```
x =
    1/54 * exp( - 2 * t) * (sin(3 * t) - 3 * t * cos(3 * t))
```

因此，$x(t)=\dfrac{1}{54}\mathrm{e}^{-2t}[\sin(3t)-3t\cos(3t)]$。

**【例 7.50】** 求 $X(s)=\dfrac{s^2+1}{(s^3+4s^2+5s+2)}$的拉氏逆变换 $x(t)$。

代码如下：

```
syms s
X = (s^2 + 1)/(s^3 + 4 * s^2 + 5 * s + 2);
x = ilaplace(X)
```

输出结果如下：

```
x =
    5 * exp( - 2 * t) + 2 * exp( - t) * (t - 2)
```

因此，$x(t)=5\mathrm{e}^{-2t}+2\mathrm{e}^{-t}(t-2)$。

**【例 7.51】** 求 $X(s)=\dfrac{s^3+s^2+2s+4}{s(s+1)(s^2+1)(s^2+2s+2)}$的拉氏逆变换 $x(t)$。

代码如下：

```
syms s
X = (s^3 + s^2 + 2 * s + 4)/(s * (s + 1) * (s^2 + 1) * (s^2 + 2 * s + 2));
x = ilaplace(X)
```

输出结果如下：

```
x =
    2 - sin(t) - exp( - t) * (cos(t) + sin(t) + 1)
```

所以，$x(t)=2-\sin(t)-e^{-t}(\cos(t)+\sin(t)+1)$。

**【例 7.52】** 求 $X(s)=\frac{s}{s^2+1}$的拉氏逆变换 $x(t)$。

代码如下：

```
syms s t
ilaplace(s/(s^2 + 1))
```

输出结果如下：

```
ans =
    cos(t)
```

所以，$x(t)=\cos(t)$。

**【例 7.53】** 求 $X(s)=\frac{1}{s^2(s^2+a^2)}$的拉氏逆变换 $x(t)$。

代码如下：

```
syms s t a
ilaplace(1/(s^2 * (s^2 + a^2)))
```

输出结果如下：

```
ans =
    - 1/a^3 * sin(a * t) + 1/a^2 * t
```

所以，$x(t)=-\frac{1}{a^3}\sin(at)+\frac{1}{a^2}t$。

**【例 7.54】** 求 $X(s)=\frac{1}{s(s^2+a^2)}$的拉氏逆变换 $x(t)$。

代码如下：

```
syms s t a
ilaplace(1/(s * (s^2 + a^2)))
```

输出结果如下：

```
ans =
    1/a^2 * ( - cos(a * t) + 1)
```

所以，$x(t)=\frac{1}{a^2}(1-\cos(at))$。

【例 7.55】 求 $X(s)=\frac{s^2+3s+2}{s^2+2s+1}$的拉氏逆变换 $x(t)$。

代码如下：

```
syms s t
ilaplace((s^2 + 3 * s + 2)/(s^2 + 2 * s + 1))
```

输出结果如下：

```
ans =
    dirac(t) + exp( - t)
```

所以，$x(t)=\delta(t)+\mathrm{e}^{-t}$。

【例 7.56】 求 $X(s)=\arctan\left(\frac{a}{s}\right)$的拉氏逆变换 $x(t)$。

代码如下：

```
syms s t a
Fs3 = atan(a/s);
ft3 = simple(ilaplace(Fs3,s,t))
```

输出结果如下：

```
ft3 =
    1/t * sin(t * a)
```

所以，$x(t)=\frac{1}{t}\sin(ta)$。

【例 7.57】 求 $X(s)=\frac{s+c}{(s+a)(s+b)^2}$的拉氏逆变换 $x(t)$。

代码如下：

```
syms s t a b c
Fs4 = (s + c)/(s + a)/(s + b)^2;
ft4 = simple(ilaplace(Fs4,s,t))
```

输出结果如下：

```
ft4 =
    1/( - b + a)^2 * ( - exp( - t * a) + exp( - b * t)) * ( - c + a) + exp( - b * t)/( - a + b) * (b - c) * t
```

所以，$x(t)=\frac{1}{(a-b)^2}(-\mathrm{e}^{-ta}+\mathrm{e}^{-tb})(a-c)+\frac{\mathrm{e}^{-bt}}{b-a}(b-c)t$。

【例 7.58】 求 $X(s)=1$、$1/s(s+a)$、$\ln(s-a)/(s-b)$、$(2s+2)/(s^2+4s+5)$、$s/(s+1)^2(s+2)$的拉氏逆变换 $x(t)$。

代码如下：

```
syms t s a b;
```

```
f = iLaplace(1,t)
f = iLaplace(1/(s * (s + a)))
f = iLaplace(log((s - a)/(s - b)))
f = collect(iLaplace((2 * s + 2)/(s^2 + 4 * s + 5)),exp( - 2 * t))
f = collect(iLaplace(s/((s + 1)^2 * (s + 2))),exp( - t))
```

输出结果如下：

```
f  = dirac(t)
f  = 1/a * (1 - exp( - a * t))
f  = 1/t * (exp(b * t) - exp(a * t))
f  = (2 * cos(t) - 2 * sin(t)) * exp( - 2 * t)
f  = (2 - t) * exp( - t) - 2 * exp( - 2 * t)
```

所以，$x(t)=\delta(t),\frac{1}{a}(1-e^{-at}),\frac{1}{t}(e^{bt}-e^{at}),(2\cos(t)-2\sin(t))e^{-2t},(2-t)e^{-t}-2e^{-2t}$。

**【例 7.59】** 求 $X(s)=e^{\frac{x}{s^2}},1/(t-a)^2,1/(u^2-a^2),s^3v/(s^2+v^2)$的拉氏逆变换 $x(t)$。

代码如下：

```
syms t s a v x u;
F1 = exp(x/s^2);
f1 = iLaplace(F1)
F2 = 1/(t - a)^2;
f2 = iLaplace(F2)
F3 = 1/(u^2 - a^2);
f3 = iLaplace(F3,x)
F4 = s^3 * v/(s^2 + v^2);
f4 = iLaplace(F4,v,x)
```

输出结果如下：

```
f1 =
    ilaplace(exp(x/s^2),s,t)
f2 =
    x * exp(a * x)
f3 =
    1/a * sinh(a * x)
f4 =
    s^3 * cos(s * x)
```

所以，$x(t)=\mathrm{ilaplace}(e^{\frac{x}{s^2}},s,t),xe^{ax},\frac{1}{a}\sinh(ax),s^3\cos(sx)$。

## 7.19 用部分分式展开法求 X(s)的拉氏逆变换

用 MATLAB 函数 residue 可以得到 $s$ 域表示式 $X(s)$的部分分式展开式，其调用形式为

```
[r,p,k] = residue(num,den)
```

式中，num，den 分别为 $X(s)$分子多项式和分母多项式的系数向量；$r$ 为部分分式系数；$p$ 为极点；$k$ 为多项式的系数，若 $X(s)$为真分式，则 $k$ 为空。

**【例 7.60】** 求 $X(s)=\frac{s^2+1}{(s^3+4s^2+5s+2)}$的拉氏逆变换 $x(t)$。

代码如下：

```
num = [1 0 1];
den = [1 4 5 2];
[r,p,k] = residue(num,den)
```

输出结果如下：

```
r =
     5.0000
   - 4.0000
     2.0000
p =
   - 2.0000
   - 1.0000
   - 1.0000
k =
     []
```

可知，$X(s)=\frac{5}{s+2}-\frac{4}{s+1}+\frac{2}{(s+1)^2}$

原函数为

$$x(t)=(5\mathrm{e}^{-2t}-4\mathrm{e}^{-t}+2t\mathrm{e}^{-t})u(t)$$

**【例 7.61】** 求 $X(s)=\frac{s+2}{(x^2+4s+3)}$的拉氏逆变换 $x(t)$。

代码如下：

```
num = [0 1 2];
den = [1 4 3];
[r,p,k] = residue(num,den)
```

输出结果如下：

```
r =
    0.5000
    0.5000
p =
    - 3
    - 1
k =
     []
```

可知，$X(s)=\frac{0.5}{(s+3)}+\frac{0.5}{s+1}$

原函数为

$$x(t)=(0.5\mathrm{e}^{-3t}+0.5\mathrm{e}^{-t})u(t)$$

**【例 7.62】** 求 $X(s)=\frac{s+2}{s(s^2+2s+1)}$的拉氏逆变换 $x(t)$。

代码如下：

```
num = [0 1 2];
den = [1 2 1 0];
[r,p,k] = residue(num,den)
```

输出结果如下：

```
r =
    - 2
    - 1
      2
p =
    - 1
    - 1
      0
k =
      []
```

可知，$X(s)=-\frac{2}{s+1}-\frac{1}{(s+1)^2}+\frac{2}{s}$

原函数为

$$x(t)=(2-t\mathrm{e}^{-t}-2\mathrm{e}^{-t})u(t)$$

**【例 7.63】** 求 $X(s)=\frac{s^3+3s^2+2}{(s^2+4s+3)}$的拉氏逆变换 $x(t)$。

代码如下：

```
num = [1 3 0 2];
den = [1 4 3];
[r,p,k] = residue(num,den)
```

输出结果如下：

```
r =
   - 1
     2
p =
    - 3
    - 1
k =
      1     - 1
```

可知，$X(s)=s-1-\frac{1}{(s+3)}+\frac{2}{s+1}$

原函数为

$$x(t)=(\delta^{(1)}(t)-\delta(t)-\mathrm{e}^{-3t}+2\mathrm{e}^{-t})u(t)$$

**【例 7.64】** 求 $X(s)=\frac{(s-1)^2}{(s+1)(s-2)}$的拉氏逆变换 $x(t)$。

代码如下：

```
num = [1  -2  1];
den = conv([1  1],[1  -2]);
[r,p,k] = residue(num,den)
```

输出结果如下：

```
r =
     0.3333
    -1.3333
p =
      2
     -1
k =
      1
```

可知，$X(s)=1+\frac{0.333}{s-2}-\frac{1.333}{s+1}$

原函数为

$$x(t)=\left(\delta(t)+\frac{1}{3}e^{2t}-\frac{4}{3}e^{-t}\right)u(t)$$

**【例 7.65】** 求 $X(s)=\frac{s+2}{s(s+1)^2}$的拉氏逆变换 $x(t)$。

代码如下：

```
num = [1 2];
den = conv([1 0],[1 2 1]);
[r,p,k] = residue(num,den)
```

输出结果如下：

```
r =
    -2
    -1
     2
p =
    -1
    -1
     0
k =
     []
```

可知，$X(s)=-\frac{2}{s+1}-\frac{1}{(s+1)^2}+\frac{2}{s}$

原函数为

$$x(t)=(-2e^{-t}-te^{-t}+2)u(t)$$

**【例 7.66】** 求 $X(s)=\frac{2s+10}{(s^2+7s+12)}$的拉氏逆变换 $x(t)$。

代码如下：

```
num = [2 10];
```

```
den = [1 7 12];
[r,p,k] = residue(num,den)
```

输出结果如下：

```
r =
    - 2
      4
p =
    - 4
    - 3
k =
      []
```

可知，$X(s)=\frac{4}{(s+3)}-\frac{2}{s+4}$

原函数为

$$x(t)=(4e^{-3t}-2e^{-4t})u(t)$$

**【例 7.67】** 求 $X(s)=\frac{10s^2+2000s+100000}{x^3+2300x^2+110000s}$的拉氏逆变换 $x(t)$。

代码如下：

```
num = [10 2000 100000];
den = [1 2300 110000   0];
[r,p,k] = residue(num,den)
```

输出结果如下：

```
r =
     9.3339
   - 0.2430
     0.9091
p =
     1.0e + 003 *
   - 2.2511
   - 0.0489
          0
k =
      []
```

可知，$X(s)=\frac{0.9091}{s}-\frac{0.243}{s+48.9}+\frac{9.334}{s+2251}$

原函数为

$$x(t)=(0.9091-0.243e^{-48.9t}+9.334e^{-2251t})u(t)$$

**【例 7.68】** 求 $X(s)=\frac{2s+3}{(s^2+s-2)}$的拉氏逆变换 $x(t)$。

代码如下：

```
num = [2 3];
den = [1  1 - 2];
```

```
[r,p,k] = residue(num,den)
```

输出结果如下：

```
r =
      0.3333
      1.6667
p =
    -2
     1
k =
     []
```

可知，$X(s)=\frac{1.667}{(s-1)}+\frac{0.333}{s+2}$

原函数为

$$x(t)=(1.667e^{t}+0.333e^{-2t})u(t)$$
$$=\left(\frac{5}{3}e^{t}+\frac{1}{3}e^{-2t}\right)u(t)$$

**【例 7.69】** 求 $X(s)=\frac{s}{(s+1)^2(s+2)}$的拉氏逆变换 $x(t)$。

代码如下：

```
num = [1 0];
den = conv([1  2  1],[1  2]);
[r,p,k] = residue(num,den)
```

输出结果如下：

```
r =
   -2.0000
    2.0000
   -1.0000
p =
    -2.0000
    -1.0000
    -1.0000
k =
     []
```

可知，$X(s)=-\frac{2}{s+2}+\frac{2}{s+1}-\frac{1}{(s+1)^2}$

原函数为

$$x(t)=(-2e^{-2t}+2e^{-t}-te^{-t})u(t)$$

**【例 7.70】** 求 $X(s)=\frac{1}{s(s+1)^2}$的拉氏逆变换 $x(t)$。

代码如下：

```
num = [1];
```

```
den = conv([1  2  1],[1  0]);
[r,p,k] = residue(num,den)
```

输出结果如下：

```
r =
    -1
    -1
     1
p =
    -1
    -1
     0
k =
     []
```

可知，$X(s)=-\frac{1}{s+1}-\frac{1}{(s+1)^2}+\frac{1}{s}$

原函数为

$$x(t)=(1-e^{-t}-te^{-t})u(t)$$

**【例 7.71】** 求 $X(s)=\frac{s}{s+2}$的拉氏逆变换 $x(t)$。

代码如下：

```
num = [1 0];
den = [1  2];
[r,p,k] = residue(num,den)
```

输出结果如下：

```
r =
    -2
p =
    -2
k =
     1
```

可知，$X(s)=1-\frac{2}{s+2}$

原函数为

$$x(t)=(\delta(t)-2e^{-2t})u(t)$$

**【例 7.72】** 求 $X(s)=\frac{5s+13}{s(s^2+4s+13)}$的拉氏逆变换 $x(t)$。

代码如下：

```
num = [5 13];
den = conv([1  4  13],[1  0]);
[r,p,k] = residue(num,den)
```

输出结果如下：

```
r =
  - 0.5000 - 0.5000i
  - 0.5000 + 0.5000i
    1.0000
p =
  - 2.0000 + 3.0000i
  - 2.0000 - 3.0000i
         0
k =
     []
```

可知，$X(s)=\frac{-0.5-\mathrm{j}0.5}{s+2-\mathrm{j}3}+\frac{-0.5+\mathrm{j}0.5}{s+2+\mathrm{j}3}+\frac{1}{s}$

$$=\frac{1}{2}\left(\frac{-1-\mathrm{j}}{s+2-\mathrm{j}3}+\frac{-1+\mathrm{j}}{s+2+\mathrm{j}3}\right)+\frac{1}{s}$$

原函数为

$$x(t)=\left\{-\frac{1}{2}\left[(1+\mathrm{j})\mathrm{e}^{(-2+3\mathrm{j})t}+(1-\mathrm{j})\mathrm{e}^{(-2-3\mathrm{j})t}\right]-1\right\}u(-t)$$

$$=\left\{-\frac{1}{2}\left[\mathrm{e}^{(-2+3\mathrm{j})t}+\mathrm{j}\mathrm{e}^{(-2+3\mathrm{j})t}+\mathrm{e}^{(-2-3\mathrm{j})t}-\mathrm{j}\mathrm{e}^{(-2-3\mathrm{j})t}\right]-1\right\}u(-t)$$

$$=\left\{-\frac{1}{2}\left[\mathrm{e}^{(-2+3\mathrm{j})t}+\mathrm{e}^{(-2-3\mathrm{j})t}+\mathrm{j}\mathrm{e}^{(-2+3\mathrm{j})t}-\mathrm{j}\mathrm{e}^{(-2-3\mathrm{j})t}\right]-1\right\}u(-t)$$

$$=\left\{-\frac{1}{2}\left[\mathrm{e}^{-2t}(\mathrm{e}^{3\mathrm{j}t}+\mathrm{e}^{-3\mathrm{j}t})+\mathrm{j}\mathrm{e}^{-2t}(\mathrm{e}^{3\mathrm{j}t}-\mathrm{e}^{-3\mathrm{j}t})\right]-1\right\}u(-t)$$

$$=\{-\mathrm{e}^{-2t}\left[(\mathrm{e}^{3\mathrm{j}t}+\mathrm{e}^{-3\mathrm{j}t})/2+\mathrm{j}(\mathrm{e}^{3\mathrm{j}t}-\mathrm{e}^{-3\mathrm{j}t})/2\right]-1\}u(-t)$$

$$=\{-\mathrm{e}^{-2t}\left[\cos(3t)-\sin(3t)\right]-1\}u(-t)$$

或

$$=(1-\mathrm{e}^{-2t}\cos(3t)+\mathrm{e}^{-2t}\sin(3t))u(t)$$

**【例 7.73】** 求 $X(s)=\frac{3s}{(s^2+1)(s^2+4)}$ 的拉氏逆变换 $x(t)$。

代码如下：

```
num = [3 0];
den = conv([1  0  1],[1  0  4]);
[r,p,k] = residue(num,den)
```

输出结果如下：

```
r =
   - 0.5000 - 0.0000i
   - 0.5000 + 0.0000i
     0.5000 + 0.0000i
     0.5000 - 0.0000i
p =
     0.0000 + 2.0000i
     0.0000 - 2.0000i
          0 + 1.0000i
          0 - 1.0000i
```

```
k =
      []
```

可知，$X(s)=\frac{-0.5}{s-j2}+\frac{-0.5}{s+j2}+\frac{0.5}{s-j}+\frac{0.5}{s+j}$

原函数为

$$
\begin{aligned}
x(t) &= (-0.5e^{j2t}-0.5e^{-j2t}+0.5e^{jt}+0.5e^{-jt})u(t) \\
&= \left(-\frac{e^{j2t}+e^{-j2t}}{2}+\frac{e^{jt}+e^{-jt}}{2}\right) \\
&= (\cos(t)-\cos(2t))u(t)
\end{aligned}
$$

**【例 7.74】** 求 $X(s)=\frac{2s+1}{s(s+1)(s+3)}$的拉氏逆变换 $x(t)$。

代码如下：

```
num = [2 1];
den = conv([1  1 0],[1 3]);
[r,p,k] = residue(num,den)
```

输出结果如下：

```
r =
   - 0.8333
     0.5000
     0.3333
p =
   - 3
   - 1
     0
k =
     []
```

可知，$X(s)=\frac{-0.8333}{s+3}+\frac{0.5}{s+1}+\frac{0.333}{s}$

原函数为

$$
\begin{aligned}
x(t) &= (-0.8333e^{-3t}+0.5e^{-t}+0.333)u(t) \\
&= \left(\frac{1}{3}+\frac{1}{2}e^{-t}-\frac{5}{6}e^{-3t}\right)u(t)
\end{aligned}
$$

**【例 7.75】** 求 $X(s)=\frac{3s+2}{s^2+4s+3}$的拉氏逆变换 $x(t)$。

代码如下：

```
num = [3 2];
den = [1  4  3];
[r,p,k] = residue(num,den)
```

输出结果如下：

```
r =
     3.5000
```

```
   -0.5000
p =
   -3
   -1
k =
     []
```

可知，$X(s)=\dfrac{3.5}{s+3}-\dfrac{0.5}{s+1}$

原函数为

$$x(t)=(3.5\mathrm{e}^{-3t}-0.5\mathrm{e}^{-t})u(t)$$

**【例 7.76】** 求 $X(s)=\dfrac{s+2}{s(s+3)(s+1)^2}$的拉氏逆变换。

代码如下：

```
num = [1 2];
den = conv([1 3 0],[1  2  1]);
[r,p,k] = residue(num,den)
```

输出结果如下：

```
r =
     0.0833
   -0.7500
   -0.5000
     0.6667
p =
   -3.0000
   -1.0000
   -1.0000
          0
k =
     []
```

可知，$X(s)=\dfrac{0.0833}{s+3}-\dfrac{0.75}{s+1}-\dfrac{0.5}{(s+1)^2}+\dfrac{0.666}{s}$

原函数为

$$\begin{aligned}x(t)&=(0.0833\mathrm{e}^{-3t}-0.75\mathrm{e}^{-t}-0.5t\mathrm{e}^{-t}+0.666)u(t)\\&=\left(\frac{2}{3}+\frac{1}{12}\mathrm{e}^{-3t}-\frac{1}{2}t\mathrm{e}^{-t}-\frac{3}{4}\mathrm{e}^{-t}\right)u(t)\end{aligned}$$

**【例 7.77】** 求 $X(s)=\dfrac{s}{(s+2)(s+1)^2}$的拉氏逆变换。

代码如下：

```
num = [1 0];
den = conv([1 2],[1  2  1]);
[r,p,k] = residue(num,den)
```

输出结果如下：

```
r =
```

```
   -2.0000
    2.0000
   -1.0000
p =
   -2.0000
   -1.0000
   -1.0000
k =
     []
```

可知，$X(s)=-\frac{2}{s+2}+\frac{2}{s+1}-\frac{1}{(s+1)^2}$

原函数为

$$x(t)=(-2e^{-2t}+2e^{-t}-te^{-t})u(t)$$

**【例 7.78】** 求 $X(s)=\frac{2s^2+5s+12}{(s^2+2s+10)(s+2)}$的拉氏逆变换 $x(t)$。

代码如下：

```
num = [2  5  12];
den = conv([1 2],[1  2  10]);
[r,p,k] = residue(num,den)
```

输出结果如下：

```
r =
    0.5000 - 0.0000i
    0.5000 + 0.0000i
    1.0000
p =
  -1.0000 + 3.0000i
  -1.0000 - 3.0000i
  -2.0000
k =
     []
```

可知，$X(s)=\frac{0.5}{s+1-j3}+\frac{0.5}{s+1+j3}+\frac{1}{s+2}$

原函数为

$$x(t)=(e^{-2t}+e^{-t}\cos(3t))u(t)$$

**【例 7.79】** 求 $X(s)=\frac{10s^2}{(s+1)(s+3)}$的拉氏逆变换 $x(t)$。

代码如下：

```
num = [10  0  0];
den = conv([1  1],[1  3]);
[r,p,k] = residue(num,den)
```

输出结果如下：

```
r =
   -45
```

```
    5
p =
   -3
   -1
k =
    10
```

可知，$X(s)=10-\frac{45}{s+3}+\frac{5}{s+1}$

原函数为

$$x(t)=10\delta(t)-5(9\mathrm{e}^{-3t}-\mathrm{e}^{-t})u(t)$$

**【例 7.80】** 求 $X(s)=\frac{s}{(s-3)(s^2-4s+5)}$的拉氏逆变换 $x(t)$。

代码如下：

```
num = [1 0];
den = conv([1 -3],[1 -4  5]);
[r,p,k] = residue(num,den)
[angle,mag] = cart2pol(real(r),imag(r))
```

输出结果如下：

```
r =
   1.5000
  -0.7500 + 0.2500i
  -0.7500 - 0.2500i
p =
   3.0000
   2.0000 + 1.0000i
   2.0000 - 1.0000i
k =
   []
angle =
         0
    2.8198
   -2.8198
mag =
    1.5000
    0.7906
    0.7906
```

可知，$X(s)=\frac{1.5}{(s-3)}-\frac{0.75-\mathrm{j}0.25}{s-2-\mathrm{j}1.0}-\frac{0.75+\mathrm{j}0.25}{s-2+\mathrm{j}1.0}$

方法 1：

$$\begin{aligned}X(s)&=\frac{3/2}{s-3}-\frac{(3+\mathrm{j})/4}{s-2+\mathrm{j}}-\frac{(3-\mathrm{j})/4}{s-2-\mathrm{j}}\\&=\frac{3/2}{s-3}-\frac{1}{4}\,\frac{(3+\mathrm{j})(s-2-\mathrm{j})+(3-\mathrm{j})(s-2+\mathrm{j})}{s^2-4s+5}\\&=\frac{3/2}{s-3}-\frac{1}{4}\,\frac{6s-10}{s^2-4s+5}=\frac{3/2}{s-3}-\frac{6}{4}\,\frac{s-5/3}{s^2-4s+5}\end{aligned}$$

由公式

$$-\mathrm{e}^{-at}\cos(\omega_0 t)u(-t) \Leftrightarrow \frac{s+a}{(s+a)^2+\omega_0^2}\sigma < -\alpha$$

$$-\mathrm{e}^{-at}\sin(\omega_0 t)u(-t) \Leftrightarrow \frac{\omega_0}{(s+a)^2+\omega_0^2}\sigma < -\alpha$$

$$x(s)=\frac{3/2}{s-3}-\frac{6}{4}\frac{s-5/3}{s^2-4s+5}=\frac{3/2}{s-3}-\frac{3}{2}\left[\frac{s-2}{(s-2)^2+1}+\frac{1}{3}\frac{1}{(s-2)^2+1}\right]$$

原函数为

$$x(t)=\frac{3}{2}\left\{\mathrm{e}^{-2t}\left[\cos t+\frac{1}{3}\sin t\right]-\mathrm{e}^{3t}u(-t)\right.$$

方法 2：

$$X(s)=\frac{3/2}{s-3}-\frac{(3+\mathrm{j})/4}{s-2+\mathrm{j}}-\frac{(3-\mathrm{j})/4}{s-2-\mathrm{j}}$$

原函数为

$$\begin{aligned}x(s)&=\left(-\frac{3}{2}\mathrm{e}^{3t}+\frac{3+\mathrm{j}}{4}\mathrm{e}^{(2-\mathrm{j})t}+\frac{3-\mathrm{j}}{4}\mathrm{e}^{(2+\mathrm{j})t}\right)u(-t)\\&=\left(-\frac{3}{2}\mathrm{e}^{3t}+\mathrm{e}^{2t}\frac{3(\mathrm{e}^{-\mathrm{j}t}+\mathrm{e}^{\mathrm{j}t})+\mathrm{j}(\mathrm{e}^{-\mathrm{j}t}-\mathrm{e}^{\mathrm{j}t})}{4}\right)u(-t)\\&=\frac{3}{2}\{\mathrm{e}^{2t}[\cos(t)+(1/3)\sin(t)]-\mathrm{e}^{3t}\}u(-t)\end{aligned}$$

**【例 7.81】** 求 $X(s)=\dfrac{2s^2+5s+12}{(s+2)(s^2+2s+10)}$ 的拉氏逆变换 $x(t)$。

代码如下：

```
num = [2 5 12];
den = conv([1 2],[1 2  10]);
[r,p,k] = residue(num,den)
```

输出结果如下：

```
r =
    0.5000 - 0.0000i
    0.5000 + 0.0000i
    1.0000
p =
   -1.0000 + 3.0000i
   -1.0000 - 3.0000i
   -2.0000
k =
     []
```

可知，$X(s)=\dfrac{0.5}{s+1-\mathrm{j}3}+\dfrac{0.5}{s+1+\mathrm{j}3}+\dfrac{1}{s+2}$

$$=\frac{1}{2}\frac{1}{s+1-\mathrm{j}3}+\frac{1}{2}\frac{1}{s+1+\mathrm{j}3}+\frac{1}{s+2}$$

原函数为

$$x(t)=\left(\frac{1}{2}e^{-(1-3j)t}+\frac{1}{2}e^{-(1+3j)t}+e^{-2t}\right)u(t)$$
$$=(e^{-2t}+e^{-t}(\cos 3t))u(t)$$

**【例 7.82】** 求 $X(s)=\dfrac{10s}{(s+1)(s+3)}$的拉氏逆变换 $x(t)$。

代码如下：

```
num = [10  0];
den = conv([1  1],[1  3]);
[r,p,k] = residue(num,den)
```

输出结果如下：

```
r =
    15
    - 5
p =
    - 3
    - 1
k =
    []
```

可知，$X(s)=\dfrac{15}{s+3}-\dfrac{5}{s+1}$

原函数为

$$x(t)=(15e^{-3t}-5e^{-t})u(t)$$

**【例 7.83】** 求 $X(s)=\dfrac{2s^2+5s+5}{(s+2)(s+1)^2}$的拉氏逆变换 $x(t)$。

代码如下：

```
num = [2 5 5];
den = conv([1 2],[1 2 1]);
[r,p,k] = residue(num,den)
```

输出结果如下：

```
r =
     3.0000
    - 1.0000
     2.0000
p =
    - 2.0000
    - 1.0000
    - 1.0000
k =
     []
```

可知，$X(s)=\dfrac{3}{s+2}-\dfrac{1}{s+1}+\dfrac{2}{(s+1)^2}$

原函数为

$$x(t)=(3\mathrm{e}^{-2t}-\mathrm{e}^{-t}+2t\mathrm{e}^{-t})u(t)$$

**【例 7.84】** 求 $X(s)=\frac{1}{s+1}$的拉氏逆变换 $x(t)$。

代码如下：

```
num = [1];
den = [1  1];
[r,p,k] = residue(num,den)
```

输出结果如下：

```
r =
     1
p =
    - 1
k =
     []
```

可知，$X(s)=\frac{1}{s+1}$

原函数为

$$x(t)=\mathrm{e}^{-t}u(t)$$

**【例 7.85】** 求 $X(s)=\frac{(s-1)^2}{(s+1)(s-2)}$的拉氏逆变换 $x(t)$。

代码如下：

```
num = [1 - 2 1];
den = conv([1 1],[1 - 2]);
[r,p,k] = residue(num,den)
```

输出结果如下：

```
r =
     0.3333
    - 1.3333
p =
     2
    - 1
k =
     1
```

可知，$X(s)=1+\frac{1/3}{s-2}-\frac{4/3}{s+1}$

原函数为

$$x(t)=\left(\delta(t)+\frac{1}{3}\mathrm{e}^{2t}-\frac{4}{3}\mathrm{e}^{-t}\right)u(t)$$

**【例 7.86】** 求 $X(s)=\frac{s^3+s^2+2s+4}{s(s+1)(s^2+1)(s^2+2s+2)}$的拉氏逆变换 $x(t)$。

代码如下：

```
num = [1 1 2 4];
den = conv([1 0 1],[1 2 2]);
den = conv(den,[1 1 0]);
[r,p,k] = residue(num,den)
```

输出结果如下：

```
r =
  - 0.5000 + 0.5000i
  - 0.5000 - 0.5000i
  - 1.0000
  - 0.0000 + 0.5000i
  - 0.0000 - 0.5000i
    2.0000
p =
  - 1.0000 + 1.0000i
  - 1.0000 - 1.0000i
  - 1.0000
    0.0000 + 1.0000i
    0.0000 - 1.0000i
         0
k =
     []
```

可知，$X(s)=\dfrac{-0.5+\mathrm{j}0.5}{s+1-\mathrm{j}}+\dfrac{-0.5-\mathrm{j}0.5}{s+1+\mathrm{j}}+\dfrac{\mathrm{j}0.5}{s-\mathrm{j}}+\dfrac{-\mathrm{j}0.5}{s+\mathrm{j}}+\dfrac{-1}{s+1}+\dfrac{2}{s}$

原函数为

$$\begin{aligned}x(t)&=\{\mathrm{e}^{-t}[-\cos(t)-\sin(t)]-\sin(t)-\mathrm{e}^{-t}+2\}u(t)\\&=\{2-\sin(t)-\mathrm{e}^{-t}(\cos(t)+\sin(t)+1)\}u(t)\end{aligned}$$

## 7.20　已知传递函数，求其零极点及增益

系统传递函数(The system transfer function)是指零初始条件下线性系统响应(即输出)量的拉普拉斯变换与激励(即输入)量的拉普拉斯变换之比，记作$G(s)=\dfrac{Y(s)}{U(s)}$，其中，$Y(s)$、$U(s)$分别是输出量和输入量的拉普拉斯变换。传递函数是描述线性系统动态特性的基本数学工具之一，也是研究经典控制理论的主要工具之一。

系统传递函数的一般形式是形如

$$G(s)=\frac{b_m s^m+b_{m-1}s^{m-1}+\cdots+b_1 s+b_0}{a_n s^n+a_{n-1}s^{n-1}+\cdots+a_1 s+a_0}=\frac{N(s)}{D(s)}$$

的两个含有$s$的复数多项式$N(s)$与$D(s)$之比。

系统传递函数$G(s)$的特征可由其极点和零点在$s$复数平面上的分布来完全决定。用$D(s)$代表$G(s)$的分母多项式，$N(s)$代表$G(s)$的分子多项式，则传递函数$G(s)$的极点规定

为特征方程 $D(s)=0$ 的根，传递函数 $G(s)$的零点规定为方程 $N(s)=0$ 的根。极点使系统函数的值无穷大，零点使系统函数值为零。极点（零点）的值可以是实数和复数，而当它们为复数时必以共轭对的形式出现，所以它们在 $s$ 复数平面上的分布必定是对称于实数轴（横轴）的。系统过渡过程的形态与其传递函数极点、零点（尤其是极点）的分布位置有密切的关系。

用 MATLAB 函数 tf2zp 可以得到传递函数的零点、极点和增益常数，其调用形式为：

```
[z,p,k] = tf2zp(num,den)
```

式中，num，den 分别为 $G(s)$分子多项式和分母多项式的系数向量，$z$ 为零点，$p$ 为极点，$k$ 为增益常数。

另外，通过 MATLAB 中的 tf 函数，可以把已知其分子多项式和分母多项式系数向量的传递函数以分数的形式表现出来。

**【例 7.87】** 已知系统传递函数 $G(s)=\dfrac{2s^4+16s^3+44s^2+56s+32}{3s^4+3s^3-15s^2+18s-12}$，求其零极点及增益常数，并写出系统传递函数。

代码如下：

```
num = [2 16 44 56 32];
den = [3 3 -15 18 -12];
[z,p,k] = tf2zp(num,den)
```

输出结果如下：

```
z =
  -4.0000
  -2.0000
  -1.0000 + 1.0000i
  -1.0000 - 1.0000i
p =
  -3.2361
   1.2361
   0.5000 + 0.8660i
   0.5000 - 0.8660i
k =
     0.6667
b = num;
a = den;
H1 = tf(b,a)
Transfer function:
    2 s^4 + 16 s^3 + 44 s^2 + 56 s + 32
    -----------------------------------
    3 s^4 + 3 s^3 - 15 s^2 + 18 s - 12
```

可以看出，传递函数的 4 个零点依次是（$-4$、$-2$、$-1+\mathrm{i}$、$-1-\mathrm{i}$），4 个极点依次是（$-3.2361$、$1.2361$、$0.5+0.866\mathrm{i}$、$0.5-0.866\mathrm{i}$），增益常数为 0.6667。分数形式的传递函数也与原传递函数相同。

【例 7.88】 已知传递函数$G(s)=\frac{1}{s^3+2s^2+2s+1}$,求其零极点及增益常数,并写出该系统传递函数。

代码如下:

```
num = [1];
den = [1 2 2 1];
[z,p,k] = tf2zp(num,den)
b = num;
a = den;
H1 = tf(b,a)
```

输出结果如下:

```
z =
     Empty matrix: 0 - by - 1
p =
   - 1.0000
   - 0.5000 + 0.8660i
   - 0.5000 - 0.8660i
k =
     1
Transfer function:
          1
----------------------
s^3 + 2 s^2 + 2 s + 1
```

可以看出,传递函数无零点,3 个极点依次是(−1、−0.5+0.866i、−0.5−0.866i),增益常数为 1。分数形式的传递函数也与原传递函数相同。

【例 7.89】 已知传递函数

$$G(s)=\frac{0.001858s^4+0.0959s^2+1}{0.6104s^5+1.696s^4+3.128s^3+3.592s^2+2.651s+1}$$

求其零极点及增益常数,并写出该系统传递函数。

代码如下:

```
% 椭圆滤波器的传递函数:
num = [0.001858 0.0 0.0959 0.0 1.0];
den = [0.6104 1.696 3.128 3.592 2.651 1.0];
[z,p,k] = tf2zp(num,den)
```

输出结果如下:

```
z =
          0 + 6.0920i
          0 - 6.0920i
          0 + 3.8082i
          0 - 3.8082i
p =
   - 0.2484 + 1.2480i
   - 0.2484 - 1.2480i
```

```
   - 0.6935 + 0.8061i
   - 0.6935 - 0.8061i
   - 0.8948
k =
    0.0030
b = num;
a = den;
H1 = tf(b,a)
Transfer function:
               0.001858 s^4 + 0.0959 s^2 + 1
----------------------------------------------------------------
0.6104 s^5 + 1.696 s^4 + 3.128 s^3 + 3.592 s^2 + 2.651 s + 1
```

可以看出,传递函数的 4 个零点依次是(6.06920i、−6.0920i、3.8082i、−3.8082i),5 个极点依次是(−0.2484 + 1.2480i、−0.2484 − 1.2480i、−0.6935 + 0.8061i、−0.6935 − 0.8061i),增益常数为 0.0030。分数形式的传递函数与原传递函数相同。

**【例 7.90】** 已知传递函数 $G(s)=\frac{20s+80}{(s+3)(s+10)}$,求其零极点及增益常数,并写出该系统传递函数。

代码如下:

```
num = [20 80];
den = conv([1 3],[1 10]);
[z,p,k] = tf2zp(num,den)
b = num;
a = den;
H1 = tf(b,a)
```

输出结果如下:

```
z =
     - 4
p =
    - 10
     - 3
k =
     20
Transfer function:
   20 s + 80
---------------
s^2 + 13 s + 30
```

可以看出,传递函数的 1 个零点是−4,2 个极点分别是−10 和−3,增益常数为 20。分数形式的传递函数与原传递函数相同。

**【例 7.91】** 已知传递函数 $G(s)=\frac{s^2+1}{s^3+4s^2+5s+2}$,求其零极点及增益常数,并写出该系统传递函数。

代码如下:

```
num = [1 0 1];
```

```
den = [1 4 5 2];
[z,p,k] = tf2zp(num,den)
b = num;
a = den;
H1 = tf(b,a)
```

输出结果如下：

```
z =
    0 + 1.0000i
    0 - 1.0000i
p =
  - 2.0000
  - 1.0000 + 0.0000i
  - 1.0000 - 0.0000i
k =
    1
Transfer function:
        s^2 + 1
----------------------
s^3 + 4 s^2 + 5 s + 2
```

可以看出，传递函数的2个零点分别是(i,−i)，3个极点分别是(−2、−1、−1)，增益常数为1。分数形式的传递函数与原传递函数相同。

## 7.21 已知零极点及增益，求原传递函数

已知零极点及增益求原传递函数问题是已知传递函数求其零极点及增益的逆问题。

使用MATLAB函数zp2tf可以由零点、极点和增益常数得到原传递函数，其调用形式为：

```
[num,den] = zp2tf(z,p,k)
```

式中，$z$ 为零点，$p$ 为极点，$k$ 为增益常数。num，den分别为 $G(s)$ 分子多项式和分母多项式的系数向量。

**【例7.92】** 已知4个零点依次是(0.21,3.14,−0.3+0.5i,−0.3−0.5i)，4个极点依次是(−0.45,0.67,0.81+0.72i,0.81−0.72i)，增益常数为2.2。求原传递函数。

代码如下：

```
z = [0.21,3.14, - 0.3 + 0.5i, - 0.3 - 0.5i];z = z';
p = [ - 0.45,0.67,0.81 + 0.72i,0.81 - 0.72i];p = p';
k = 2.2;
[num,den] = zp2tf(z,p,k)
b = num;
a = den;
H1 = tf(b,a)
```

输出结果如下：

```
num =
    2.2000   -6.0500   -2.2233   -1.6354    0.4932
den =
    1.0000   -1.8400    1.2294    0.2300   -0.3541
Transfer function:
2.2 s^4 - 6.05 s^3 - 2.223 s^2 - 1.635 s + 0.4932
-------------------------------------------------
s^4 - 1.84 s^3 + 1.229 s^2 + 0.23 s - 0.3541
```

可见,所求传递函数为

$$G(s)=\frac{2.2s^4-6.05s^3-2.223s^2-1.635s+0.4932}{s^4-.84s^3+1.229s^2+0.23s-0.3541}$$

**【例 7.93】** 已知 4 个零点依次是(−4,−2,−1+1i,−1−1i),4 个极点依次是(−3.2361,1.2361,0.5+0.866i,0.5−0.866i),增益常数为 0.667。求原传递函数。

代码如下:

```
z = [ - 4, - 2, - 1 + 1i, - 1 - 1i];z = z';
p = [ - 3.2361,1.2361,0.5 + 0.866i,0.5 - 0.866i];p = p';
k = 0.667;
[num,den] = zp2tf(z,p,k)
b = num;
a = den;
H1 = tf(b,a)
```

输出结果如下:

```
num =
    0.6670    5.3360   14.6740   18.6760   10.6720
den =
    1.0000    1.0000   -5.0002    6.0001   -4.0000
Transfer function:
0.667 s^4 + 5.336 s^3 + 14.67 s^2 + 18.68 s + 10.67
---------------------------------------------------
           s^4 + s^3 - 5 s^2 + 6 s - 4
```

可见,所求传递函数为

$$G(s)=\frac{0.667s^4+5.336s^3+14.67s^2+18.68s+10.67}{s^4+s^3-5s^2+6s-4}$$

**【例 7.94】** 已知一个系统无零点,3 个极点依次是(−1,−0.5+0.866i,−0.5−0.866i),增益常数为 1。求原传递函数。

代码如下:

```
z = [ ];z = z';
p = [ - 1, - 0.5 + 0.866i, - 0.5 - 0.866i];p = p';
k = 1;
[num,den] = zp2tf(z,p,k)
b = num;
a = den;
H1 = tf(b,a)
```

输出结果如下：

```
num =
     0         0         0         1
den =
    1.0000    2.0000    2.0000    1.0000
Transfer function:
           1
-----------------------
s^3 + 2 s^2 + 2 s + 1
```

可见，所求传递函数为

$$G(s)=\frac{1}{s^3+2s^2+2s+1}$$

**【例 7.95】** 已知 1 个零点是－4，2 个极点分别是(－10，－3)，增益常数为 20。求原传递函数。

代码如下：

```
z = [ - 4];z = z';
p = [ - 10 , - 3];p = p';
k = 20;
[num,den] = zp2tf(z,p,k)
b = num;
a = den;
H1 = tf(b,a)
```

输出结果如下：

```
num =
     0    20    80
den =
     1    13    30
Transfer function:
   20 s + 80
---------------
s^2 + 13 s + 30
```

可见，所求传递函数为

$$G(s)=\frac{20s+80}{s^2+13s+30}$$

**【例 7.96】** 已知 2 个零点是(i 和－i)，3 个极点分别是(－2，－1，－1)，增益常数为 1。求原传递函数。

代码如下：

```
z = [1i, - 1i];z = z';
p = [ - 2 , - 1, - 1];p = p';
k = 1;
[num,den] = zp2tf(z,p,k)
b = num;
```

```
a = den;
H1 = tf(b,a)
```

输出结果如下：

```
num =
     0     1     0     1
den =
     1     4     5     2
Transfer function:
        s^2 + 1
---------------------
s^3 + 4 s^2 + 5 s + 2
```

可见，所求传递函数为

$$G(s)=\frac{s^2+1}{s^3+4s^2+5s+2}$$

## 7.22 求连续系统的零极点分布、系统冲激响应和系统幅度响应

通常将系统传递函数的零极点绘在 $s$ 平面上，零点用○表示，极点用×表示，这样得到的图形称为系统传递函数零极点分布图。由零极点分布图可以了解系统的时域特性、频域特性及系统的稳定性。

系统在单位冲激函数激励下引起的零状态响应称为该系统的"冲激响应"。

用 MATLAB 函数 impulse 可以测出系统的冲激响应，其调用形式为：

h=impulse(num,den,t)——$h$ 为返回的冲激响应。num,den 分别为 $G(s)$ 分子多项式和分母多项式的系数向量。参量 $t$ 表示采样时间向量。

系统在正弦信号激励下稳态响应随信号频率的变化情况，称为系统的频率响应。系统的频率响应 $H(\mathrm{j}\omega)$ 是频率 $\omega$ 的复值函数，通常用 $|H(\mathrm{j}\omega)|$ 表示 $H(\mathrm{j}\omega)$ 的幅度，称其为系统的幅度响应；$\varphi(\omega)$ 表示 $H(\mathrm{j}\omega)$ 的相位，称其为系统的相位响应。

用 MATLAB 函数 freqs 可以测出系统的频率响应，其调用形式为：

H=freqs(num,den,w)——$H$ 为返回的频率响应。num,den 分别为 $G(s)$ 分子多项式和分母多项式的系数向量。参量 $w$ 表示复平面的虚轴上指定的实向量角频率。

**【例 7.97】** 已知系统传递函数 $G(s)=\frac{1}{s^3+2s^2+2s+1}$，求其零极点分布、系统冲激响应和系统幅度响应。

代码如下：

```
% H(s) = 1/(s3 + 2s2 + 2s + 1)
num = [1];
den = [1 2 2 1];
sys = tf(num,den);
figure(1);pzmap(sys);
```

```
t = 0:0.02:10;
w = 0:0.02:5;
h = impulse(num,den,t);
figure(2);plot(t,h);
xlabel('time(s)');
title('Impulse Response')
H = freqs(num,den,w);
figure(3);plot(w,abs(H))
xlabel('Frequency\omega');
title('Magnitude Response');
```

运行结果如图 7-23～图 7-25 所示。

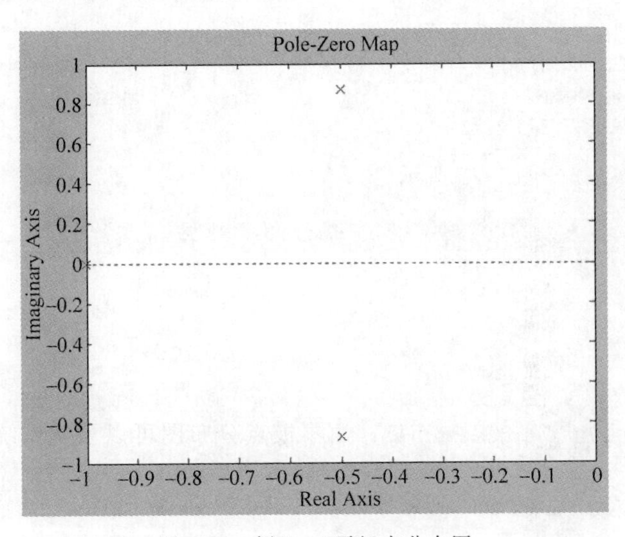


图 7-23 例 7.97 零极点分布图

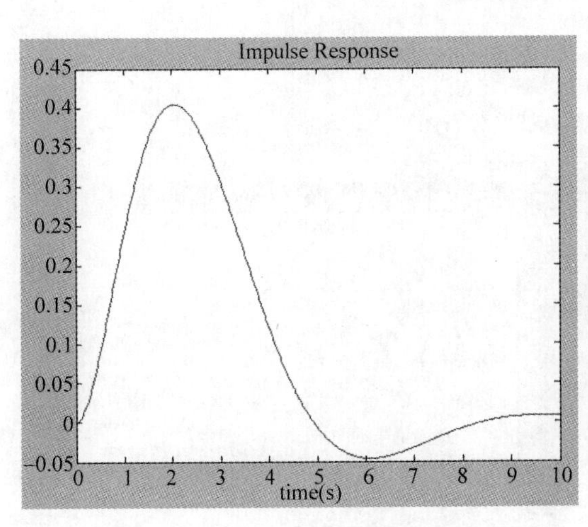


图 7-24 例 7.97 系统的冲激响应

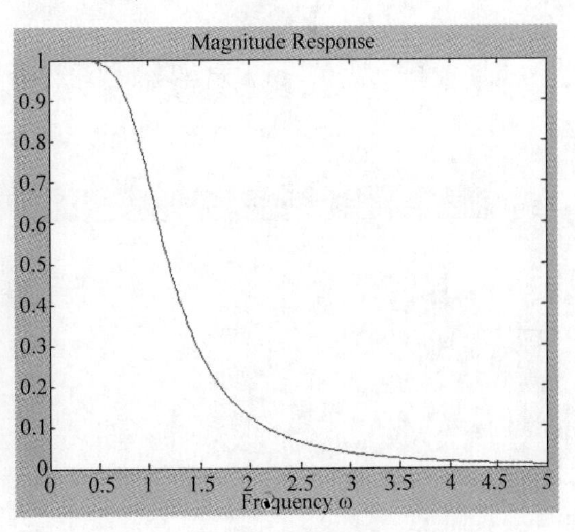


图 7-25 例 7.97 系统的幅度响应

**【例 7.98】** 已知系统传递函数 $G(s)=\dfrac{s+2}{s^3+2s^2+2s+1}$，求其零极点分布、系统冲激响应和系统幅度响应。

代码如下：

```
%求极零点分布单位冲激响应和幅度响应
%H(s) = (s+2)/(s3+2s2+2s+1)
num=[1,2];
den=[1 2 2 1];
sys=tf(num,den);
figure(1);pzmap(sys);
t=0:0.02:10;
w=0:0.02:5;
h=impulse(num,den,t);
figure(2);plot(t,h);
xlabel('time(s)');
title('Impulse Response')
H=freqs(num,den,w);
figure(3);plot(w,abs(H))
xlabel('Frequency\omega');
title('Magnitude Response');
```

运行结果如图 7-26～图 7-28 所示。

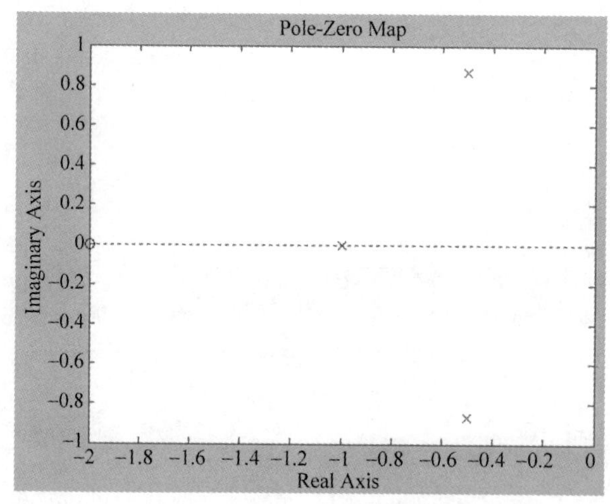


图 7-26　例 7.98 零极点分布图

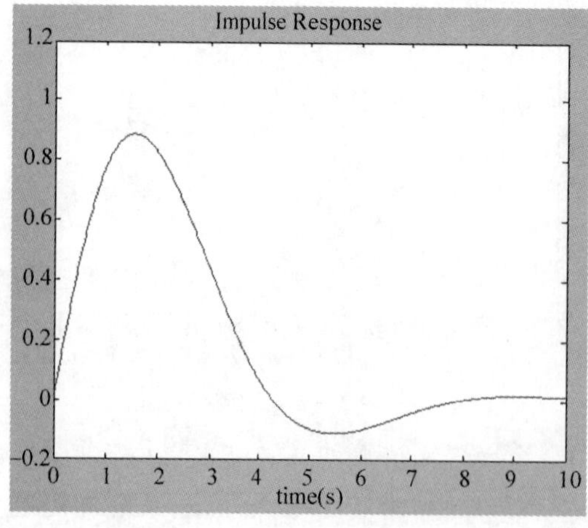


图 7-27　例 7.98 系统的冲激响应

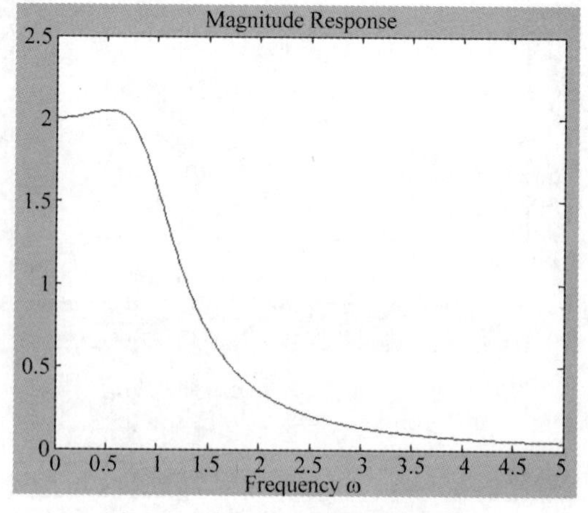


图 7-28　例 7.98 系统的幅度响应

【例 7.99】 已知系统传递函数 $G(s)=\dfrac{s^2+1}{s^2-4s+29}$，求其零极点分布、系统冲激响应和系统幅度响应。

代码如下：

```
%求极零点分布、系统冲激响应和系统幅度响应
%H(s) = (s2 + 1)/(s2 - 4s + 29)
num = [1 0 1];
den = [1  -4 29];
sys = tf(num,den);
figure(1);pzmap(sys);
t = 0:0.02:10;
w = 0:0.02:5;
h = impulse(num,den,t);
figure(2);plot(t,h);
xlabel('time(s)');
title('Impulse Response')
H = freqs(num,den,w);
figure(3);plot(w,abs(H))
xlabel('Frequency\omega');
title('Magnitude Response');
```

运行结果如图 7-29～图 7-31 所示。

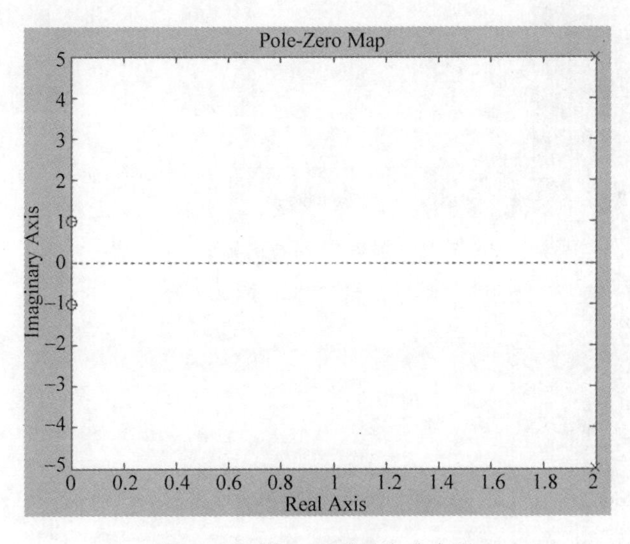


图 7-29 例 7.99 零极点分布图

【例 7.100】 已知系统传递函数 $G(s)=\dfrac{s+1}{(s^2+4s+5)(s^2+2s+5)}$，求其零极点分布、系统冲激响应和系统幅度响应。

代码如下：

```
%求极零点分布、系统冲激响应和系统幅度响应
%H(s) = (s + 1)/(s2 + 4s + 5)(s2 + 2s + 5)
```

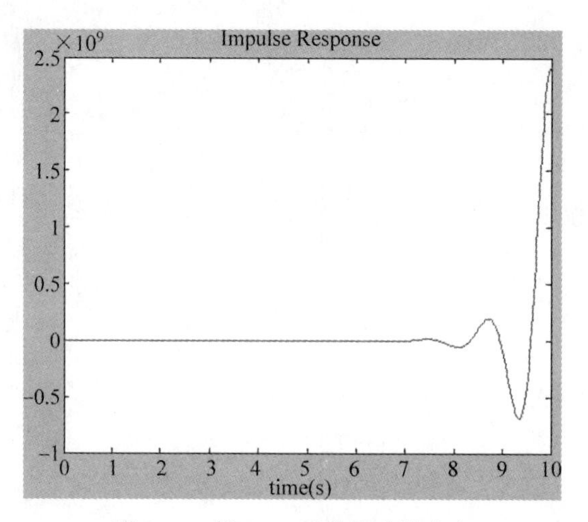


图 7-30　例 7.99 系统的冲激响应

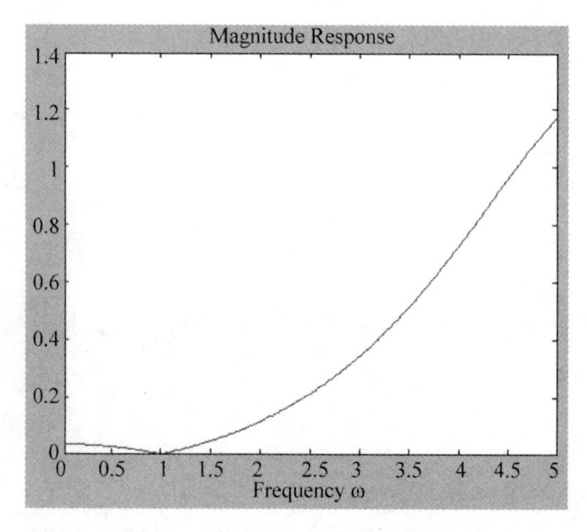


图 7-31　例 7.99 系统的幅度响应

```
num = [1 1];
den = conv([1 4 5],[1 2 5]);
sys = tf(num,den);
figure(1);pzmap(sys);
t = 0:0.02:10;
w = 0:0.02:5;
h = impulse(num,den,t);
figure(2);plot(t,h);
xlabel('time(s)');
title('Impulse Response')
H = freqs(num,den,w);
figure(3);plot(w,abs(H))
xlabel('Frequency\omega');
title('Magnitude Response');
```

运行结果如图 7-32～图 7-34 所示。

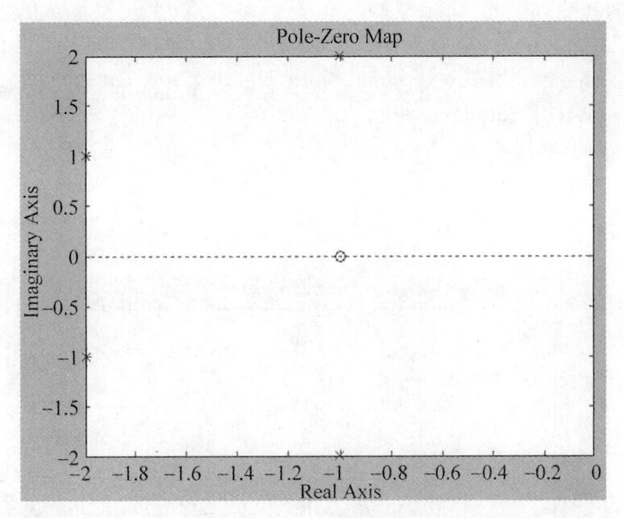


图 7-32　例 7.100 零极点分布图

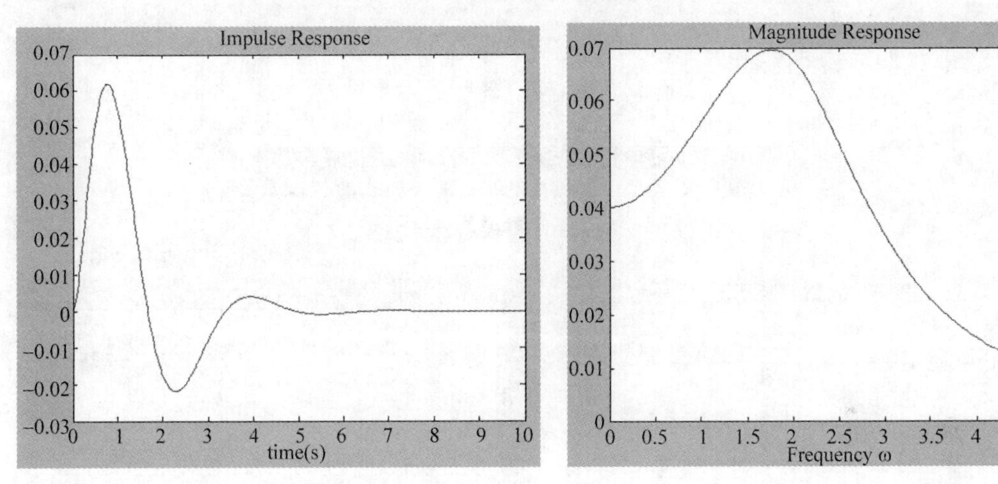


图 7-33　例 7.100 系统的冲激响应

图 7-34　例 7.100 系统的幅度响应

**【例 7.101】**　已知系统传递函数 $G(s)=\dfrac{s^3}{(s+5)(s^2+5s+25)}$，求其极零点分布、系统冲激响应和系统幅度响应。

代码如下：

```
%求极零点分布、系统冲激响应和系统幅度响应
%H(s) = (s3)/(s + 5)(s2 + 5s + 25)
num = [1 0 0 0];
den = conv([1 5],[1 5 25]);
sys = tf(num,den);
figure(1);pzmap(sys);
t = 0:0.02:10;
w = 0:0.02:5;
h = impulse(num,den,t);
figure(2);plot(t,h);grid on;
```

```
xlabel('time(s)');
title('Impulse Response')
H = freqs(num,den,w);
figure(3);plot(w,abs(H));grid on;
xlabel('Frequency\omega');
title('Magnitude Response');
```

运行结果如图 7-35～图 7-37 所示。

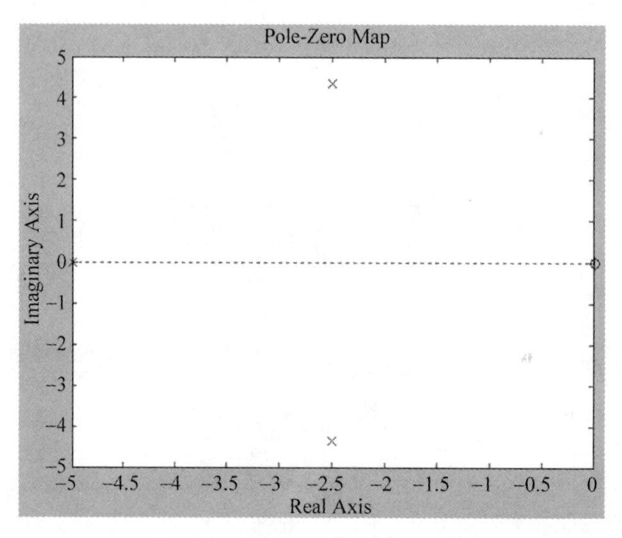


图 7-35　例 7.101 零极点分布图

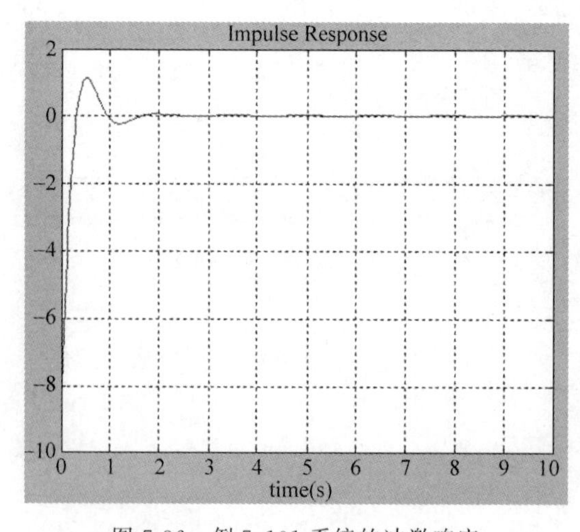


图 7-36　例 7.101 系统的冲激响应

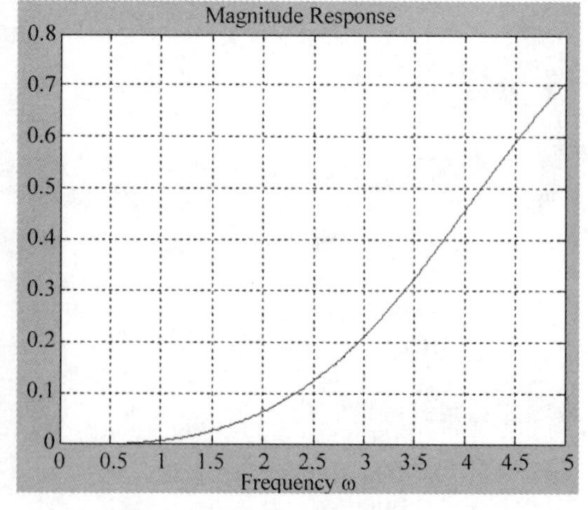


图 7-37　例 7.101 系统的幅度响应

**【例 7.102】** 已知系统传递函数 $G(s)=\dfrac{s^2+2s+17}{s^2+4s+104}$，求其频率响应。

由系统传递函数求其频率响应，只需把传递函数式中的“$s$”换为“$\mathrm{j}\omega$”即可。

代码如下：

```
%H(s) = (s2 + 2s + 17)/(s2 + 4s + 104)
num = [1 2 17];
```

```
den = [1 4 104];
freqs(num,den)
```

运行结果如图 7-38 所示。其中，上图为幅频特性，下图为相频特性。

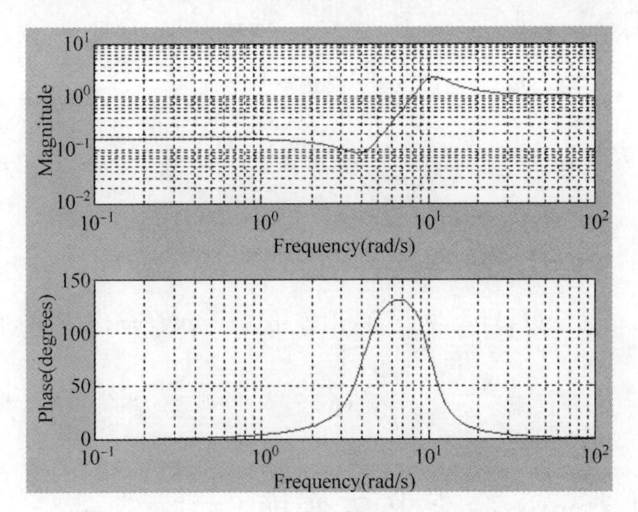


图 7-38　例 7.102 系统的频率响应

## 7.23　Z 变换原理

Z 变换(Z-transformation)是对离散序列进行的一种数学变换，常用于求线性时不变差分方程的解。它在离散系统中的地位如同拉普拉斯变换在连续系统中的地位。Z 变换已成为分析线性时不变离散系统问题的重要工具，并且在数字信号处理、计算机控制系统等领域有着广泛的应用。

序列 $x[n]$的单边 Z 变换定义为

$$X[z]=\sum_{n=0}^{\infty}x[n]z^{-n} \tag{7-10}$$

$x[n]$和 $X[z]$称为一组 Z 变换对：$x[n]\leftrightarrow X[z]$。

Z 逆变换定义为

$$x[n]=\frac{1}{2\pi j}\oint_{C}X(z)z^{n-1} \tag{7-11}$$

这是复平面上的一个围线积分。

**【手工计算例 7.20】**　求 $x(n)=u(n)$的 Z 变换[$u(n)$-单位阶跃采样系列]。

由定义

$$X[z]=\sum_{n=0}^{\infty}x[n]z^{-n}$$

得

$$X[z]=z^{0}+z^{-1}+z^{-2}+\cdots \tag{7-12}$$

将式(7-12)两端乘以 $z^{-1}$，有

$$z^{-1}X[z]=z^{-1}+z^{-2}+z^{-3}+\cdots \tag{7-13}$$

将式(7-12)减去式(7-13),得

$$X[z](1-z^{-1})=z^0=1$$

所以,

$$X[z]=\frac{1}{1-z^{-1}} \tag{7-14}$$

**【手工计算例 7.21】** 求 $x(n)=\mathrm{e}^{-an}$ 的 Z 变换。

由定义

$$X[z]=\sum_{n=0}^{\infty}x[n]z^{-n}=\sum_{n=0}^{\infty}\mathrm{e}^{-an}z^{-n}=\sum_{n=0}^{\infty}(\mathrm{e}^{-a}z^{-1})^n \tag{7-15}$$

因为$|\mathrm{e}^{-a}z^{-1}|<1$,所以,对式(7-15)应用等比递减级数的求和公式,便有

$$X[z]=\frac{\mathrm{e}^0z^0}{1-\mathrm{e}^{-a}z^{-1}}=\frac{1}{1-\mathrm{e}^{-a}z^{-1}} \tag{7-16}$$

## 7.24 用 ztrans 命令求 Z 变换

ztrans 函数用于实现 Z 变换,其调用格式如下:

F=ztrans(f)——对符号单值函数 $f$ 中的默认自变量 $n$ 计算其 Z 变换,输出参量 $F$ 为自变量 $z$ 的函数。即 $f=f(n)\rightarrow F=F(z)$。

F=ztrans(f,w)——对符号单值函数 $f$ 中的默认自变量 $n$ 计算其 Z 变换,用变量 $w$ 代替默认的 $z$ 作为函数 $F$ 的自变量。

F=ztrans(f,k,w)——对符号单值函数 $f$ 中的自变量 $k$ 计算其 Z 变换。其中,$F$ 的自变量为 $w$。

**【例 7.103】** 已知 $f(n)=\left(\frac{1}{2}\right)^n u(n)$,求 $f(n)$的 Z 变换 $Z(z)$。

代码如下:

```
syms n;
f = (1/2)^2;
Z = ztrans(f)
```

输出结果如下:

```
Z  = 2 * z/(2 * z - 1)
```

因此,$Z(z)=\frac{2z}{2z-1}$。

**【例 7.104】** 求 $f(n)=n^2$ 的 Z 变换 $Z(z)$。

代码如下:

```
syms n;
Z = ztrans(n^2)
```

输出结果如下：

```
Z =
    z*(z+1)/(z-1)^3
```

因此，$Z(z)=\frac{z(z+1)}{(z-1)^3}$。

**【例 7.105】** 已知

(1) f1＝n；

(2) f2＝$ne^{-an}$；

(3) f3＝sinωn；

(4) f4＝cosωn；

(5) f＝f(n＋2)

求 f1、f2、f3、f4、f 的 Z 变换 F1、F2、F3、F4、F。

代码如下：

```
Syms n a w k z T
F1 = ztrans(n*T)
F2 = ztrans(n*exp(-a*n))
F3 = ztrans(sin(w*n),k)
F4 = ztrans(cos(w*n),w,z)
F = ztrans(sym('f(n+2)'))
```

输出结果如下：

```
F1  = T*z/(z-1)^2
F2  = z*exp(-a)/(z-exp(-a))^2
F3  = k*sin(w)/(k^2-2*k*cos(w)+1)
F4  = (z-cos(n))*z/(z^2-2*z*cos(n)+1)
F  = z^2*ztrans(f(n),n,z)-f(0)*z^2-f(1)*z
```

所以，$F_1(z)=\frac{Tz^{-1}}{(1-z^{-1})^2}$

$$F_2(z)=\frac{ze^{-a}}{(z-e^{-a})^2}$$

$$F_3(z)=\frac{k\sin\omega}{k^2-2k\cos\omega+1}$$

$$F_4(z)=\frac{(-z+\cos n)z}{-z^2+2z\cos n-1}$$

$$F(z)=z^2z[f(n)]-z^2f(0)-zf(1)$$

## 7.25 用 iztrans 命令求 Z 逆变换

iztrans 函数用于实现 Z 逆变换，其调用格式如下：

f＝iztrans(F)——求单值符号函数 $F$ 的 Z 逆变换 $f$，$f$ 的默认自变量为 $n$，$F$ 的默认自

变量为 $z$，即 $F=F(z)\rightarrow f=f(n)$。

f=iztrans(F,k)——求单值符号函数 $F$ 的 Z 逆变换 $f$，$f$ 的自变量为 $k$，$F$ 的默认自变量为 $z$，即 $F=F(z)\rightarrow f=f(k)$。

f=iztrans(F,w,k)——求单值符号函数 $F$ 的 Z 逆变换 $f$，$f$ 的自变量为 $k$，$F$ 的自变量为 $w$，即 $F=F(w)\rightarrow f=f(k)$。

**【例 7.106】** 求 $F(z)=\dfrac{z}{z^2+1}$ 的 Z 逆变换 $f(n)$。

代码如下：

```
syms z
f1 = iztrans(z/(z^2 + 1))
```

输出结果如下：

```
f1 =
    sin(1/2 * pi * n)
```

所以，$f(n)=\sin\left(\dfrac{\pi n}{2}\right)$。

**【例 7.107】** 求 $F(z)=\dfrac{1}{1-e^{-a}z^{-1}}$ 的 Z 逆变换 $f(n)$。

代码如下：

```
syms z  a
f1 = iztrans(1/(1 - exp( - a) * z^( - 1)))
```

输出结果如下：

```
f1 =
    exp( - a)^n
```

所以，$f(n)=e^{-an}$。

**【例 7.108】** 求 $F(z)=e^{\frac{a}{z}},\dfrac{10z}{(z-1)(z+2)},\dfrac{z}{(z-a)(z-3)^2}$ 的 Z 逆变换 $f(n)$。

代码如下：

```
syms a k z
f1 = iztrans(exp(a/z),z,k)
f2 = iztrans(10 * z/(z + 1)/(z + 2));
f2 = simplify(f2)
f3 = iztrans(z/(z - a)/(z - 3)^2);
f3 = simplify(f3)
```

输出结果如下：

```
f1  = a^k/k!
f2  = 10 * ( - 1)^(1 + n) * 2^n + 10 * ( - 1)^n
f3  = - (3^( - 1 + n) * n * a - a^n + 3^n - 3^n * n)/(9 - 6 * a + a^2)
```

所以，$f_1=\frac{a^k}{k!}$

$f_2=10(-1)^{1+n}2^n+10(-1)^n$

$f_3=-\frac{na3^{n-1}-a^n+3^n-n3^n}{9-6a+a^2}$。

**【例 7.109】** 验证一个传递函数式先拉氏逆变换再进行 Z 变换后再 Z 逆变换及拉氏变换就会恢复原来传递函数式。

代码如下：

```
syms t s n z positive
syms  a b real
Fs = b/(s^2 * (s + a));
L = ilaplace(Fs,s,t)
```

输出结果如下：

```
L =
    b * (1/a * t - 1/a^2 * (1 - exp( - a * t)))
>> Fz = ztrans(L,t,z)
    Fz  = b * (1/a * z/(z - 1)^2 - 1/a^2 * (z/(z - 1) - z/exp( - a)/(z/exp( - a) - 1)))
>> Fs1 = laplace(iztrans(Fz,z,n),n,s);
>> e = simple(Fs1 - Fs)
e =
    0
```

$e=0$，表明最后所得结果等于原来传递函数式。

## 7.26　用部分分式展开法求 Z 逆变换

MATLAB 的信号处理工具箱提供了一个对 $X(z)$ 进行部分分式展开的函数 residuez，其调用形式为：

```
[r,p,k] = residuez(num,den)
```

式中，num，den 分别为 $X(z)$ 分子多项式和分母多项式的系数向量；$r$ 为部分分式系数；$p$ 为极点；$k$ 为多项式的系数，若 $X(z)$ 为真分式，则 $k$ 为空。

**【例 7.110】** 求 $F(z)=\frac{18}{18+3z^{-1}-4z^{-2}-z^{-3}}$ 的 Z 逆变换式。

代码如下：

```
num = [18];
den = [18 3  - 4  - 1];
[r,p,k] = residuez(num,den)
```

输出结果如下：

```
r =
    0.3600
```

```
    0.2400
    0.4000
p =
    0.5000
   -0.3333
   -0.3333
k =
    []
```

$$F(z)=\frac{0.36}{1-0.5z^{-1}}+\frac{0.24}{(1+0.3333z^{-1})}+\frac{0.4}{(1+0.3333z^{-1})^2}$$

所以，$x[k]=[0.36(0.5)^k+0.24(0.3333)^k+0.4(k+1)(0.3333)^k]u(k)$。

**【例 7.111】** 求 $F(z)=\dfrac{z^2(z-0.8)}{(z+0.3)(z^2-1.4z+0.2)}$的 Z 逆变换式。

**解**：先把 $F(z)$化为 $z$ 的负幂，$F(z)=\dfrac{1-0.8z^{-1}}{1-0.5z^{-1}-2.2z^{-2}+0.06z^{-3}}$

代码如下：

```
num = [1 -0.8];
den = [1  -0.5 -2.2  0.06];
[r,p,k] = residuez(num,den)
```

输出结果如下：

```
r =
    0.3179
    0.6727
    0.0094
p =
    1.7427
   -1.2698
    0.0271
k =
    []
```

$$F(z)=\frac{0.3179}{1-1.7427z^{-1}}+\frac{0.6727}{1+1.2698z^{-1}}+\frac{0.0094}{1-0.0271z^{-1}}$$

所以，$x[k]=[0.3179(1.7427)^k+0.6727(-1.2698)^k+0.0094(0.0271)^k]u(k)$。

**【例 7.112】** 求 $F(z)=\dfrac{2z^2-0.5z}{z^2-0.5z-0.5}$的 Z 逆变换式。

**解**：先把 $F(z)$化为 $z$ 的负幂，$F(z)=\dfrac{2-0.5z^{-1}}{1-0.5z^{-1}-0.5z^{-2}}$

代码如下：

```
num = [2 -0.5];
den = [1 -0.5 -0.5];
[r,p,k] = residuez(num,den)
```

输出结果如下：

```
r =
    1
    1
p =
    1.0000
   -0.5000
k =
    []
```

$$F(z)=\frac{1}{1-z^{-1}}+\frac{1}{1+0.5z^{-1}}$$

所以，$x[k]=[1+(-0.5)^k]u(k)$。

【例 7.113】 求 $F(z)=\dfrac{1-0.8z^{-1}+20z^{-2}-16z^{-3}}{(1-2z^{-1})^2(1-4z^{-1})}$ 的 Z 逆变换式。

代码如下：

```
num = [1 -0.8 20 -16];
den = conv([1 -4  4],[1  -4]);
[r,p,k] = residuez(num,den)
```

输出结果如下：

```
r =
    7.2000
   -3.6000 - 0.0000i
   -3.6000 + 0.0000i
p =
    4.0000
    2.0000 + 0.0000i
    2.0000 - 0.0000i
k =
    1
```

$$F(z)=1+\frac{7.2}{1-4z^{-1}}-\frac{3.6}{1+2z^{-1}}-\frac{3.6}{(1+2z^{-1})^2}$$

所以，$x[k]=\delta(k)+[7.2\times(4)^k-3.6\times(-2)^k-3.6\times(k+1)(-2)^k]u(k)$。

【例 7.114】 求 $F(z)=\dfrac{9z^{-3}}{1+4.5z^{-1}+6z^{-2}+2z^{-3}}$ 的 Z 逆变换式。

代码如下：

```
num = [0 0 0 9];
den = [1  4.5  6  2];
[r,p,k] = residuez(num,den)
```

输出结果如下：

```
r =
    5.0000 - 0.0000i
   -1.5000 + 0.0000i
   -8.0000
p =
```

```
  - 2.0000 + 0.0000i
  - 2.0000 - 0.0000i
  - 0.5000
k =
    4.5000
```

$$F(z)=4.5+\frac{5}{1+2z^{-1}}-\frac{1.5}{(1+2z^{-1})^2}-\frac{8}{1+0.5z^{-1}}$$

所以，$x[k]=4.5\times\delta(k)+[5\times(-2)^k-1.5\times(k+1)(-2)^k-8\times(-0.5)^k]u(k)$。

**【例 7.115】** 求 $F(z)=\dfrac{1}{(1-0.9z^{-1})^2(1+0.9z^{-1})}$，$|z|>0.9$ 的 Z 逆变换式。

代码如下：

```
num = [1];
den = poly([0.9 0.9 -0.9]);
[r,p,k] = residuez(num,den)
```

输出结果如下：

```
r =
    0.2500
    0.2500 + 0.0000i
    0.5000 - 0.0000i
p =
  - 0.9000
    0.9000 + 0.0000i
    0.9000 - 0.0000i
k =
    []
```

$$F(z)=\frac{0.25}{1-0.9z^{-1}}+\frac{0.5}{(1-0.9z^{-1})^2}+\frac{0.25}{1+0.9z^{-1}}\ |z|>0.9$$

所以，$x[k]=0.25(0.9)^k u(k)+\dfrac{5}{9}(k+1)0.9^{k+1}u(k+1)+0.25(-0.9)^k u(k)$

$=[0.75(0.9)^k+0.5k0.9^{k+1}+0.25(-0.9)^k]u(k)$。

**【例 7.116】** 求 $F(z)=\dfrac{1}{-0.2+0.2z^{-1}-0.6z^{-2}+0.6z^{-3}}$ 的 Z 逆变换式。

代码如下：

```
b = 1;
a = poly([-0.2 0.2 -0.6 0.6]);
[r,p,k] = residuez(b,a)
```

输出结果如下：

```
r =
    0.5625
    0.5625
  - 0.0625
  - 0.0625
p =
```

```
  -0.6000
   0.6000
   0.2000
  -0.2000
k =
   []
```

$$F(z) = \frac{0.5625}{1+0.6z^{-1}} + \frac{0.5625}{1-0.6z^{-1}} - \frac{0.0625}{1-0.2z^{-1}} - \frac{0.0625}{1+0.2z^{-1}}$$

所以，$x[k]=[0.5625(-0.6)^k+0.5625(0.6)^k-0.0625(0.2)^k-0.0625(-0.2)^k]u(k)$。

## 7.27　求离散系统的零极点分布、系统冲激响应和系统幅度响应

【例 7.117】　已知系统传递函数 $H(z)=\dfrac{0.1453(1-3z^{-1}+3z^{-2}-z^{-3})}{1+0.1628z^{-1}+0.3403z^{-2}+0.0149z^{-3}}$，求系统的零极点分布、系统的单位脉冲响应 $h(k)$ 和系统幅度响应。

代码如下：

```
%求离散系统零极点分布、系统冲激响应和系统幅度响应
num = 0.1453 * [1 -3 3 -1];
den = [1 0.1628 0.3403 0.0149];
figure(1);zplane(num,den);
h = impz(num,den,21);
figure(2);stem(0:20,h);
xlabel('k');
title('Impulse Response')
[H,w] = freqz(num,den);
figure(3);plot(w/pi,abs(H));
xlabel('Normalixed Frequency\Omega');
title('Magnitude Response');grid on;
```

运行结果如图 7-39～图 7-41 所示。

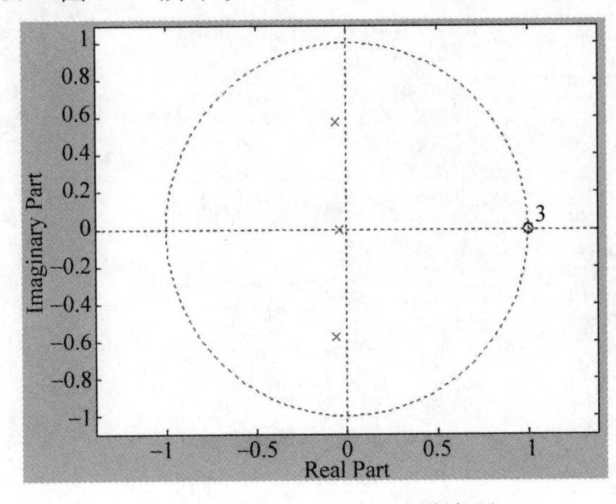


图 7-39　例 7.117 零极点分布图

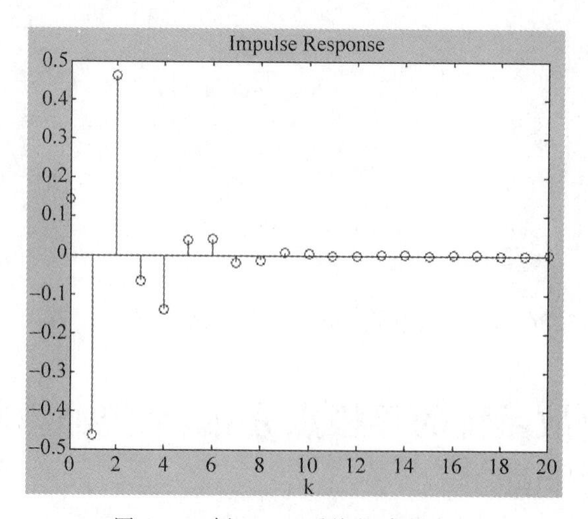


图 7-40　例 7.117 系统的冲激响应

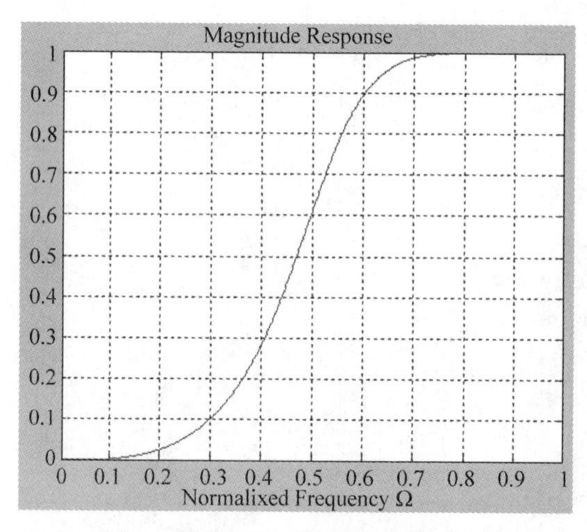


图 7-41　例 7.117 系统的幅度响应

**【例 7.118】** 已知系统传递函数 $H(z)=\dfrac{2+16z^{-1}+44z^{-2}+56z^{-3}+32z^{-4}}{3+3z^{-1}-15z^{-2}+18z^{-3}-12z^{-4}}$，求系统的零极点分布、系统的单位脉冲响应 $h(k)$ 和系统幅度响应。

代码如下：

```
%求离散系统零极点分布、系统冲激响应和系统幅度响应
num = [2 16 44 56 32];
den = [3 3 - 15 18 - 12];
figure(1);zplane(num,den);
h = impz(num,den,21);
figure(2);stem(0:20,h);
xlabel('k');
title('Impulse Response')
[H,w] = freqz(num,den);
figure(3);plot(w/pi,abs(H));
xlabel('Normalixed Frequency \Omega');
```

```
title('Magnitude Response');grid on;
```

运行结果如图 7-42～图 7-44 所示。

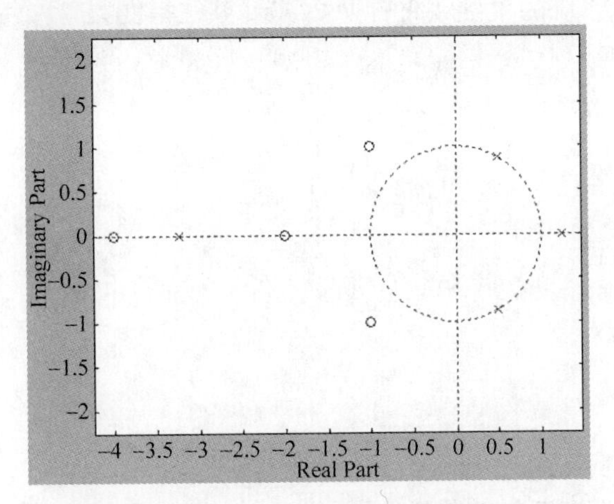


图 7-42　例 7.118 零极点分布图

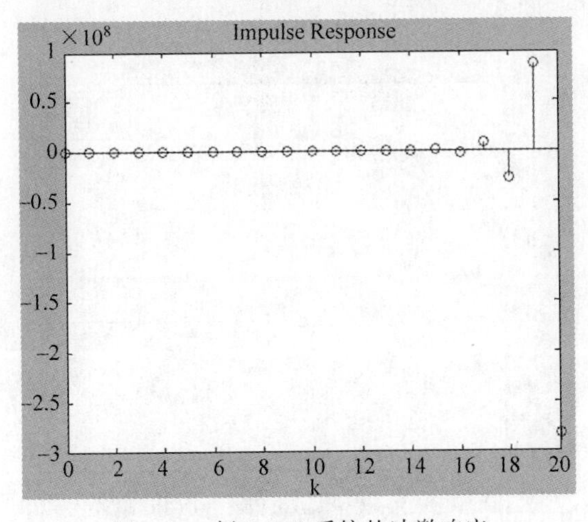


图 7-43　例 7.118 系统的冲激响应

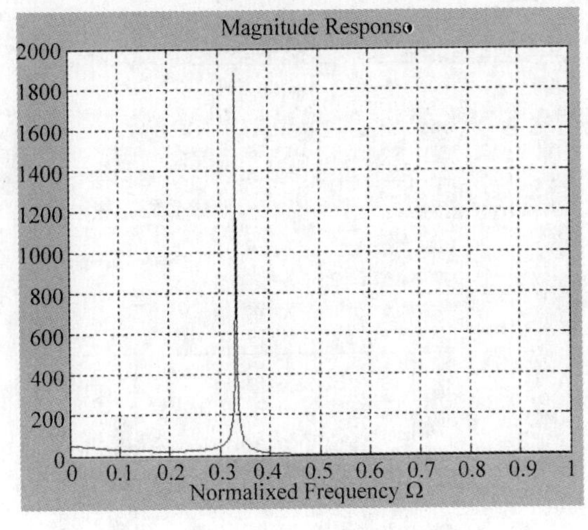


图 7-44　例 7.118 系统的幅度响应

**【例 7.119】** 已知系统传递函数 $H(z)=\dfrac{0.2+0.1z^{-1}+0.3z^{-2}+0.1z^{-3}+0.15z^{-4}}{1-1.1z^{-1}+1.45z^{-2}-0.6z^{-3}+0.3z^{-4}}$，求系统的零极点分布、系统的单位脉冲响应 $h(k)$ 和系统幅度响应。

代码如下：

```
b = [0.2 0.1 0.3 0.1 0.15];
a = [1 -1.1 1.45 -0.6 0.3];
figure(1);zplane(b,a);legend('零点','极点');
num = b;den = a;
h = impz(num,den,21);
figure(2);stem(0:20,h);
xlabel('k');
title('Impulse Response')
[H,w] = freqz(num,den);
figure(3);plot(w/pi,abs(H));
xlabel('Normalixed Frequency \Omega');
title('Magnitude Response');grid on;
```

运行结果如图 7-45～图 7-47 所示。

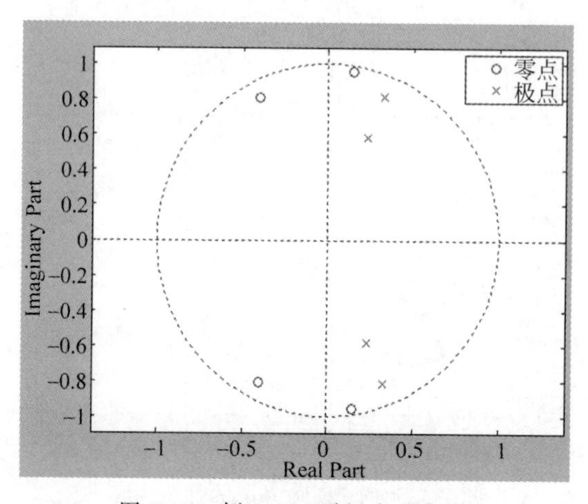


图 7-45　例 7.119 零极点分布图

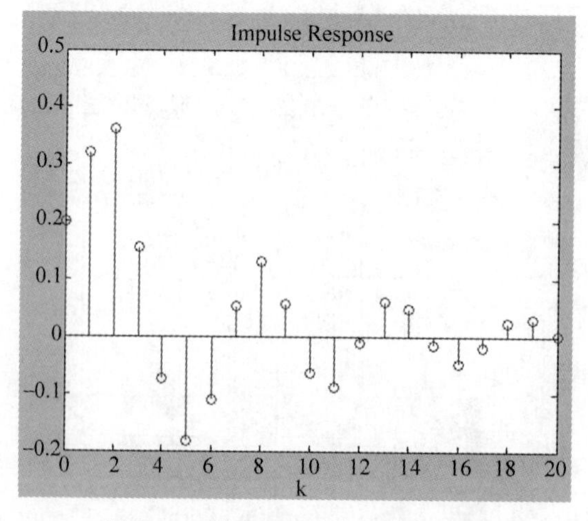


图 7-46　例 7.119 系统的冲激响应

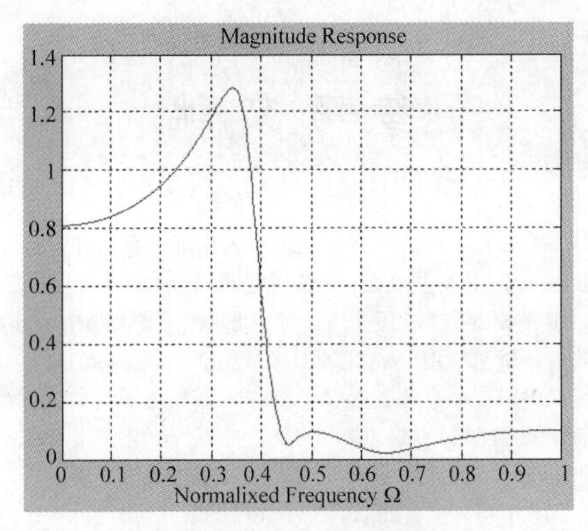


图 7-47 例 7.119 系统的幅度响应

## 本章小结

本章积分变换主要包括傅里叶变换、拉普拉斯变换以及 Z 变换等内容。

# 参 考 文 献


[1] 求是科技. MATLAB 7.0 从入门到精通[M]. 北京：人民邮电出版社，2006.

[2] 占君. MATLAB 函数查询手册[M]. 北京：机械工业出版社，2011.

[3] 占海明. 基于 MATLAB 的高等数学问题求解[M]. 北京：清华大学出版社，2013.

[4] 宋叶志. MATLAB 数值分析与应用[M]. 北京：机械工业出版社，2014.

[5] 刘衍民. MATLAB 仿真应用——高等数学[M]. 西安：西安电子科技大学出版社，2017.

[6] 陈垚光. 精通 MATLAB GUI 设计[M]. 3 版. 北京：电子工业出版社，2013.

[7] 陈传璋. 数学分析简明教程(上册)[M]. 北京：高等教育出版社，1966.

[8] 樊映川. 高等数学讲义(上下册)[M]. 北京：人民教育出版社，1978.

[9] 邓东皋. 数学分析简明教程(上下册)[M]. 北京：高等教育出版社，2020.

[10] 同济大学数学系. 高等数学(上下册)[M]. 7 版. 北京：高等教育出版社，2020.

[11] 杜树春. MATLAB 在日常计算中的应用[M]. 北京：清华大学出版社，2018.

[12] 杜树春. MATLAB 矩阵计算与应用[M]. 北京：清华大学出版社，2019.

# 图书资源支持

感谢您一直以来对清华大学出版社图书的支持和爱护。为了配合本书的使用，本书提供配套的资源，有需求的读者请扫描下方的“书圈”微信公众号二维码，在图书专区下载，也可以拨打电话或发送电子邮件咨询。

如果您在使用本书的过程中遇到了什么问题，或者有相关图书出版计划，也请您发邮件告诉我们，以便我们更好地为您服务。

**我们的联系方式：**

地　　址：北京市海淀区双清路学研大厦 A 座 714

邮　　编：100084

电　　话：010-83470236　010-83470237

资源下载：http://www.tup.com.cn

客服邮箱：tupjsj@vip.163.com

QQ：2301891038（请写明您的单位和姓名）

教学资源 · 教学样书 · 新书信息

人工智能科学与技术
人工智能|电子通信|自动控制

资料下载 · 样书申请

书圈

**用微信扫一扫右边的二维码，即可关注清华大学出版社公众号。**